U0396094

# 职业安全与健康管理

主 编 刘绮莉 金子祺

苏州大学出版社

**图书在版编目（CIP）数据**

职业安全与健康管理 ／ 刘绮莉,金子祺主编. —苏
州：苏州大学出版社，2020.12
ISBN 978‒7‒5672‒3438‒3

Ⅰ. ①职… Ⅱ. ①刘… ②金… Ⅲ. ①劳动保护—劳
动管理②劳动卫生—卫生管理 Ⅳ. ①X9②R13

中国版本图书馆 CIP 数据核字（2020）第 263816 号

**职业安全与健康管理**

刘绮莉　　金子祺　**主编**

责任编辑　薛华强

助理编辑　曹晓晴

苏州大学出版社出版发行

（地址：苏州市十梓街 1 号　邮编：215006）

镇江文苑制版印刷有限责任公司

（地址：镇江市黄山南路 18 号润州花园 6-1 号　邮编：212000）

开本 700×1 000　1/16　印张 20.75　字数 340 千
2020 年 12 月第 1 版　2020 年 12 月第 1 次印刷
ISBN 978‒7‒5672‒3438‒3　定价：55.00 元

图书若有印装错误,本社负责调换
苏州大学出版社营销部电话:0512-67481020
苏州大学出版社网址:http://www.sudapress.com
苏州大学出版社邮箱:sdcbs@ suda.edu.cn

# 前 言
## PREFACE

习近平总书记在十九大报告中提出："树立安全发展理念，弘扬生命至上、安全第一的思想，健全公共安全体系，完善安全生产责任制，坚决遏制重特大安全事故，提升防灾减灾救灾能力。"安全稳定工作连着千家万户，宁可百日紧，不可一日松。维护社会稳定，是政治要求，更是人民的需要。据统计，欧盟国家每年有8 000人死于职业事故和职业病，已累计有1 000万人成为职业事故的受害者。发展中国家每年有21万人死于职业事故，已累计有1.5亿人遭受职业伤害。据国际劳工组织报告，全世界每年死于职业事故和职业病的人数约为200万人，这比交通事故死亡近百万人，暴力死亡56.3万人，局部战争死亡30万人要多得多。可以说，职业事故和职业病已成为人类最严重的死因之一。

面对如此严峻的事故形势，我们如何应对？各级政府部门、企业、劳动者应承担怎样的责任？防止职业事故的发生，减少或消除职业病危害因素对健康乃至生命的影响，应该是各级政府部门、企业乃至劳动者自身共同肩负的责任。

健康是人全面发展的基础，也是家庭幸福、社会和谐与发展的基础。就职业人群而言，维护和促进健康，提高劳动者生命质量，首先要减少或避免职业安全与健康问题对劳动者造成的健康损害。透过职业伤害案例，我们发现，其主要源头一方面是社会经济高速发展与相对落后的职业安全与健康管理体制和机制之间的摩擦，另一方面是包括企业主在内的劳动者自身职业安全与健康知识的匮乏。

职业安全与健康问题成为整个人类社会健康发展的重要制约因素，保护劳动者在生产过程中的安全与健康更是社会文明的重要标志。在经济全球化背景下，企业的活动、产品或服务中所涉及的职业安全与健康管理问题受到普遍关注。为适应国际化发展和安全生产的需要，现在大多数企业对职业安全与健康管理工作越来越重视。在不断加强企业内部安全措施的制定与落实的同时，用世界通用统一的标准来规范职业安全与健康管理行为，特别是建立和完善包含 ISO 9000、ISO 14000 的职业健康安全管理体系，刻不容缓。

本书的特点是通俗易懂、条理清晰，注重理论联系实际。在系统梳理最新的学术研究成果的同时，将职业安全与健康管理的理论与实践相结合，注重吸收国内外职业安全管理大师的主要观点，丰富了国内外职业安全与健康管理学科的知识体系，侧重比较国内外企业的职业安全与健康管理模式。

本书共十二章，内容包含基本概念和理论、预防和管理模式、实践经验借鉴三个部分。在编写过程中，以国内外最新的职业安全与健康管理的学科知识与法律条款内容为基础，查阅和参考了大量的书籍、调查报告和其他文献资料。本书编写分工如下：第一、二、四、五、六、八、九、十一章由刘绮莉编写；第三章由金子祺、卢娜共同编写；第七章由金子祺、侯倩共同编写；第十章由刘绮莉、季阳共同编写；第十二章由刘绮莉、朱梅共同编写。在此向各位积极参与编写工作的师生表示衷心感谢。

本书主要由苏州大学校级教材培育项目（名称：职业安全与健康管理，编号：5831501318）支持，为该项目的结项成果。本书也是国家自然科学基金青年科学基金项目（名称：面向知识关联整合的大学跨学科团队创新能力影响研究，编号：71904139）的阶段性成果之一；江苏省研究生教育教学改革课题重点课题（名称：基于三元交互论的工科专业型学位研究生培养体系研究与实践，编号：JGZZ19_069）的阶段性成果之一；江苏省高校毕业生就业创业研究课题一般课题（名称：高校工科研究生创新创业教育与探索实践，编号：JCKT-B-2019304）的阶段性成果之一；苏州大学学生创新创业教育工作理论研究项目（名称：高校创新创业教育典型案例与典型模式研究，编号：2020SDSC08）的阶段性成果之一。

由于本学科的快速发展和学术观点的差异，加上编者水平有限，书中难免存在不足之处，诚望读者批评指正。

刘绮莉

2020 年 11 月 17 日

# 目　录
## CONTENTS

# 第一章

## 职业安全与健康管理的概念理解

1. 掌握职业安全与健康管理的基础概念和内容
2. 了解职业安全与健康管理的重要性及研究意义
3. 把握职业安全与健康管理的发展趋势

### 常见的几个名词

事故（accident）：有可能或者未预料到的导致破坏、损失和伤害的意外事件。

伤害（injury）：在应对能量时，超越人体可承受的能量进入人体后对人体的损害或者对人体正常系统和功能的干扰。

危险（hazard）：导致破坏、损失和伤害的不需要或者过多的能量来源。

安全（safety）：个体对风险的感知。可以从两个方面来理解，"安全是一种心态，人们总是可以意识到有发生伤害的可能"，或者说"安全是一种状态，其中对人伤害或者损害的风险被限制在可以接受的水平"。

健康（health）：个体在身体、心理和社会适应等方面的良好状态。

风险（risk）：危险源演变为事故的可能性和事故的后果两者的结合，经常用两者的乘积表示。

　　工业化初期，职业安全与健康问题并没有引起政府、社会的重视，直到各国在不同阶段发生了大量的伤亡事故和职业病事件，政府才开始关注职业安全与健康问题。而相关法律制度的制定和实施，才逐步推动了企业相关职业安全与健康工作的开展。

职业安全与健康是职业安全与职业健康两个概念的组合，它是一门以保障劳动者的职业安全与健康为目的的综合性学科。在过去很长一段时间里，我国采用"劳动保护""劳动安全与卫生"等学科名称。20 世纪 90 年代以来，该学科发展逐渐与国际社会接轨，"职业安全与卫生"这一名称的使用范围逐步得到扩展。本书将书名定为"职业安全与健康管理"，意在突破传统社会重视的"生产安全"范畴，将内容拓展到"卫生"的外延，以包含职业安全与职业健康两个领域中相关的管理制度、预防及保护措施等基本内容。

# 第一节　职业安全与健康管理的基础概念和内容

## 一、安全与职业安全 ( Occupational Safety )

安全，人们对它的传统认识就是平安，没有危险和事故。在《简明麦夸里词典》里，其定义如下：①安全的状态，避免伤害或者危险；②对伤害、损害、危险或者风险担保的质量。而我国的《职业健康安全管理体系规范》（GB/T 28001—2001）对"安全"给出的定义是："免除了不可接受的损害风险的状态。"

职业安全又称劳动安全，是以防止职工在其从事的职业活动过程中发生各种伤亡事故为目的的工作领域及在法律、技术、设备、组织制度和教育等方面所采取的相应措施，主要研究的是如何防止职工在职业活动中发生意外事故。

## 二、健康与职业健康 ( Occupational Health )

健康是人生第一财富，是人的生命全面发展的基础，也是家庭幸福、社会和谐与发展的基础。1948 年，世界卫生组织（World Health Organization，简称 WHO）成立时在其宪章中明确指出："健康是一种身体上、心理上和社会适应上的完好状态，而不仅仅是没有疾病或不虚弱。"（Health is a state of complete physical, mental and social well-being and not merely the absence of disease or infirmity. ——WHO 1948）由此可见，根据世界卫生组织的解释，现代"健康"的含义不仅指一个人身体没有疾病或不虚弱，而且还指一个人生理上、心理上和社会适应上的完好状态。

职业健康是指对生产过程中产生的、有害员工身体健康的各种因素所采取的一系列治理措施和开展的相关卫生保健工作，主要研究的是如何预防因工作导致的疾病及防止原有疾病的恶化，主要表现为防止工作中因环境或接触有害因素而引起人体生理机能的变化。这一概念有多种理解，最权威的是 1950 年由国际劳工组织（International Labor Organization，简称 ILO）和世界卫生组织联合组成的职业健康委员会给出的定义：职业健康应以促进并维持各行业职工的生理、心理及社交处在最好状态为目的，并防止职工的健康受工作环境影响；保护职工不受健康危害因素伤害，并将职工安排在适合他们的生理和心理的工作环境中。

### 三、职业安全与健康管理的主要内容

《中华人民共和国劳动法》第五十二条明确规定："用人单位必须建立、健全劳动安全卫生制度，严格执行国家劳动安全卫生规程和标准，对劳动者进行劳动安全卫生教育，防止劳动过程中的事故，减少职业危害。"鉴于此项规定，职业安全与健康管理主要包含以下几项内容（图 1-1）。

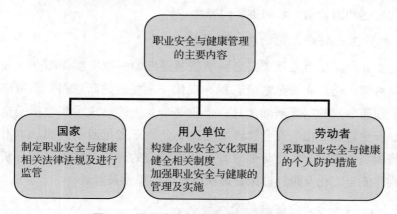

**图 1-1　职业安全与健康管理的主要内容**

（一）职业安全与健康相关法律法规

职业安全与健康相关法律法规是劳动者在职业活动中安全与健康的可靠保证，是国家法律法规体系的重要组成部分。本书第三章详细介绍了我

国现阶段安全生产与职业健康法律法规体系及其主要内容，对目前我国面临的安全生产法治任务和对策做出了具体归纳及分析。

（二）职业安全管理

职业安全管理是企业管理的基础，是企业运用有效的人力和物力资源，发挥全体员工的智慧，实现生产过程中人与机器设备、工艺、环境条件的和谐，从而达到安全生产的目标。员工的安全是企业长远发展的根本。在"以人为本"的市场经济时代，职业安全管理尤为重要。因为这关系到企业在市场中的竞争力，关系到企业吸引和留住人才的能力。本书随后章节将展开分析事故的类型与原因、生产安全事故的预防措施、危险源的辨识及控制等内容，能够从理论与实践两个角度全面提升现场生产管理人员的专业知识水平。

（三）职业健康管理

职业危害及职业病是职业健康管理的主要内容。随着新技术、新工艺的不断出现，职业病的种类也在逐渐增多，对人类的危害也在加大。只有准确识别、评价、预测和控制不良工作条件中存在的各种职业性有害因素，正确、规范地进行健康监护活动，才能创造安全与健康的工作环境，提高职业生命质量，促进国民经济发展。因此，开展职业健康管理工作已成为新时代构建和谐劳动关系的重要内容之一。

（四）企业安全文化的构建及对策

企业安全文化是近年来安全科学领域提出的一项旨在保障企业安全生产的新对策，是企业安全系统工程和现代安全管理的新思路、新策略，也是企业预防事故的重要基础工具。企业安全文化的形式主要包括安全观念文化、安全行为文化、安全管理文化、安全物态文化四个方面。本书相关章节将围绕企业安全文化与健康管理体系建设的理论与方法展开分析，为企业构建安全文化及进行健康管理提供具体的思路及对策。

（五）职业安全与健康的个人防护

在本书有关职业安全与健康管理的个人防护章节中，重点介绍了风险管理技术、安全管理技术及职业病个人防护技能。工业企业在生产过程中面临着许多职业安全卫生方面的风险，这些风险可能来自日常的生产活动中所使用的油气原料和石化产品、材料等方面。在日常的安全生产管理中，要避免事故的发生，就必须了解并掌握风险管理技术、安全管理技术及个人防护用品的佩戴、管理方法。这是劳动者安全与健康保护的最后环节。

# 第二节　职业安全与健康管理的重要性及研究意义

## 一、职业安全与健康管理的重要性

（一）职业安全与健康管理是促进企业安全生产的根本保证

改革开放以来，我国的安全生产形势有了很大改善，然而安全生产工作却远远滞后于经济建设的步伐，每年事故率居高不下，因工伤事故造成的直接损失达数百亿元人民币。我国职业病的发病率居世界各国之首，这严重影响了劳动者的身心健康。我国的安全生产水平与欧美发达国家相比明显落后，即使与韩国、新加坡、泰国这些亚洲国家相比也有较大差距，主要体现在法律法规体系不健全、职业安全与健康管理体系不完善、安全与健康基础研究及应用技术落后等方面。因此，无论是为了保护劳动者的健康、完善我国社会主义市场经济运行机制、促进国家经济社会健康发展，还是为了顺应全球经济一体化的国际趋势、保证国际经济活动安全顺利运行，都应注重职业安全与健康管理。

同时，开展职业安全与健康管理工作能更好地维护企业及员工的合法劳动权益。实践证明，职业安全与健康管理既要服务于安全生产，又要保证员工在生产过程中的人身安全与健康。只有加强职业安全与健康管理工作，落实职业安全与健康法律法规的要求，提高员工的职业安全与健康意识，才能减少并预防伤亡事故的发生，控制并减少职业病的危害，从而保障员工在生产过程中的安全与健康，促进安全生产的平稳进行。

（二）职业安全与健康管理是现代企业管理的重要组成部分

知识经济和全球经济一体化时代的到来对企业的现代化管理提出了更高的要求。一个现代企业必须建立系统、开放、高效的管理体系，企业的每一部分工作都要纳入大的体系之中，这是现代生产集约化的需要，也是企业运行规范化、标准化的需要。企业安全生产管理是企业的一项重要工作，也必须纳入企业管理的大系统中。这不仅可以提高企业安全生产工作的管理质量，也有助于促进企业大系统的完善和整体管理水平的提升，从而有助于企业早日实现现代化的管理。

## 二、职业安全与健康管理的研究意义

对于职工而言，安全就是生命；对于企业而言，安全就是效益，是企业发展的基石；对于国家而言，安全是社会稳定的基础，保护劳动者在生产过程中的安全与健康是社会文明的重要标志。多年来，党和政府十分重视保护劳动者的安全与健康，因为发展生产的目的是提高人民的生活水平，提高整个社会的福利水平，但如果在生产过程中人身遭到伤害、健康受到损害，那么经济收入的提高也就失去了原有的意义。因此，关注与加强职业安全与健康管理相关理论及实践的研究，有着重要而又积极的意义。

第一，职业安全与健康管理工作是贯彻党和国家的发展目标，全面构建小康社会，建设社会主义和谐社会的基础保证。职业安全与健康管理工作反映了广大职工的根本利益，体现了先进生产力发展的基本要求，也是先进生产力的重要标志。社会生产实践的主体是人，维护广大职工的生命、健康、权益是符合科学发展观及"以人为本"理念的。而小康社会、和谐社会的基础是家庭的幸福、国民的健康，只有让广大职工在安全健康的环境中工作，才能真正体现社会的和谐。

第二，职业安全与健康管理工作是各级工会落实维护职工基本权益工作的重中之重。工会是党联系群众的桥梁和纽带，虽然工会日常需要维护的内容很多，但维护职工在劳动中的安全与健康则是其最重要的工作。

第三，职业安全与健康管理工作是尊重劳动、实施可持续发展战略的具体体现。尊重劳动首先要尊重劳动者，尊重劳动者首先要尊重劳动者在劳动中的安全与健康。在我国，始终坚持全心全意依靠工人阶级的指导方针，突出工人阶级主人翁地位，就是尊重劳动、尊重劳动者的具体表现。工人阶级是创造物质财富、精神财富的主力军，他们的劳动理应受到重视和关心。没有广大劳动群众的身心健康和平安，就谈不上可持续发展，更谈不上社会的和谐稳定。

第四，职业安全与健康管理工作是我国企业逐步与国际 HSE 管理体系（健康、安全与环境管理体系）标准接轨的主要途径。职业安全与健康管理可以不断改善我国企业的生产环境、产品安全和员工健康，可以不断提高我国企业的市场竞争力和国际地位。而如果企业的职业安全与健康管理机制相对滞后，生产中的职业病危害因素严重影响到企业职工的身心健康和劳动权利，则所造成的后果不仅仅是严重的经济损失，而且是劳动者家庭和社会都要直接或间接地为此付出代价。因此，在发展经济的同时对劳动者基本健康权利的根本维护，既是现阶段职业安全与健康管理工作的底线，也是国际劳工组织所倡导的通行规则。

## 第三节　职业安全与健康管理的发展概况

### 一、职业安全与健康管理的历史发展

安全问题古已有之，生产劳动中的安全问题总是伴随着人类的劳动而产生。自从劳动创造人类以后，人类就开始为了生存而斗争，在获得生活、生产资料的同时还必须学会保护自己，求得自身的生存与发展。这就是早期的安全意识。

追溯历史，可以发现人类自身的发展与安全健康的维护是紧密相连的。人类"钻燧取火"的目的是利用火，如果不对火进行有效管理，火就会给人类带来灾难。人类很早就在劳动中注意工程管理及个人保护了：公元前27 世纪，古埃及第三王朝组织 10 万人花 20 年时间建造的金字塔，其工程涉及开凿地下甬道和墓穴及建造地面塔体，对于如此庞大的工程，如果生产过程中没有管理，那是无法想象的；古罗马和古希腊时代，禁卫军在做好维护社会治安工作的同时也承担救火工作；古埃及人很早就认识到在开采用于制造化妆品的辰砂矿中，面罩对保护呼吸系统的重要作用。公元前700 年，周朝人所著的《周易》一书中就有关于"水火相忌"的记载，说明了用水灭火的道理。在较长的一段历史时期里，人们对安全的认识主要出于保持"安宁"的愿望和"防火"的需要。

17 世纪中叶，资本主义生产方式开始在英国等西方国家出现。18 世纪中叶，伴随着蒸汽机所引发的工业革命，大规模的机器化生产开始出现，人们每天在极其恶劣的作业环境中从事 10 小时以上的工作，工人的安全与健康时刻受到机器的威胁，伤亡事故和职业病不断出现。为了确保生产过程的安全与健康，工人们采用了很多手段改善作业条件。例如，在 1789 年爆发的法国大革命期间，工厂制度逐渐形成，安全思想从萌芽状态开始觉

醒，一些学者开始着手研究劳动安全卫生问题，出现了一些关于安全生产的理论和方法，安全生产管理的内容和范畴也有了很大的拓展。

Georgius Agricola（1494—1555）和 Theophrastus Bombastus van Hohenheim Paracelsus（1493—1541）的相关研究对 19 世纪职业健康发展产生了重要影响。在观察矿工和他们的疾病后，Agricola 写了《论冶金》；而 Paracelsus 对毒药学进行了基础研究，即"产生毒性的剂量"，这同样也是药物治疗的基础。被誉为职业健康之父的 Bernardino Ramazzini（1633—1714）写了一本关于职业疾病的书，名为《论手工业者的疾病》，他认为医生在诊疗时应该询问病人的工作以判断病源。19 世纪时，欧美国家还有很多相关类型的研究，如关于纺织厂年轻人工作的研究、在纺织厂内创造良好工作条件的研究等。

进入 20 世纪，现代工业兴起并快速发展，重大生产和环境污染事故相继发生，造成大量的人员伤亡和巨大的财产损失，给社会带来了极大的危害，使人们不得不在一些企业设置专职安全管理岗位并对工人进行安全教育。20 世纪 30 年代，很多国家设立了负责安全生产管理的政府机构，发布了劳动安全卫生法律法规，逐步建立了比较完善的安全教育、管理、技术体系，现代安全生产管理的雏形初步建立。

20 世纪 50 年代，经济快速增长，人们的生活水平快速提高。人们不仅要求有工作机会，而且还要求有安全与健康的工作环境。创造就业机会、改善工作条件、公平分配国民收入等问题，引起了越来越多的经济学家、管理学家、安全工程学家和政治家的注意。一些工业化国家加强了安全生产法律法规的制定，在安全生产方面投入大量的资金进行科学研究，加强企业安全生产管理的制度化建设，产生了一些安全生产管理原理、事故致因理论和事故预防原理等风险管理理论，以系统安全理论为核心的现代安全管理方法、模式、思想、理论基础基本形成。

20 世纪末，随着现代制造业和航空航天技术的飞速发展，人们对职业安全与健康问题的认识也发生了很大的变化，安全生产成本、环境成本等成为产品成本的重要组成部分，职业安全与健康问题成为非官方贸易壁垒的利器。在这样的背景下，"持续改进""以人为本"的安全与健康管理理念逐渐为企业管理者所接受，以职业安全与健康管理体系为代表的企业安全生产风险管理思想逐渐形成，现代安全生产管理的内容更加丰富，现代安全生产管理理论、方法、模式及相应的标准、规范更为成熟。

## 二、中国职业安全与健康管理的不同发展时期

中国职业安全与健康管理工作伴随着中国经济社会的发展，经历了建立和发展、停顿和倒退、恢复和创新发展三个历史阶段。

（一）中华人民共和国成立后的建立和发展阶段（1949—1965 年）

1949 年 11 月，第一次全国煤矿工作会议召开，会上提出了"煤矿生产，安全第一"的口号。20 世纪 50 年代初，我国在政府部门和工会组织中分别建立了管理安全与卫生的专门机构，标志着我国安全生产监督和管理工作（当时称作"劳动保护工作"）从此起步。1954 年，中华人民共和国制定的第一部宪法，把加强劳动保护、改善劳动条件作为国家的基本政策确定下来。随后，国务院先后颁布了《工厂安全卫生规程》《建筑安装工程安全技术规程》等行政法规，建立了由劳动部门综合监管、行业部门具体管理的安全生产体制，劳动者的安全卫生状况得到了改善。然而，从 1958 年开始，因受"左"的思想影响，在安全生产中出现了违章指挥、冒险蛮干的现象。正常的生产秩序被打乱，安全规章被抛弃，安全生产工作的滑坡使当时的工伤事故和职业病发生率大幅上升，安全工作形势一度恶化。据统计，因工死亡人数从 1957 年的 3 702 人上升到 1959 年的 17 946 人，1960 年更是升至 21 938 人，1962 年虽有所回落，但仍然保持在 12 024 人的高水平。1960 年 5 月 8 日，山西大同老白洞煤矿发生瓦斯爆炸事故，死亡 684 人，这是中华人民共和国成立以来最严重的矿难。1963 年，国务院颁布了《关于加强企业生产中安全工作的几项规定》后，重建了安全生产秩序，事故率明显下降。

（二）"文革"时期的停顿和倒退阶段（1966—1977 年）

1966 年开始的"文化大革命"，使全国安全生产工作从立法到执法层面几乎全面崩溃，企业安全管理处于无人负责状态。安全生产和劳动保护被片面抨击为"资产阶级活命哲学"，规章制度被视为"管卡压"，企业管理受到严重冲击，导致事故频发，因工伤亡人数陡增。1970 年，劳动部被并入国家计划委员会，其安全生产综合管理职能也相应转移。这一阶段，政府和企业的安全管理一度失控，1971—1973 年工矿企业年平均事故死亡人数达 16 119 人，较 1962—1967 年增长了 2.7 倍。1975 年 9 月，国家劳动总局成立，内设劳动保护局、锅炉压力容器安全监察局等安全工作机构。

（三）改革开放后的恢复和创新发展阶段（1978年至今）

党的十一届三中全会以后，改革开放全面展开，我国各行各业发展迅速，安全管理工作也开始走向正规化和现代化。这个阶段又可分为以下三个小阶段。

1. 恢复和整顿提高阶段（1978—1991年）

1976年粉碎"四人帮"以后，我国开始治理经济环境和整顿经济秩序，这为加强安全生产工作创造了较好的宏观环境。我国相继出台了《矿山安全监察条例》《企业职工伤亡事故报告和处理规定》等行政法规和部门规章；成立了全国安全生产委员会，工矿企业事故死亡人数明显下降。1979年7月，航天工业部最早将"安全第一、预防为主"作为安全生产方针提了出来。此后，国家在相关工作中开始倡导"安全第一、预防为主"。1987年4月，劳动人事部在北京召开各省、自治区、直辖市劳动人事厅（局）长、劳动保护处长、矿山监察处长、锅炉压力容器安全监察处长会议，会上正式提出将"安全第一、预防为主"作为安全生产和劳动保护的方针。

我国的安全生产方针主要体现以下两层含义：一是在生产经营活动中必须把安全放在第一位。这个"第一"不能简单地理解成一种顺序关系，而是说安全是一切工作的前提和保证，是所有经济部门和生产经营单位的大事，特别是当生产经营任务与安全发生矛盾时，应该先解决安全问题，要在确保安全的前提下开展生产经营活动。二是安全生产必须强调预防为主。做好预防工作是实现"安全第一"的基础，这种理论体现了一种正确的方法论。由于生产经营活动中的安全问题十分复杂，具有普遍性、多发性和偶然性等特点，稍有疏忽就可能酿成事故，所以在各种生产经营活动中要切实做好预防工作。例如，对有关人员进行安全生产教育和培训，采取提高机具完好程度和自动化水平的措施，开展生产经营环境安全检查工作等，做到"防微杜渐""防患于未然"，这样才能真正实现生产经营的安全，做到安全第一。

2. 建立社会主义市场经济体制阶段（1992—2002年）

为了发挥企业的市场经济主体作用，1993年国务院决定实行"企业负责、行业管理、国家监察、群众监督"的安全生产管理体制。全国人大常委会相继颁布了《中华人民共和国矿山安全法》《中华人民共和国劳动法》，国务院也制定了《煤矿安全监察条例》《关于特大安全事故行政责任追究的规定》等多项法规。1998 年，国务院机构改革，原劳动部承担的安全生产综合监管职能交由国家经贸委行使。2000 年年初，我国设立国家煤矿安全监察局，在全国成立了 20 个省级监察局和 71 个地区办事处，实行统一垂直管理的煤矿安全监察体制。2001 年年初，我国撤销国家煤炭工业局，组建了国家安全生产监督管理局，与国家煤矿安全监察局是"一个机构、两块牌子"。2002 年 11 月，《中华人民共和国安全生产法》正式实施，全国安全生产工作步入法制化轨道。《中华人民共和国安全生产法》第三条规定："安全生产管理，坚持安全第一、预防为主的方针。"这是我国第一次以法律形式将"安全第一、预防为主"确立为我国安全生产的基本方针。但这一阶段由于经济体制转轨、工业化进程加快，特别是民营小企业的迅速发展，安全生产工作面临一系列新情况、新问题，安全状况出现了较大的反复。

同一时期，世界各国面临的职业安全与卫生问题日益严重，在国际标准一体化潮流及企业在国际市场参与竞争的社会环境推动下，各国"职业安全卫生管理体系"纷纷建立。中国作为国际标准化组织（International Organization for Standardization，简称 ISO）的正式成员，分别派员参加了 1995 年和 1996 年 ISO 组织召开的两次特别工作组会议。1996 年，中国政府成立了由有关部门组成的"职业安全与健康管理体系标准化协调小组"，并召开了三次规模不同的国内研讨会，对职业安全与健康管理体系标准化的国家发展趋势、基本原理及内容进行了研究。

1997 年，中国石油天然气总公司制定了《石油天然气工业健康、安全与环境管理体系》《石油地震队健康、安全与环境管理规范》《石油天然气钻井健康、安全与环境管理体系指南》三个行业标准。1998 年，中国劳动保护科学技术学会发布了《职业安全健康管理体系规范及使用指南》（CSSTLP 1001—1998）。1999 年 10 月，国家经贸委颁布了《职业安全卫生管理体系试行标准》。2001 年 11 月 12 日，国家标准化管理委员会和国家认证认可监督管理委员会宣布将《职业健康安全管理体系 规范》（GB/T 28001—2001）作为国家标准，于 2002 年 1 月正式实施。2001 年 12 月 20 日，国家经贸委颁布了《职业安全健康管理体系指导意见》和《职业安全健康管理体系审核规范》。国家标准《职业健康安全管理体系 规范》与国家经贸委颁布的《职业安全健康管理体系审核规范》内容相近，企业可以依此建立职业健康安全管理体系。

3. 创新发展阶段（2003 年至今）

2003 年，国家安全生产监督管理局（国家煤矿安全监察局）成为国务院直属机构，国务院安全生产委员会成立。2004 年，国务院发布《关于进一步加强安全生产工作的决定》。2005 年年初，国家安全生产监督管理局升格为总局，由副部级升级为正部级。2006 年年初，国家安全生产应急救援指挥中心成立。2006 年 3 月 27 日，在中共中央政治局第 30 次集体学习时，胡锦涛同志对安全生产工作做了重要论述：

（1）关于做好安全生产工作的重要性的四个"必然要求"。高度重视和切实抓好安全生产工作，是坚持立党为公、执政为民的必然要求，是贯彻落实科学发展观的必然要求，是实现好、维护好、发展好最广大人民的根本利益的必然要求，也是构建社会主义和谐社会的必然要求。

（2）强调各级党委和政府都要重视和抓好安全生产工作。各级党委和政府要牢固树立以人为本的观念，关注安全，关爱生命，进一步认识做好安全生产工作的极端重要性，坚持不懈地把安全生产工作抓细抓实抓好。

（3）强调了发展的"三个不能"。人的生命是最宝贵的，我国是社会主义国家，我们的发展不能以牺牲精神文明为代价，不能以牺牲生态环境为代价，更不能以牺牲人的生命为代价。重特大安全事故给人民群众生命财产造成了重大损害，我们一定要痛定思痛，深刻吸取血的教训，切实加大安全生产工作的力度，坚决遏制住重特大安全事故频发的势头。

（4）安全生产方针由"八字方针"充实为"十二字方针"，即"安全第一、预防为主、综合治理"的方针。

（5）强调搞好安全生产，领导重视是关键。各级党委和政府要充分认识加强安全生产工作的长期性、艰巨性、复杂性，加强领导，转变作风，狠抓落实。

（6）强调了安全生产与经济社会发展各项工作的"三个同步"。要坚持把实现安全发展、保障人民群众生命财产安全和健康作为关系全局的重大责任，与经济社会发展各项工作同步规划、同步部署、同步推进，促进安全生产与经济社会发展相协调。要经常分析安全生产形势，深入把握安全生产的规律和特点，抓紧解决安全生产中的突出矛盾和问题，有针对性地提出加强安全生产工作的政策举措。

（7）强调要搞好舆论宣传和引导，开展各种形式的安全生产活动。动员全党全社会共同关心和支持安全生产工作，形成齐抓共管的最大合力，尽快实现我国安全生产状况的根本好转，为全面建设小康社会、加快推进社会主义现代化创造更加良好的社会环境。

2006年3月，"安全发展"被写入了《国民经济和社会发展第十一个五年规划纲要》。2007年10月，党的十七大报告明确提出，要坚持"安全发展"。2008年10月，党的十七届三中全会强调，能不能实现安全发展是对我们党执政能力的一个重大考验。2011年，国务院在《关于坚持科学发展安全发展促进安全生产形势持续稳定好转的意见》中，将"安全发展"上升到国家战略的高度，首次提出要大力实施"安全发展战略"。2012年3月，国务院的政府工作报告提出，要实施"安全发展战略"，加强安全生产监管，防止重特大事故发生。从"安全生产"到"安全发展"，从"安全发展理念"进而明确为"安全发展战略"，充分体现了党中央、国务院以人为本、保障民生的执政理念，体现了党和政府对科学发展观认识的不断深化和对经济社会发展客观规律的科学总结，体现了安全与经济社会发展一体化运行的现实要求。

2015年8月，习近平总书记对切实做好安全生产工作做出重要指示：各生产单位要强化安全生产第一意识，落实安全生产主体责任，加强安全生产基础能力建设，坚决遏制重特大生产安全事故发生。安全生产重在强基固本。党的十八大以来，党和国家大力加强安全基础保障能力建设，通过完善安全投入长效机制、建立安全科技支撑体系、健全安全宣传教育体系等措施，使安全投入不仅实现了数量飞跃，而且有了长效机制保证。

扎实做好安全工作，完善安全生产责任制，是打造共建共治共享的社会治理格局的内在要求。党的十九大报告指出，要树立安全发展理念，弘扬生命至上、安全第一的思想，健全公共安全体系，完善安全生产责任制，坚决遏制重特大安全事故，提升防灾减灾救灾能力。

## 欧洲创建"无烟工作场所"

每年的5月31日是"世界无烟日"。2013年，欧洲职业安全健康局将"世界无烟日"主题定为"禁止烟草广告、促销和赞助"。欧洲职业安全健康局在当日发起"无烟工作场所"活动，呼吁雇主和工人携手消除工作场所的吸烟现象，以减少对健康的负面影响，并鼓励采取积极措施，创建健康的工作场所。同时，欧洲委员会健康与消费者保护总司在欧洲职业安全健康局的支持下，发起了一项泛欧洲活动——"戒烟者不可阻挡"。

欧洲职业安全健康局在其发布的宣传册中指出，环境烟草烟雾（ETS）暴露，已经成为世界共同关注的一个健康问题，其与呼吸系统疾病、心血管疾病等多种疾病有关。如果工人在工作场所接触环境烟草烟雾，其患肺癌的风险会增加20%~30%。被动吸烟者心脏病发作的风险会增加25%~35%。欧洲职业安全健康局鼓励雇主制定全面的无烟政策，包括戒烟计划和公司范围吸烟禁令，以创建健康的工作环境。

欧洲职业安全健康局制作的工作场所禁烟宣传画

（资料来源：宁丙文. 环球职业安全健康动态［J］. 劳动保护，2013（07）：112 - 113.）

# 第二章

## 职业安全与健康管理的原理

1. 把握职业安全与健康管理理念的发展阶段
2. 从不同学科角度理解安全生产方针的原理
3. 了解职业安全与健康管理的研究方法

人类的发展一直伴随着人为或自然的事故、灾难的挑战，从远古祖先们祈天保佑、被动承受到学会"亡羊补牢"、凭经验应付，一步步再到近代人类扬起"预防"之旗，直至现代社会全新的安全理念、观点、知识、策略、行为、对策等纷纷出现，人们把安全系统工程、本质安全化的事故预防科学及技术，变为缜密的安全科学；把现实社会的"事故高峰"和"生存危机"，转变为抗争和实现平安康乐的动力。可以说，在职业安全与健康管理理念中包含着人类哲学思想的发展和进步。

## 第一节　职业安全与健康管理的理念

工业革命前，人类的安全哲学具有宿命论和被动性的特征。工业革命爆发至 20 世纪初，技术的发展使人类对安全的认识提高到经验论的水平，在事故的策略上有了"事后弥补"的特征，方法论上变被动为主动。20 世纪 50 年代，随着工业社会的发展和技术的不断进步，人类对安全的认识进入了系统论阶段，即在方法上能够提出职业安全和职业生活的综合性对策。

20 世纪 50 年代后，人类对安全的认识进入了本质性阶段，超前预防成为现代职业安全哲学的主要特点，从而进一步推动了现代工业社会的安全科学技术和征服意外事故的手段与方法的进步。

如何看待健康？由于人们所处的时代、环境和条件的不同，对健康的认识也不尽相同，受传统观念和世俗文化的影响，长期以来，人们往往把"无病即健康"作为判断健康的标准。随着人类文明的发展，人们逐步形成了整体的、现代的健康观。继世界卫生组织 20 世纪 40 年代提出了健康的定义之后，1986 年该组织在《渥太华宪章》中重申了健康的内涵："健康是一个积极的概念，不仅是个人身体素质的体现，也是社会和个人的资源。"1974 年，加拿大卫生与福利部前部长发表了有关报告，将影响健康的诸多因素分为人类生物学、生活方式、环境和卫生服务四类，进一步强调经济社会环境、物质环境、个人因素和卫生服务四要素同样是影响职工健康水平的重要因素。

职业安全与健康管理作为企业人事管理的重要组成部分，它遵循管理的一般规律。与管理一样，职业安全与健康管理的理念及方针是伴随着中国经济社会建设的轨迹而不断发展的。

我国职业安全与健康管理的理念到目前为止大致经历了以下几个阶段：

（1）"生产第一"的理念。在中华人民共和国成立后的计划经济时代，由于社会经济比较落后，生产力水平低下，社会上普遍存在重生产、轻安全的思想意识。特别是把战争年代的行为方式、思想观念带进和平年代与经济工作中，提倡"革命加拼命"的大无畏精神，忽视安全，甚至鄙视安全管理，认为强调安全工作是胆小鬼、懦夫，是贪生怕死的表现。在这样的思想理念影响下，人们的安全意识淡薄，生产事故频发，因此也产生了一些"事故劳模"甚至"事故英雄人物"。

（2）"安全生产"的理念。改革开放以后，随着社会进步与生产力的发展，人们的生活水平不断提高，在温饱问题基本得到解决之后，人们开始认识到安全生产与职业危害防治的重要性，社会和民众对安全生产的要求提高了，政府和宣传部门也开始重视安全工作了。

（3）"安全第一"的理念。进入 20 世纪 80 年代后，"安全第一、预防为主"的思想开始深入人心，安全第一的观念逐步代替生产第一的观念。社会、企业、政府开始重视安全管理，把职业安全与健康管理工作提上议事日程。人们开始在工程、项目、工作中优先考虑安全与健康问题，安全防范与职业病防治成为优先于经济目标的主要考虑因素。

（4）"安全管理"的理念。进入 21 世纪，我国加入了世界贸易组织，职业安全与健康管理真正进入安全管理阶段。整个社会的安全意识空前提高，政府逐步加大安全工作力度，具体表现为安全与健康法律法规逐步健全，各级政府建立了安全卫生管理机构，安全技术水平明显提高，安全教育受到重视，安全宣传得到普及，安全文化日渐形成。特别是国家加大了对安全管理的投入，2005—2007 年仅对国有煤矿系统的安全投资就增加了90 亿元人民币。

与 2002 年相比，2011 年全国生产安全事故总量显著下降，从一年发生100 多万起减少到 35 万起；生产安全事故死亡人数由近 14 万人减少到 7 万多人，下降了将近一半。2017 年，全国发生各类生产安全事故 52 988 起，死亡 37 852 人，同比减少 10 217 起和 5 210 人。在各行业领域事故中，交通运输业事故起数和死亡人数最多，分别占 81.3% 和 73.9%；其次是建筑业事故起数和死亡人数，分别占 6.8% 和 10.2%；商贸制造业事故起数和死亡人数分别占 6.0% 和 8.6%；农林牧渔业事故起数和死亡人数分别占2.2% 和 1.2%；采矿业事故起数和死亡人数分别占 1.2% 和 2.3%；其他行业事故起数和死亡人数分别占 2.5% 和 3.8%。

# 第二节　安全生产方针的原理及相关学科基础

安全生产方针是指导安全生产的纲要，是安全生产的基础理论。我国的安全生产方针是随着国情的变化和安全生产实践的发展而发展的，是对中国特色社会主义经济发展规律的把握和创新。我国的安全生产方针经历了两次飞跃：1983 年 5 月，国务院批转了《关于加强安全生产和劳动安全监察工作的报告》，明确将"安全第一、预防为主"作为我国的安全生产方针；2006 年 3 月，在中共中央政治局第 30 次集体学习时，胡锦涛同志提出的"安全第一、预防为主、综合治理"十二字方针被确定为新时期党和国家安全生产工作方针。从原理上来看，安全生产的学科基础可以从以下几个角度去认识并理解。

### 一、从哲学的角度

第一，"安全优先获得"的道德视角：权利原则。

道德权利是重要的、合理的权利。在人类社会中，生命权、安全权等不被他人杀害、伤害的权利是一个公正的主张。"安全第一"明确了安全价值优先标准，确定了安全生产理论的道德基础是人权道德。人权即每个人所应当享有的权利，它是一种无论你出生于哪个国家，属于哪个社会阶层，拥有什么肤色和性别，只要你是人就能享有的权利。个体生命的健康安全利益可以充当人们的某些道德责任的充分的确证根据。"每个人皆有生命权"是赋予个体生命健康安全利益的一种极高的道德重要性，其重要程度足以引申出人们必须履行的责任。而人权中的安全权利是建立在个体的安全利益之上的，所以人权也为社会定下了一些不可逾越的道德界限以保障个体的安全利益。这些界限限制了社会、企业、个人以各种名义侵犯个体的相关安全利益。

第二，安全生产理论的伦理基础：生存正义。

当代最具影响力之一的罗尔斯正义论能够充分诠释这一观点。罗尔斯主张的两个正义原则是一个有优先顺序的系列，满足了第一个正义原则才能满足第二个正义原则，即在平等自由、社会公正的基础上关怀那些处境差的人。就安全长效机制的建立与安全活动的长远发展来看，生存—自由—平等三原则构成了正义系列。建立安全长效机制，使人有安全感，使恐惧不致蔓延，在保存生命的理由面前，其他的所有理由都黯然失色。这种对人的生命的尊重从根基处沟通了个人道德和社会伦理，它不仅是社会伦理的首要原则，也是个人道德的基本义务。罗尔斯提倡的自由和平等的原则中蕴含了这一"生存"原则。之后的"自由"包括生命健康的权利，它不仅表现为人身自由、人身安全，还表现为拥有维持生存的基本的生活资料的自由。"平等"原则中蕴含着普遍性，它要求政府必须平等关怀和尊重所有人、平等地分配安全机会和安全产品。三个原则中，对生命的平等关怀居于首位，在这种关怀中，人既有生命不能被剥夺和伤害的权利，又有优先给予基本的生存资料以保证不以生命与健康为代价换取基本的生存资料的权利。

## 二、从法学的角度

安全生产法律法规是国家法律法规体系的一部分，是党和政府的安全生产方针政策的集中表现，是上升为国家意志的一种行为准则。我国安全生产法律法规的制定与完善，与党和政府的安全生产政策有着密切的关系。这种关系就是政策是法律法规的依据，法律法规是政策的定型化、条文化。

安全生产工作最基本的任务就是进行法制建设，依据法律法规来规范企业经营者与政府之间、从业人员与企业经营者之间、从业人员与从业人员之间、生产过程与自然界之间的关系。把国家保护从业人员的生命安全与健康、保护企业经营者的利益与生产效益及保护社会资源与财产的需要等方面的规定和措施具体化、条文化。

安全发展，法治是根基。2002 年，《中华人民共和国安全生产法》颁布实施之后，我国的安全生产立法工作明显加快。2005 年到 2015 年的十年间，我国对《中华人民共和国劳动合同法》《中华人民共和国职业病防治法》《中华人民共和国安全生产法》《工伤保险条例》等十余项法律法规进行修订，劳动安全相关立法工作进入了快车道，并逐步与国际接轨。国际劳工组织公约第 155 号首次提出了构建"政府、雇主、工人"三方共管职业安全的制度体系。这项公约在我国的生效，对保护劳动者的人身安全和健康，促进安全生产和职业卫生方面的立法和执法工作都起到了积极的推动作用。

但从当前我国生产安全事故防范和职业病防治实际情况来看，我国的职业安全与健康水平与第 155 号公约期望的"把工作环境中内在的危险因素减少到最低限度，以预防来自工作、与工作有关或在工作中发生的事故和对健康的危害"这一目标仍有较大距离。

## 三、从教育学的角度

教育对人的发展具有必要性和主导性，这是由人是靠劳动来改造自然和进行生产以维持生命并使之发展下去所决定的。安全生产必须结合一定的社会关系，并在其中创造和运用安全生产手段和安全生产技术，以及构建与此相适应的各种制度、习惯、文化等复杂体系来进行。人的生活现状及文化体系不是固定维持下去的，特别是在生活受到灾害威胁的时代，人们要不断地对其加以变革，以创造出更安全的生活和文化。这种创造和变革是人类发展的前提。教育对这种活动具有引导作用。因为教育是有目的、有计划的社会活动过程，它对人的影响最为深刻，安全教育作为教育的重要部分，对人类的成长和发展起到重要作用。

管理心理学认为，意识是高度完善、高度组织的特殊物质。它反映了人脑的内在机能，是人类特有的对客观现实的能动反映。安全教育的机理遵循管理心理学的一般规律：生产过程中的潜变、异常、危险、事故给人以刺激，由神经传输到大脑，大脑根据已有的安全意识对刺激做出判断，形成有目的、有方向的行动。所以，安全教育首先要尽可能地给受教育者输入多种"刺激"，如可以通过讲课、参观、展览和讨论等方式，增强受教育者的惯性认识，力求达到广识和强记。其次要促使受教育者形成安全意识。经过一次、两次或多次反复的刺激，促使受教育者形成正确的安全意识。这里的安全意识是指受教育者关于安全理论、安全法律法规的认知及其安全观点、思想和心理的状况，以及由此形成的生产活动过程中对时空的安全感。另外，还要促使受教育者做出有利于安全生产的判断与行动，判断是大脑对新输入的信息与原有意识进行比较、分析、取向的过程，行动是实现判断指令的行为。安全生产教育就是要强化原有的安全意识，培养辨别是非、安危、祸福的能力，坚定安全生产行为，这就涉及受教育者的态度、情绪和意志等心理问题。最后要创造条件促进受教育者熟练掌握操作技能。技能是操作者凭借知识和经验，运用确定的劳动手段作用于劳动对象，安全熟练地完成规定的生产工艺的一种能力。培养安全操作技能是安全教育的重点，也是形成安全意识、安全态度的具体体现。

### 四、从经济学的角度

安全经济学是一门经济学与安全科学相互交叉的综合性科学，研究的基本内容是安全的投资或成本规律、安全的产出规律、安全的效益规律等问题。通过理论研究和分析，可以揭示安全利益、安全投资、安全效益的表达形式和实现条件，其目的是实现人、技术和环境三者的最佳安全效益。从理论上来看，安全具有两大经济功能：首先，安全能直接减轻、免除事故或危害事件给人、社会和自然造成的损害，实现保护人类财富、减少无益消耗和损失的功能；其次，安全能保障劳动条件和维护经济增值过程，实现其间接为社会增值的功能。无论是创造正效益还是减少负效益，都表明安全创造了价值。这两种基本功能构成了其综合的经济功能。

安全经济学研究的成果，使人们意识到安全的价值问题。2011 年，我国的亿元 GDP 事故死亡率为 0. 173、道路交通万车死亡率为 2. 8、煤矿百万吨死亡率为 0. 564、特种设备万台死亡率为 0. 595、百万吨钢死亡率为 0. 31，均比发达国家高出数倍。在我国各行业的事故比例中，交通事故列第一位、铁路事故列第二位、煤矿事故列第三位、建筑类事故列第四位，这些行业都是我国经济总量较大、发展速度较快的行业。在职业病方面，接触粉尘、毒物和噪声等职业危害的员工在 2 500 万人以上。近几年，我国每年因工伤事故和职业病而受到的经济损失达 2 000 亿元以上，占 GDP 的 2. 5% 左右。

另外，我国在安全资源保障和安全投入方面明显不足，我国的安全监察人员万人（员工）配备率较低，仅为 0. 7，英国、德国和美国分别是 4. 5、3. 5 和 2. 1。有投入才有产出，安全生产水平的提高需要高水平的安全投入来支撑，而发达国家的安全投入一般在其 GDP 的 3. 3% 左右。

### 五、从系统科学的角度

保障安全生产要通过有效的事故预防来实现。在事故预防过程中，一般涉及两个系统对象。

一是事故系统，其要素包括：人的不安全行为，这是事故的最直接因素；机械的不安全状态，这也是事故的最直接因素；生产环境的不良影响，即对人的行为和对机械产生不良的作用；管理的欠缺。

二是安全系统，其要素包括：人的安全素质（心理与生理，安全能力，文化素质）；设备与环境的安全可靠性（设计安全性，制造安全性，使用安全性）；生产过程中能量的安全作用（能量的有效控制）；充分可靠的安全信息流（管理效能的充分发挥）。这些都是安全的基础保障。

认识"事故系统"要素，对指导我们通过打破事故系统来保障人类的安全来说有实际的意义，但这种认识带有事后型的色彩，是被动、滞后的。而从认识"安全系统"的角度出发，则具有超前和预防意义，因此，从建设安全系统的角度来认识安全原理更具有理性的意义，也更符合科学性原则。

# 第三节　职业安全与健康管理的研究方法

职业安全与健康管理是一门科学，既涉及政府部门的外部监督管理，也包含企业内部管理的重要内容。除了重视安全第一、安全管理的理念之外，我们还必须有科学的研究方法和管理手段才能提高安全水平，减少事故的发生。

## 一、唯物辩证法

马克思主义的唯物辩证法是进行安全生产工作研究的基本方法。实现职业安全与健康管理，要求我们必须客观地看待问题，以往就出现过人们忽视安全管理、工人安全意识淡薄的问题。现在人们则普遍重视安全管理，把安全工作置于经济工作的首位，这是全体社会成员真正认识到生命的重要意义，以人为本、遵循唯物辩证法指导安全生产工作的体现。现今社会中仍有一部分人认为安全生产投入大、影响企业效益，但是事实证明，没有安全的经济发展是没有意义的发展，牺牲了国民健康的富裕是难以令人感到幸福美满的，也是不符合唯物辩证法基本要求的。

## 二、实验法

通过实验，可以验证理论的正确性，可以重复科学的结果，可以发现可能出现的问题。职业安全与健康管理作为现代管理科学的一个分支，需要采用实验的方法进行学习和研究，不能进行简单的逻辑推定，更不能想当然。无论是法律法规体系、职业安全技术，还是职业病的诊断及预防，都必须经过实践的检验，只有符合社会实际情况，才能发挥更好的效果。特别是政府在制定职业安全与健康管理相关法律法规时，更应该结合企业的实践管理经验，使法律法规更贴近实际、更完善。

## 三、比较法

有比较才有鉴别。事物的大小优劣，管理的好坏对错，通过比较就会一目了然。对职业安全与健康管理的研究也要使用比较的方法，并且比较必须全面、客观、公正，要有国内外比较、历史比较、行业比较等，如此才能不断实现改进与择优。

### 四、调查统计法

职业安全与健康管理问题大多呈现于我们的现实工作环节或企业个案中，这些环节、个案具有一定的发生规律和内在关联性。我们只有通过对实际情况的调查和了解，运用数学统计方法，才能从中得出规律性的结论。例如，人们发现雾天容易引发交通事故后，就会在雾浓度达到一定程度后关闭高速公路，从而避免事故的发生。人们发现苯和苯制品的工作过程容易引发职业病后，就会加强对此项工作过程的劳动防护，以降低职业病的发病率。

### 五、定性与定量相结合的分析方法

职业安全与健康管理问题中，有些是定性问题，如事故构成因素、涉及人的因素、物的因素、环境的因素等，这些影响因素难以量化。而有一些问题是可以进行定量研究的，如作业现场的温度高低、噪声大小、劳动强度等。也有一些问题的研究需要定性和定量相结合，如作业条件的危险评价等。

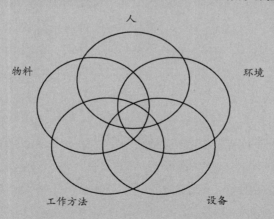

作业环境影响员工健康的问题——人、设备、环境、工作方法和物料间的关系

人：劳动力、现场管理、规则、行为
工作方法：程序、实践或现实活动
设备：工具和机器

物料：使用的、工作的或者制造的物质

环境：物质环境、自然环境、团体、社会及法律影响

工作程序中有五个关键的、相互重叠的要素：人、设备、环境、工作方法和物料。操作机器时，工作人员主要是通过眼睛、耳朵或者触觉得到相关信息。工作人员接受信息后，信息被处理成一个决定。收到的信息将和工作人员记忆中的从过去经验中获得的知识结合起来，这种由信息的结合而形成的决定将随着一个简单的响应而发生改变。这一响应是在一些需要高度推理和关注的时候自动产生的，而决定形成之后，工作人员则可能会采取行动。机器接到命令开始进行生产工作，并将通过进一步的信息显示告知工作人员发生了什么。循环正式开始。人机系统设计的前提都是假设人是不犯错误的，因此，不仅有必要对系统进行确认和修改，同时也需要根据个人的行为表现对系统进行监测和修改。

# 第三章

## 职业安全与健康法律法规

1. 了解我国职业安全与健康法律法规体系
2. 了解国际上主要的职业安全与健康公约内容
3. 熟悉我国主要的职业安全与健康法律法规内容

职业安全与健康法律法规是调整生产过程中所产生的、与劳动者的安全与健康有关的各种社会关系的法律规范的总和，如国家制定的各种职业安全与健康方面的法律、条例、规程、决议、命令、规定或指示等规范性文件。它是人们在生产过程中的行为准则之一。

## 第一节　国际上主要的职业安全与健康公约内容简介

### 一、国际社会对职业健康与安全保护的认识

职业安全与健康工作一直受到国际社会的广泛关注，早在 1994 年 10 月，世界卫生组织职业卫生合作中心第二次会议就讨论和通过了"人人享有职业卫生保健"的全球战略建议书。该建议书指出，生理、化学、生物学和社会心理上恶劣条件所构成的一些有害物质和有害因素及职业事故仍然威胁着各国工人的健康，在世界各地引起职业和劳动相关性疾病和损伤。鉴于职业健康是经济社会持续发展的重要因素，搞好职业安全与健康工作

"能使工人在有效工作年龄及其以后都能享受到健康和有效的生活"，所以"职业卫生和安全的水平、国家的经济社会发展及劳动人民的生活质量和福利是紧密联系的"，"必须在公司、国家和国际各级政策中给予应有的考虑"，使工人能够人人享有职业卫生保健。

世界卫生组织1995年在《工人健康宣言》中提出，WHO职业卫生的目标应为：保持和促进从事所有职业活动的工人身体上、精神上及在社会活动中最高度的幸福；预防工人因工作条件而失去健康；在工作中保护工人免受对健康有害的因素的伤害；安排并维护工人在其生理和心理上都能够适应的环境中工作。总而言之，就是工作适应工人，工人适应他们所从事的工作。

国际劳工组织认为，工伤和职业病除了使工人遭受痛苦外，还将给个人、家庭及整个社会造成相当大的经济损失。虽然生产方式的发展和技术的进步正逐步使某些伤害减少，但是，由于大规模地使用了一些新的物质，工作场所的污染给工人的安全、健康带来新的危害。国际劳工组织将为劳动者提供"有尊严（体面）的工作"作为保护劳动者健康的宗旨，致力于改善工作条件以使其尽可能完全地适应工人的体力和脑力，从而创造一种安全和有益于健康的工作环境。

国际劳工组织的主要任务就是制定并采用国际劳工标准来应对不公正、艰难、困苦的劳动条件问题，而这些国际劳工标准的基本表现形式则是国际劳工公约和建议书。国际劳工组织制定的国际标准对全世界许多国家的劳工立法都起到了规范化的作用。国际劳工组织还经常直接或间接通过派遣技术专家的方式给那些提出要求的国家提供意见，以帮助它们建立和完善工作保障、工作和生活条件、安全保障等方面的法律体系。

目前，国际劳工组织共颁布了189项公约和204项建议书。其中，职业安全卫生公约22项，建议书27项，这些公约和建议书覆盖了安全风险和职业危害较大的设备和物资的措施要求和实施建议，对预防重大安全事故和职业病事故起到了一定的指导作用。我国批准的国际劳工公约涉及最低就业年龄、最低工资、工时与休息、海员劳动条件、男女同工同酬和残疾人就业等内容。截至目前，我国已经批准加入了23个国际劳工公约。

## 二、职业安全与健康方面的国际公约分类

职业安全与健康方面的国际公约，按照内容可划分为以下三类。

（一）第一类公约

第一类公约是为了指导成员国达到安全健康的工作环境要求，以保证工人的福利与尊严而制定的方针和措施，包括对危险机械设备安全使用程序的正确监督等。这类公约主要包括以下几个。

1.《1981 年职业安全和卫生公约》（No. 155）

该公约要求批准该公约的成员国制定、实施和定期审查一项具有连贯性的有关职业安全和卫生及工作环境的国家政策。该项政策的目的应是在合理可行的范围内，把工作环境中内在的危险因素减少到最低限度，以预防来源于工作、与工作有关或在工作过程中发生的事故和对健康的危害。该项公约应考虑到工作的物质要素及其与监督工作的人员之间的关系，对有关人员的培训，在工作班组、企业、政府部门之间的交流和合作，以及工人及其代表按照该政策正当采取行动时能获得保护等对职业安全和卫生及工作环境的影响。《1981 年职业安全和卫生建议书》（No. 164）是对该公约的补充。

2.《1985 年职业卫生设施公约》（No. 161）

该公约要求批准该公约的成员国制定、实施和定期审查一项具有连贯性的有关职业卫生设施的国家政策。职业卫生设施是指主要具有预防职能的，负责向雇主、工人及其企业代表就建立和保持安全卫生的工作环境所必需的条件、使工作适合工人的能力等问题提供咨询的设施。成员国应承诺为所有工人，包括公共部门的工人和生产合作社的社员，在所有经济活动部门和所有企业中逐步发展职业卫生设施。《1985 年职业卫生设施建议书》（No. 171）是对该公约的补充。

3.《1993 年预防重大工业事故公约》（No. 174）

该公约的目的是预防危害物质造成的重大事故，并限制此类事故的影响。批准该公约的成员国须制定、实施并定期审查一项具有连贯性的有关保护工人、公众和环境免于重大事故风险的国家政策。成员国须制定出一套制度，以识别该政策所限定的重大危害设置。《1993 年预防重大工业事故建议书》（No. 181）是对该公约的补充。

（二）第二类公约

第二类公约主要针对特殊物质（白铅、放射物质、苯、石棉和化学品）、职业癌症、机械搬运、工作环境中的特殊危险而对工人提供保护。该类公约主要包括以下几个。

1. 《1929 年（航运包裹）标明重量公约》（No. 27）

该公约要求凡在批准该公约的成员国国境内交付总重量在一千公斤或一千公斤以上的任何包裹或物件，由海道或内河运送者，应在未装上船舶之前，用明晰而坚牢的标志，于该包裹或物件外面标明其总重量。凡遇特殊情况，难以决定确实重量时，国家法律或条例得准许标明大概重量。监督遵行此项规定的义务，应完全由运出包裹或物件的国家的政府负责，而非由包裹或物件运往目的地途中所经过的国家的政府负责。

2. 《1960 年辐射防护公约》（No. 115）

该公约要求批准该公约的成员国采取一切适宜的措施有效防止电离辐射对工人的安全和健康构成威胁。此类措施必须包括将工人的暴露限定在最低水平，收集必要的数据，确定最大容许辐射暴露剂量，告知工人所面临的辐射危险，提供适宜的医疗监测等内容。《1960 年辐射防护建议书》（No. 114）是对该公约的补充。

3. 《1963 年机器防护公约》（No. 119）

该公约建立了保护工人免受工作场所中机器运行所带来的伤害风险的标准。该标准涉及机器销售、租用、运输等环节及在这些环节中的风险。《1963 年机器防护建议书》（No. 118）是对该公约的补充。

4. 《1967 年最大负重量公约》（No. 127）

该公约要求批准该公约的成员国对单人一次人工搬运的重量做出上限规定。任何工人都不能被强求或容许从事人工搬运这样的重物，即由于其重量的原因，可能危及该搬运工人的安全与健康。《1967 年最大负重量建议书》（No. 128）是对该公约的补充。

5. 《1971 年苯公约》（No. 136）

该公约要求批准该公约的成员国采取措施，取代、禁止或控制苯在工作场所中的使用。《1971 年苯建议书》（No. 144）是对该公约的补充。

6. 《1974 年职业癌公约》（No. 139）

该公约要求批准该公约的成员国定期确定致癌物并对其暴露浓度加以限制。成员国必须规定为保护暴露于这些致癌物中的工人应采取的措施，保存适宜的记录，为工人提供医疗检查并进行必要的评估，掌握工人的暴露程度和健康状况。《1974 年职业癌建议书》（No. 147）是对该公约的补充。

7.《1977 年工作环境（空气污染、噪音和振动）公约》（No. 148）

该公约要求批准该公约的成员国规定应采取措施，预防、控制工作环境中空气污染、噪音和振动所带来的职业危害。采取的措施必须考虑该公约的要求。《1977 年工作环境（空气污染、噪音和振动）建议书》（No. 156）是对该公约的补充。

8.《1986 年石棉公约》（No. 162）

该公约适用于工人在工作过程中接触石棉的所有活动。批准该公约的成员国的法律或条例应规定为预防和控制职业性接触石棉对健康可能造成的危害，并保护工人不受此危害而必须采取的措施。《1986 年石棉建议书》（No. 172）是对该公约的补充。

9.《1990 年化学品公约》（No. 170）

该公约要求批准该公约的成员国按照本国的条件和惯例并在与最有代表性的雇主组织和工人组织协商的基础上制定、实施和定期评审一项有关作业场所安全使用化学品的政策。该政策应明确的内容包括标签和标识，供应商和雇主的责任，化学品的转移、暴露、操作控制、废弃，信息和培训，工人的职责，工人及其代表的权利，以及出口国的责任。《1990 年化学品建议书》（No. 177）是对该公约的补充。

（三）第三类公约

第三类公约主要是针对某些经济活动部门，如建筑业、商业和办事处所及码头等提供的保护。该类公约主要包括以下几个。

1.《1964 年（商业和办事处所）卫生公约》（No. 120）

该公约要求批准该公约的成员国采纳和继续履行有关法规，确保从事商业活动或办公室工作的人员的安全与健康。《1964 年（商业和办事处所）卫生建议书》（No. 120）是对该公约的补充。

2.《1979 年（码头作业）职业安全和卫生公约》（No. 152）

该公约覆盖了所有船只的装卸作业的全部和该作业的任何部分。《1979 年（码头作业）职业安全和卫生建议书》（No. 160）是对该公约的补充。

3.《1988 年建筑业安全和卫生公约》（No. 167）

该公约要求批准该公约的成员国承诺在对所涉及的安全和卫生危害做出估计的基础上，制定法律或条例并使之生效，以确保在建筑行业工作的工人的安全与健康。《1988 年建筑业安全和卫生建议书》（No. 175）是对该公约的补充。

4.《1995 年矿山安全与卫生公约》（No. 176）

该公约要求批准该公约的成员国按照本公约的要求，制定、执行并定期评审有关矿山安全与卫生，特别是关于使本公约各条款生效的措施的整体政策。《1995 年矿山安全与卫生建议书》（No. 183）是对该公约的补充。

此外，国际劳工组织理事会还通过了 20 余个实施规程（Code of Practice），覆盖了不同活动领域的职业安全与卫生问题，对相关领域的职业安全与卫生工作给予了更详细的指导。这些领域包括林业、造船业和公共工作，以及特殊的风险如电离辐射、空气污染和石棉接触等。

### 三、国际劳工组织《职业健康安全管理体系导则》

2001 年 4 月，国际劳工组织召开专家会议，修订、审核并一致通过了《职业健康安全管理体系技术导则》。国际劳工组织成员国三方代表各有 7 名专家参加了会议，欧盟（EU）、世界卫生组织（WHO）和美国劳工部职业安全与健康管理局（OSHA）等 16 个国家和组织也派观察员列席了会议。专家会议决定将《职业健康安全管理体系技术导则》更名为《职业健康安全管理体系导则》。2001 年 6 月，在国际劳工组织第 281 次理事会会议上，国际劳工组织理事会（国际劳工组织的执行机关）审议、批准印发了《职业健康安全管理体系导则》。

《职业健康安全管理体系导则》是在广泛咨询和征求意见的基础上，经过国际劳工组织特有的成员国三方代表审查通过的。2001 年 5 月，中国政府、工会和企业家协会代表在吉隆坡参加了国际劳工组织举办的促进亚太地区推广应用《职业健康安全管理体系导则》的地区会议。会后，中国政府向国际劳工组织提交了双边在该领域的技术合作建议书。显然，"职业健康安全管理体系"作为一种科学的管理模式和体系，必将在改善我国的职业安全和卫生状况、减少人员伤亡和经济损失方面发挥有效的作用。国际劳工组织制定的《职业健康安全管理体系导则》由引言、目标、国家职业健康安全管理体系框架、组织职业健康安全管理体系、术语表、参考文献和附录七部分组成。核心内容包括以下三部分：①目标；②国家职业健康安全管理体系框架，包括国家政策、国家指南和特定指南；③组织职业健康安全管理体系，包括方针、组织、计划和执行、评价、整改（图 3-1）。

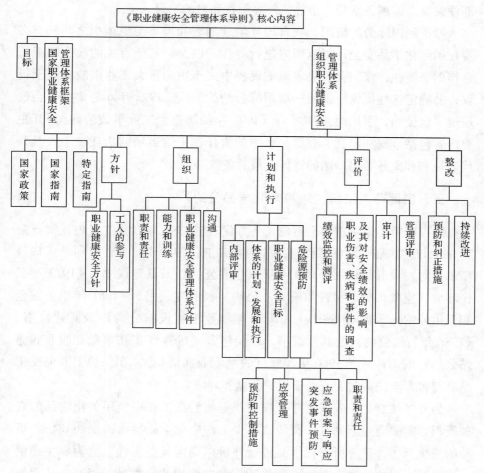

**图 3-1　《职业健康安全管理体系导则》核心内容示意图**

### 四、国际劳工组织《1993 年预防重大工业事故公约》

由国际劳工组织理事会召集，各方代表于 1993 年 6 月在日内瓦召开第 80 届会议。该届会议注意到有关的国际劳工公约和建议书，特别是《1981 年职业安全和卫生公约》及其建议书、《1990 年化学品公约》及其建议书、国际劳工组织 1991 年出版的《预防重大工业事故工作守则》等，强调有必要采取一种综合连贯的方式，必要时确保采取一切适宜的措施，以便实现如下目标：预防重大事故；尽量降低发生重大事故的风险；尽量减轻重大事故影响，并检讨此类事故的原因，包括组织工作方面的差错、人为因素、部件失灵、偏离正常操作条件、外界干扰和自然力量。

考虑到国际劳工组织、联合国环境规划署和世界卫生组织之间，有必要在国际化学品安全计划范围内进行合作，以及同其他有关的政府间组织合作的必要性，该届会议决定采纳议程中关于预防重大工业事故的若干提议，并确定这些提议应采用一项国际公约的形式。1993 年 6 月 2 日，会议通过了该公约，引用时须称之为《1993 年预防重大工业事故公约》。其主要内容包括范围和定义、总则、雇主的责任、主管当局的责任、工人及其代表权利和义务、出口国的责任、最后条款等。

### 五、国际劳工组织《1990 年化学品公约》

由国际劳工组织理事会召集，各方代表于 1990 年 6 月在日内瓦举行第77 届会议。该届会议注意到有关的国际劳工公约和建议书，特别是《1971年苯公约》及其建议书、《1974 年职业癌公约》及其建议书、《1977 年工作环境（空气污染、噪音和振动）公约》及其建议书、《1981 年职业安全和卫生公约》及其建议书、《1985 年职业卫生设施公约》及其建议书、《1986 年石棉公约》及其建议书，以及作为《1964 年工伤事故和职业病津贴公约》的附件并于 1980 年经修订的《职业病清单》，在保护工人免受化学品有害影响的同时，有助于保护公众和环境。

另外，注意到工人需要并有权利获得他们在工作中使用的化学品的有关资料，需要通过下列方法预防或减少工作中化学品导致的疾病和伤害事故的发生：①保证对所有化学品进行评价以确定其危害性；②为雇主提供一定机制，以便从供货者处得到关于作业中使用的化学品的资料，从而使他们能够实施保护工人免受化学品危害的有效计划；③为工人提供关于其作业场所使用的化学品及其适当防护措施的资料，从而使他们能有效地参与保护计划；④确定关于此类计划的原则，以保证化学品的安全使用。

会议认识到在国际劳工组织、联合国环境规划署和世界卫生组织之间，以及与联合国粮食和农业组织及联合国工业发展组织就国际化学品安全计划进行合作的需要，并注意到这些组织制定的有关文件、规则和使用指南，决定本届会议采纳议程中关于作业场所安全使用化学品的某些提议，并确定这些提议应采取国际公约的形式。1990 年 6 月 25 日，会议通过了该公约，引用时须称之为《1990 年化学品公约》。其主要内容有范围和定义、总则、分类和有关措施、雇主的责任、工人的义务、工人及其代表的权利、出口国的责任等。

1994 年 10 月 27 日，全国人大常委会审议批准了国际劳工组织的第 170 号公约，即《1990 年化学品公约》。

### 六、国际劳工组织《1988 年建筑业安全和卫生公约》

由国际劳工组织理事会召集，各方代表于 1988 年 6 月在日内瓦举行第 75 届会议。该届会议注意到有关的国际劳工公约和建议书，特别是《1937 年（建筑业）安全规程公约》及其建议书、《1937 年（建筑业）预防事故合作建议书》、《1960 年辐射防护公约》及其建议书、《1963 年机器防护公约》及其建议书、《1967 年最大负重量公约》及其建议书、《1974 年职业癌公约》及其建议书、《1977 年工作环境（空气污染、噪音和振动）公约》及其建议书、《1981 年职业安全和卫生公约》及其建议书、《1985 年职业卫生设施公约》及其建议书、《1986 年石棉公约》及其建议书，以及作为《1964 年工伤事故和职业病津贴公约》的附件并于 1980 年经修订的《职业病清单》。该届会议决定采纳议程中关于建筑业安全和卫生的某些提议，并确定这些提议应采取修订《1937 年（建筑业）安全规程公约》的国际公约的形式。1988 年 6 月 20 日，会议通过了该公约，引用时须称之为《1988 年建筑业安全和卫生公约》。其主要内容有范围和定义、一般规定、预防和保护措施、执行、最后条款等。

2001 年 10 月 27 日，全国人大常委会批准了该公约。同时声明：在中华人民共和国政府另行通知前，《1988 年建筑业安全和卫生公约》暂不适用于中华人民共和国香港特别行政区。

### 七、国际劳工组织《1981 年职业安全和卫生公约》

由国际劳工组织理事会召集，各方代表于 1981 年 6 月在日内瓦召开第 67 届会议。经讨论，会议决定制定《1981 年职业安全和卫生公约》（No. 155）。该公约规定：在合理可行的范围内，把工作环境中内在的危险因素减少到最低限度，以预防来源于工作、与工作有关或在工作过程中发生的事故和对健康的危害。这一公约通过促进各成员国在职业安全、职业卫生和改善工作环境方面制定相关法律和措施，明确政府、企业和个人各自承担的职责，从而把工作环境中存在的危险因素减少到最低限度，以预防来自工作、与工作相关或在工作过程中发生的事故和对健康的危害。

2006 年 10 月 31 日，全国人大常委会批准了该公约。同时声明：在中华人民共和国政府另行通知前，《1981 年职业安全和卫生公约》不适用于中华人民共和国香港特别行政区。

（本书的《附录一》列出了国际劳工组织有关职业安全与健康方面的部分公约和建议书，可以作为学习时的参考。）

## 第二节　我国职业安全与健康法律法规体系

### 一、我国职业安全与健康法律法规的层次

职业安全与健康管理是一项系统工程，包括许多方面的工作，其中法律法规体系建设尤为重要。虽然我国至今未制定专门的"职业健康安全法"，但是按照"安全第一、预防为主、综合治理"的安全生产基本方针，国家还是制定了一系列的安全生产、劳动保护的法律法规。据统计，中华人民共和国自成立以来，颁布并在使用的有关安全生产、劳动保护的主要法律法规有 280 余项，内容包括综合类、安全卫生类、"三同时"类、伤亡事故类、女工和未成年工保护类、职业培训考核类、特种设备类、防护用品类和检测检验类等。其中，以法律条文形式出现的、对安全生产和劳动保护具有十分重要作用的是《中华人民共和国安全生产法》《中华人民共和国矿山安全法》《中华人民共和国劳动法》《中华人民共和国职业病防治法》。与此同时，国家还制定和颁布了百余项安全卫生方面的国家标准。这些已经制定的有关职业安全与健康的法律法规和国家标准基本构成了我国职业安全与健康法律法规体系的整体框架。其中，宪法为最高层次，各种安全基础标准、安全管理标准、安全技术标准为最低层次（图 3-2）。

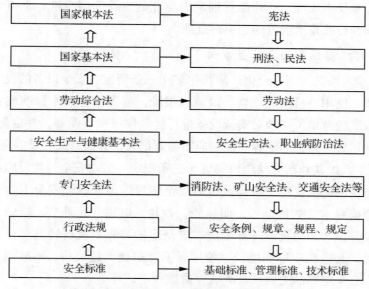

图3-2　我国职业安全与健康法律法规的层次

## 二、安全技术法律法规

安全技术法律法规是指国家为搞好安全生产，防止和消除生产中的安全事故，保障职工人身安全而制定的法律规范。安全技术法律法规对一些比较突出或有普遍意义的安全技术问题的基本要求做出规定；对于一些比较特殊的安全技术问题，国家有关部门也制定并颁布了专门的安全技术法规。

（一）设计、建设工程安全方面

《中华人民共和国安全生产法》第二十八条规定：生产经营单位新建、改建、扩建工程项目（以下统称建设项目）的安全设施，必须与主体工程同时设计、同时施工、同时投入生产和使用。安全设施投资应当纳入建设项目概算。1996年10月，劳动部颁布的《建设项目（工程）劳动安全卫生监察规定》中明确要求，在组织建设项目可行性研究时，应有劳动安全卫生的论证内容，并将论证内容作为可行性研究报告的专门章（节）编入可行性研究报告；在编制（或审批）建设项目计划任务书时，应编制（或审批）劳动安全卫生设施所需投资，并纳入投资控制数额内。《中华人民共和国矿山安全法》专门设立一章，对矿山设计、施工中的安全规程和技术规范提出了具体要求，规定矿山建设工程的设计文件，必须符合矿山安全规程和行业技术规范，并须经管理矿山企业的主管部门批准；不符合矿山安全规程和行业技术规范的，不得批准。

（二）机器设备安全装置方面

《中华人民共和国安全生产法》第三十三条规定：安全设备的设计、制造、安装、使用、检测、维修、改造和报废，应当符合国家标准或者行业标准。生产经营单位必须对安全设备进行经常性维护、保养，并定期检测，保证正常运转。维护、保养、检测应当做好记录，并由有关人员签字。

《中华人民共和国劳动法》第五十三条规定：劳动安全卫生设施必须符合国家规定的标准。对于机器设备的安全装置，国家职业安全卫生设施标准中有明确要求，如传动带、明齿轮、砂轮、电锯、联轴节、转轴、皮带轮等危险部位和压力机旋转部位应有安全防护装置。机器转动部分设自动加油装置。起重机应标明吨位，使用时不准超速、超负荷，不准斜吊，禁止任何人在吊运物品上面或者下面停留或行走，等等。

（三）特种设备安全措施方面

《中华人民共和国安全生产法》第三十四条规定：生产经营单位使用的危险物品的容器、运输工具，以及涉及人身安全、危险性较大的海洋石油开采特种设备和矿山井下特种设备，必须按照国家有关规定，由专业生产单位生产，并经具有专业资质的检测、检验机构检测、检验合格，取得安全使用证或者安全标志，方可投入使用。检测、检验机构对检测、检验结果负责。

2009年，国务院通过了《关于修改〈特种设备安全监察条例〉的决定》，经修订后的《特种设备安全监察条例》将锅炉、压力容器（含气瓶）、压力管道、电梯、起重机械、客运索道、大型游乐设施和场（厂）内专用机动车辆这八大类设备规定为特种设备，并明确了国家对特种设备的生产（含设计、制造、安装、改造、维修）、使用、检验检测、监督检查及事故预防和调查处理的检查内容。

（四）防火防爆安全规则方面

《中华人民共和国矿山安全法实施条例》第十八条规定：煤矿和其他有瓦斯爆炸可能性的矿井，应当严格执行瓦斯检查制度，任何人不得携带烟草和点火用具下井。《中华人民共和国消防法》第二十三条规定：生产、储存、运输、销售、使用、销毁易燃易爆危险品，必须执行消防技术标准和管理规定。进入生产、储存易燃易爆危险品的场所，必须执行消防安全规定。

2011年2月16日，《危险化学品安全管理条例》经国务院第144次常务会议修订通过，修订后的条例于2011年12月1日起施行。该条例对易燃易爆化学品的生产、经营、储存、运输、使用等过程应采取的安全措施提出了具体要求。

（五）工作环境安全条件方面

《中华人民共和国安全生产法》第三十九条规定：生产、经营、储存、使用危险物品的车间、商店、仓库不得与员工宿舍在同一座建筑物内，并应当与员工宿舍保持安全距离。生产经营场所和员工宿舍应当设有符合紧急疏散要求、标志明显、保持畅通的出口。禁止锁闭、封堵生产经营场所或者员工宿舍的出口。

《中华人民共和国矿山安全法》对矿井的安全出口、出口之间的直线水平距离及矿山与外界相通的运输和通信设施等做了规定。

（六）个体安全防护方面

《中华人民共和国安全生产法》第四十二条规定：生产经营单位必须为从业人员提供符合国家标准或者行业标准的劳动防护用品，并监督、教育从业人员按照使用规则佩戴、使用。《中华人民共和国劳动法》《中华人民共和国煤炭法》《中华人民共和国矿山安全法》等法律法规也对企事业单位应向劳动者提供必要的防护用品提出了明确要求。

### 三、安全管理法律法规

安全管理法律法规是指国家为了搞好安全生产，加强安全生产和劳动保护工作，保护职工的安全与健康所制定的管理规范。从广义上讲，国家的立法、监督、检查和教育等方面都属于管理范畴。安全生产管理是企业经营管理的重要内容之一，因此管生产必须管安全。《中华人民共和国宪法》规定，加强劳动保护，改善劳动条件，是国家和企业开展劳动保护工作的基本原则。劳动保护管理制度是各类工矿企业为了保护劳动者在生产过程中的安全与健康，根据生产实践的客观规律总结和制定的各种规章制度。概括地讲，这些规章制度一方面属于行政管理制度，另一方面属于生产技术管理制度。这两类规章制度经常是密切联系、相互补充的。

重视和加强安全生产的制度建设，是安全生产和劳动保护法制的重要内容。《中华人民共和国劳动法》第五十二条规定：用人单位必须建立、健全劳动安全卫生制度。《中华人民共和国全民所有制工业企业法》第四十条规定：企业必须贯彻安全生产制度，改善劳动条件，做好劳动保护和环境保护工作，做到安全生产和文明生产。此外，《中华人民共和国矿山安全法》《中华人民共和国乡镇企业法》《中华人民共和国煤炭法》《中华人民共和国职业病防治法》《全民所有制工业交通企业设备管理条例》《危险化学品安全管理条例》等多项法律法规，都对不断完善劳动保护管理制度提出了要求。

（一）安全生产责任制

国务院在《关于加强企业生产中安全工作的几项规定》中，对安全生产责任制的内容及实施方法做了比较全面的规定。经过多年的劳动保护工作实践，这一制度得到了进一步的补充和完善，在国家相继颁布的《中华人民共和国全民所有制工业企业法》《中华人民共和国环境保护法》《中华人民共和国矿山安全法》《中华人民共和国煤炭法》《中华人民共和国职业病防治法》等多项法律法规中，安全生产责任制都被列为重要条款，成为国家安全生产管理工作的基本内容。

（二）安全教育制度

中华人民共和国成立以来，各级人民政府和各产业部门为加强企业的安全生产教育工作，陆续颁布了一些法规和规章。《中华人民共和国劳动法》不仅规定了用人单位开展职业培训的义务和职责，同时规定了"从事技术工种的劳动者，上岗前必须经过培训"。《中华人民共和国全民所有制工业企业法》把"企业应当加强思想政治教育、法制教育、国防教育、科学文化教育和技术业务培训，提高职工队伍素质"作为企业必须履行的义务之一。《中华人民共和国矿山安全法》第二十六条规定：矿山企业必须对职工进行安全教育、培训；未经安全教育、培训的，不得上岗作业。矿山企业安全生产的特种作业人员必须接受专门培训，经考核合格取得操作资格证书的，方可上岗作业。《中华人民共和国煤炭法》《中华人民共和国乡镇企业法》《中华人民共和国职业病防治法》等其他法律法规，也都对劳动保护教育制度做出了规定。

为了贯彻国家法律法规的规定，劳动人事部①于 1986 年颁布了《锅炉司炉工人安全技术考核管理办法》，1991 年颁布了《特种作业人员安全技术培训考核管理规定》，1995 年颁布了《企业职工劳动安全卫生教育管理规定》。1999 年 7 月，国家经贸委颁布了《特种作业人员安全技术培训考核管理办法》。

（三）安全生产检查制度

多年的安全生产工作实践，使群众性的安全生产检查逐步成为劳动保护管理的重要制度之一，国务院在《关于加强企业生产中安全工作的几项规定》中，对安全生产检查工作提出了明确要求。1980 年 4 月，经国务院批准建立"安全月"制度，以推动安全生产和文明生产，并使之经常化、制度化。

（四）伤亡事故报告和处理制度

1956 年，国务院颁布了《工人职员伤亡事故报告规程》。1991 年 2 月 22 日，国务院颁布了《企业职工伤亡事故报告和处理规定》，对企业职工伤亡事故的报告、调查、处理等提出了具体要求。为了保证特别重大事故调查工作的顺利进行，1989 年 3 月国务院颁布了《特别重大事故调查程序暂行规定》。劳动部依据国家法律法规的有关规定，对职工伤亡事故的统计、报告、调查和处理等程序进行了规定。为履行安全生产群众监督检查职责，全国总工会对各级工会组织进行的职工伤亡事故统计、报告、调查和处理等也做出了规定。2007 年 3 月 28 日，国务院第 172 次常务会议通过了《生产安全事故报告和调查处理条例》，该条例规定对事故发生单位最高可处 200 万元以上 500 万元以下的罚款，自 2007 年 6 月 1 日起施行。

（五）安全生产监督制度

安全生产监督是国家授权特定行政机关设立的专门监督机构，以国家名义并利用国家行政权力，对各行业安全生产工作实行统一监督。在我国，国家授权行政主管部门（应急管理部）行使国家安全生产监督权。国家安全生产监督制度体系由国家安全生产监督法律法规制度、监督组织机构和监督工作实践构成。这一体系还与企事业单位及其主管部门的内部监督、工会组织的群众监督相结合。

---

① 1988 年，因另立中华人民共和国人事部，中华人民共和国劳动人事部改名中华人民共和国劳动部。

（六）工伤保险制度

1993 年，党的十四届三中全会通过了《中共中央关于建立社会主义市场经济体制若干问题的决定》，提出"普遍建立企业工伤保险制度"的要求。1996 年 8 月，劳动部颁布了《企业职工工伤保险试行办法》。2003 年，国务院颁布了《工伤保险条例》，标志着我国探索建立符合社会保险通行原则的工伤保险进入了新阶段。1996 年，国家颁布了《职工工伤与职业病致残程度鉴定》（GB/T 16180—1996）标准，为工伤鉴定提供了技术规范。

我国在建立和完善工伤保险制度过程中贯彻了工伤保险与事故预防相结合的指导思想和改革思路，把过去企业自管的、被动的工伤补偿制度改革成社会化管理的工伤预防、工伤补偿、职业康复三项有机结合的新型工伤保险制度。

（七）注册安全工程师执业资格制度

2002 年，人事部、国家安全生产监督管理局颁布了《注册安全工程师执业资格制度暂行规定》和《注册安全工程师执业资格认定办法》，从而推行了我国的注册安全工程师执业资格制度。这一制度的实施对提高我国安全专业人员的专业素质水平发挥了重要作用。

（八）安全生产费用投入保障制度

2004 年，财政部、国家发展和改革委员会、国家煤矿安全监察局发布了《煤炭生产安全费用提取和使用管理办法》，2005 年上述三部门又联合发布了《关于调整煤炭生产安全费用提取标准，加强煤炭生产安全费用使用管理与监督的通知》，明确了煤炭生产安全费用的提取标准。2006 年，财政部和国家安全生产监督管理总局发布了《高危行业企业安全生产费用财务管理暂行办法》，明确了矿山、建筑、危化、交通运输四大高危行业的安全生产费用提取标准。这一系列文件，结束了改革开放以来安全生产经费二十余年无政策规定的历史。

**四、职业健康法律法规**

职业健康法律法规是指国家为了改善劳动条件，保护职工在生产过程中的健康，预防和消除职业病而制定的各种法律规范。这里既包括职业健康保障措施的规定，也包括有关预防医疗保健措施的规定。我国现行职业健康方面的法律法规主要有《中华人民共和国环境保护法》《中华人民共和国乡镇企业法》《中华人民共和国煤炭法》《中华人民共和国职业病防治法》，以及有关部门制定的《工业企业设计卫生标准》《工业企业噪声卫生标准》《放射性同位素与射线装置安全和防护条例》《微波辐射暂行卫生标准》《防暑降温措施管理办法》《乡镇企业劳动卫生管理办法》《职业病范围和职业病患者处理办法的规定》等。其中，2001 年 10 月通过的《中华人民共和国职业病防治法》，使我国的职业病防治管理提高到了一个新的高度和层次。

与安全技术法律法规一样，国家职业健康法律法规也对具有共性的工业卫生问题提出了具体要求。

（一）工矿企业设计、建设的职业健康方面

《工业企业设计卫生标准》对工业企业设计过程中的尘毒危害治理，对生产过程中不能消除的有害因素及现有企业中存在的污染的预防与综合治理措施等提出了明确要求。特别是对 111 种化学物品和 9 种生产性粉尘在车间空气中的最高允许浓度、温度、湿度标准等做了规定。

《中华人民共和国职业病防治法》第十八条规定：建设项目的职业病防护设施所需费用应当纳入建设项目工程预算，并与主体工程同时设计，同时施工，同时投入生产和使用。建设项目的职业病防护设施设计应当符合国家职业卫生标准和卫生要求；其中，医疗机构放射性职业病危害严重的建设项目的防护设施设计，应当经卫生行政部门审查同意后，方可施工。建设项目在竣工验收前，建设单位应当进行职业病危害控制效果评价。医疗机构可能产生放射性职业病危害的建设项目竣工验收时，其放射性职业病防护设施经卫生行政部门验收合格后，方可投入使用；其他建设项目的职业病防护设施应当由建设单位负责依法组织验收，验收合格后，方可投入生产和使用。

（二）防止粉尘危害方面

国务院在《关于加强防尘防毒工作的决定》中特别要求：各级经济主管部门和企业、事业单位，对现有企业、事业单位进行技术改造时，必须同时解决尘毒危害和安全生产问题。《中华人民共和国尘肺病防治条例》第七条规定：凡有粉尘作业的企业、事业单位应采取综合防尘措施和无尘或低尘的新技术、新工艺、新设备，使作业场所的粉尘浓度不超过国家卫生标准。该条例还规定了警告、限期治理、罚款和停产整顿等多项惩治措施。

（三）防止有毒物质危害方面

《工业企业设计卫生标准》规定了我国各类工业企业设计的工业卫生基本标准，它对工业企业的设计、施工和生产过程，以及"三废"治理等多个环节，提出了劳动卫生学的基本要求，并对 111 种化学毒物规定了车间空气中允许浓度的最高标准。1988 年施行的《职业病范围和职业病患者处理办法的规定》，将 56 种职业中毒列为法定职业病。《中华人民共和国职业病防治法》第二十五条规定：对可能发生急性职业损伤的有毒、有害工作场所，用人单位应当设置报警装置，配置现场急救用品、冲洗设备、应急撤离通道和必要的泄险区。

（四）防止物理危害因素和伤害方面

1979 年，国家颁布的《工业企业噪声卫生标准》规定，工业企业的生产车间和作业场所的工作地点的噪声标准为 85 分贝（A）。现有工业企业经过努力暂时达不到标准时，可适当放宽，但不得超过 90 分贝（A）。《微波辐射暂行卫生标准》对微波设备的出厂性能鉴定要求进行了严格的规定。《中华人民共和国矿山安全法实施条例》第二十三条规定：开采放射性矿物的矿井，必须采取有效措施，减少氡气析出量。《放射性同位素与射线装置安全和防护条例》第八条规定：生产、销售、使用放射性同位素和射线装置的单位，应当事先向有审批权的生态环境主管部门提出许可申请。《中华人民共和国职业病防治法》第二十五条规定：对放射工作场所和放射性同位素的运输、贮存，用人单位必须配置防护设备和报警装置，保证接触放射线的工作人员佩戴个人剂量计。对职业病防护设备、应急救援设施和个人使用的职业病防护用品，用人单位应当进行经常性的维护、检修，定期检测其性能和效果，确保其处于正常状态，不得擅自拆除或者停止使用。第二十九条规定：向用人单位提供可能产生职业病危害的化学品、放射性同位素和含有放射性物质的材料的，应当提供中文说明书。说明书应当载明产品特性、主要成分、存在的有害因素、可能产生的危害后果、安全使用注意事项、职业病防护及应急救治措施等内容。产品包装应当有醒目的警示标识和中文警示说明。贮存上述材料的场所应当在规定的部位设置危险物品标识或者放射性警示标识。

（五）劳动卫生个体防护方面

1963 年，劳动部发布的《国营企业职工个人防护用品发放标准》对发放防护用品的原则和范围、不同行业同类工种发放防护服的标准、行业性的主要工种发放防护服的标准、发放防寒服的标准及发放其他防护用品的标准等做了具体规定。1996 年 4 月，劳动部颁布《劳动防护用品管理规定》，对劳动防护用品的研制、生产、经营、发放、使用和质量检验等做出了规定。2000 年，国家经贸委颁布了《劳动防护用品配备标准（试行）》，对工业企业各种工种工人的劳动防护用品配备标准做了明确、具体的规定。《中华人民共和国职业病防治法》第二十二条规定：用人单位必须采取有效的职业病防护设施，并为劳动者提供个人使用的职业病防护用品。用人单位为劳动者个人提供的职业病防护用品必须符合防治职业病的要求；不符合要求的，不得使用。第二十五条规定：对可能发生急性职业损伤的有毒、有害工作场所，用人单位应当设置报警装置，配置现场急救用品、冲洗设备、应急撤离通道和必要的泄险区。对放射工作场所和放射性同位素的运输、贮存，用人单位必须配置防护设备和报警装置，保证接触放射线的工作人员佩戴个人剂量计。对职业病防护设备、应急救援设备和个人使用的职业病防护用品，用人单位应当进行经常性的维护、检修，定期检测其性能和效果，确保其处于正常状态，不得擅自拆除或者停止使用。

（六）工业卫生辅助设施方面

《中华人民共和国职业病防治法》第十五条要求工作场所应当有与职业病危害防护相适应的设施；有配套的更衣间、洗浴间、孕妇休息间等卫生设施。《工业企业设计卫生标准》也专门设立一章，对辅助用室做出一般规定，对生产卫生用室、生活用室、妇女卫生用室等劳动卫生要求进行了规定。

（七）女职工劳动卫生特殊保护方面

国家根据女职工的生理机能和身体特点，以妇女劳动卫生学为科学依据，先后制定了《女职工保健工作暂行规定（试行草案)》《女职工劳动保护规定》《女职工禁忌劳动范围的规定》《中华人民共和国妇女权益保障法》等法律、法规和规章，对女职工的劳动卫生特殊保护做出了明确的规定。特别是《女职工劳动保护规定》是对女职工实行特殊劳动保护的重要法规，它全面而系统地规定了对女职工进行的各项劳动保护。1994 年 7 月，我国制定的《中华人民共和国劳动法》也专设一章对女职工的特殊劳动保护进行规定。《中华人民共和国职业病防治法》第三十八条规定：用人单位不得安排未成年工从事接触职业病危害的作业；不得安排孕期、哺乳期的女职工从事对本人和胎儿、婴儿有危害的作业。

此外，工作场所的通风、照明、防暑降温、防寒取暖，职工健康检查、建档，职业病预防保健等也属于劳动卫生内容，并且也有一系列法律法规对其进行规定。

### （八）未成年工的特殊劳动保护方面

未成年工是指年满 16 周岁、未满 18 周岁的从业人员。未成年工正处于身体和智力的发育期，还处在应接受教育的年龄段，文化、技能和自我保护的能力比较低，本不适合参加正式的劳动。为了使未成年工的特殊劳动得到保护，我国颁布了相关法律法规，如 1991 年 9 月 4 日颁布的《中华人民共和国未成年人保护法》、1994 年 12 月 9 日颁布的《未成年工特殊保护规定》、2002 年 10 月 1 日颁布的《禁止使用童工规定》等。特别是《中华人民共和国劳动法》对未成年工的劳动保护做出了明确的规定，其第六十四条规定：不得安排未成年工从事矿山井下、有毒有害、国家规定的第四级体力劳动强度的劳动和其他禁忌从事的劳动。

《未成年工特殊保护规定》第二条第二款规定：未成年工的特殊保护是针对未成年工处于生长发育期的特点，以及接受义务教育的需要，采取的特殊劳动保护措施；第三条规定：用人单位不得安排未成年工从事矿山井下及矿山地面采石作业，使用凿岩机、捣固机、气镐、气铲、铆钉机、电锤的作业。

## 第三节　我国主要的职业安全与健康法律法规内容简介

### 一、《中华人民共和国劳动法》中有关职业安全与健康的内容

1994 年 7 月 5 日，第八届全国人大常委会第八次会议审议通过了《中华人民共和国劳动法》（以下简称《劳动法》），该法于 1995 年 1 月 1 日起施行。《劳动法》是一部全面调整劳动关系及与劳动关系有密切联系的其他关系的法律规范。2009 年 8 月 27 日，第十一届全国人大常委会第十次会议通过了《关于修改部分法律的决定》，《劳动法》经历第一次修订；2018 年 12 月 29 日，第十三届全国人大常委会第七次会议通过了《关于修改〈中

华人民共和国劳动法〉等七部法律的决定》,《劳动法》经历第二次修订。

修订后的《劳动法》共 13 章 107 条,其中直接涉及职业安全与健康的条款,有第六章"劳动安全卫生"中的第五十二条至第五十七条。其他与职业安全与健康相关的条款,为第七章"女职工和未成年工特殊保护"中的第五十八条至第六十五条。以下从用人单位和劳动者两个角度介绍《劳动法》中有关职业安全与健康的内容,同时对《劳动法》有关女职工和未成年工特殊保护的内容进行介绍。

(一)用人单位在职业安全卫生方面的职责

"用人单位"是指中国境内的所有具有独立的生产和(或)经营资格及法律地位的各类组织,包括国家机关、政府机构和组织。

《劳动法》第五十二条规定:用人单位必须建立、健全劳动安全卫生制度,严格执行国家劳动安全卫生规程和标准,对劳动者进行劳动安全卫生教育,防止劳动过程中的事故,减少职业危害。根据该条款的规定,职业安全卫生制度包括以下几项内容:①用人单位必须建立、健全劳动安全卫生制度;②用人单位必须严格执行国家劳动安全卫生规程和标准;③用人单位必须对劳动者进行劳动安全卫生教育。

《劳动法》第五十三条规定:劳动安全卫生设施必须符合国家规定的标准。新建、改建、扩建工程的劳动安全卫生设施必须与主体工程同时设计、同时施工、同时投入生产和使用。该条款主要是对用人单位的职业安全与健康设施和"三同时"制度做出了相应的规定。

1. 规定了用人单位设施的建设标准

劳动安全卫生设施是指为了防止伤亡事故和职业病发生,而采取的消除职业危害因素的设备、装置、防护用具及其他防范技术措施的总称,主要包括安全技术方面的设施、劳动卫生方面的设施、生产性辅助设施(如女职工卫生室、更衣室、饮水设施等)。国家规定的标准是指行政主管部门和各行业主管部门制定的一系列技术标准,它包括以下几方面内容:

(1)职业安全卫生条件及劳动防护用品要求。《劳动法》第五十四条规定:用人单位必须为劳动者提供符合国家规定的劳动安全卫生条件和必要的劳动防护用品,对从事有职业危害作业的劳动者应当定期进行健康检查。

(2)建立伤亡事故和职业病统计报告和处理制度。《劳动法》第五十七条规定：国家建立伤亡事故和职业病统计报告和处理制度。县级以上各级人民政府劳动行政部门、有关部门和用人单位应当依法对劳动者在劳动过程中发生的伤亡事故和劳动者的职业病状况，进行统计、报告和处理。在劳动过程中，由于各种原因，发生伤亡事故、产生职业病是不可避免的，为了真实地掌握情况，有效地采取对策，预防或防止伤亡事故和职业病的发生，要建立伤亡事故和职业病统计报告和处理制度。

（3）对劳动者进行职业培训。《劳动法》第五十五条规定：从事特种作业的劳动者必须经过专门培训并取得特种作业资格。"特种作业"是指容易发生人员伤亡事故，对操作者本人、他人的生命健康及周围设施的安全可能造成重大危害的作业，包括 11 个种类：电工作业；焊接与热切割作业；高处作业；制冷与空调作业；煤矿安全作业；金属非金属矿山安全作业；石油天然气安全作业；冶金（有色）生产安全作业；危险化学品安全作业；烟花爆竹安全作业；安全监管总局认定的其他作业。国家安全生产监督管理总局颁发的《特种作业人员安全技术培训考核管理规定》，对特种作业的范围和特种作业人员条件、培训、考核、发证等都做了明确规定。"特种作业资格"是指特种作业人员在独立上岗之前，必须进行安全技术培训，并经过安全技术理论考试和实际操作技能考核，考核成绩合格者由劳动部门和有关部门发给"特种作业操作证"，它是我国职业资格证书的一种。

2. 规定了用人单位设施建设的"三同时"要求

所谓"三同时"，即用人单位除了按照《劳动法》的有关规定为劳动者提供安全和健康保障以外，还应做到劳动安全卫生设施的"三同时"，即新建、改建、扩建工程的劳动安全卫生设施必须与主体工程同时设计、同时施工、同时投入生产和使用，这是职业安全与健康法律法规的一项重要内容。《中华人民共和国矿山安全法》《中华人民共和国尘肺病防治条例》、国务院 1984 年颁发的《关于加强防尘防毒工作的决定》、劳动部 1988 年颁发的《关于生产性建设工程项目职业安全卫生监察的暂行规定》和 1992 年颁发的《建设项目（工程）职业安全卫生设施和技术措施验收办法》对"三同时"制度做了具体规定。

（二）劳动者在职业安全卫生方面的权利和义务

《劳动法》第五十六条规定：劳动者在劳动过程中必须严格遵守安全操

作规程。劳动者对用人单位管理人员违章指挥、强令冒险作业，有权拒绝执行；对危害生命安全和身体健康的行为，有权提出批评、检举和控告。根据该条款的规定，劳动者在职业安全卫生方面有以下权利和职责。

1. 劳动者在职业安全卫生方面的职责

根据该条款的规定，劳动者在劳动过程中必须严格遵守安全操作规程。若是不服从管理，违章冒险作业，导致重大事故发生并造成严重后果的，必须承担相应的法律责任。

2. 劳动者在职业安全卫生方面的权利

（1）根据该条款的规定，劳动者对用人单位管理人员违章指挥、强令冒险作业，有权拒绝执行。这是《劳动法》赋予劳动者的权利。根据这项权利，劳动者可以合法地维护自己的人身安全，有效地维持正常的生产秩序，消除事故隐患。劳动者常年工作在生产第一线，他们熟悉生产的各个环节，知道安全操作规程的意义和违规的后果。所以，法律赋予他们的权利是正当而有效的。

（2）根据该条款的规定，劳动者针对用人单位管理人员做出的危害生命安全和身体健康的行为，有权提出批评、检举和控告。根据该条款赋予的权利，劳动者对管理人员做出的违章指挥、强令冒险作业的行为，不仅可以拒绝执行，而且可以提出批评。如果有关的管理人员不接受意见，不改进措施，劳动者有权向上级主管部门进行检举，甚至可以上诉控告，这是法律赋予劳动者的权利。若是有人打击报复举报人员，由劳动行政部门或者有关部门处以罚款；构成犯罪的，对责任人员依法追究刑事责任。

（三）女职工特殊劳动保护

《劳动法》第七章规定了对女职工实行特殊劳动保护，主要是规定女职工禁忌从事的劳动。所谓的女职工禁忌从事的劳动，是指生产过程中存在可能对女职工生理机能产生不利影响的职业危害因素，这些危害因素有的直接损伤女职工生殖系统或生殖机能，有的间接造成生殖损伤。

根据《体力劳动强度分级》（GB 3869—1997）标准，体力劳动强度的大小是以体力劳动强度指数来衡量的。体力劳动强度指数是由该工种的劳动时间率、能量代谢率、体力劳动性别系数、体力劳动方式系数等多个因素决定的。体力劳动强度指数越大，体力劳动强度也越大；反之，体力劳动强度就越小。

女职工的身体结构和生理特点决定其应受到特殊劳动保护。女职工的体力一般比男职工差，特别是在"五期"（经期、孕期、产期、哺乳期、绝经期）有特殊的生理变化，故女职工对工业生产过程中毒害因素的敏感性比男职工强。此外，高噪声环境、剧烈振动、放射性物质等都能对女性生殖机能和身体产生有害影响。因此，《劳动法》第五十九条至第六十三条针对女职工生理结构的特殊性和社会角色的特殊性，对其职业安全与健康做出了非常明确、细致的规定：

（1）禁止安排女职工从事矿山井下、国家规定的第四级体力劳动强度的劳动和其他禁忌从事的劳动。

（2）不得安排女职工在经期从事高处、低温、冷水作业和国家规定的第三级体力劳动强度的劳动。

（3）不得安排女职工在怀孕期间从事国家规定的第三级体力劳动强度的劳动和孕期禁忌从事的劳动。对怀孕 7 个月以上的女职工，不得安排其延长工作时间和夜班劳动。

（4）女职工生育享受不少于 90 天的产假。

（5）不得安排女职工在哺乳未满 1 周岁的婴儿期间从事国家规定的第三级体力劳动强度的劳动和哺乳期禁忌从事的其他劳动，不得安排其延长工作时间和夜班劳动。

**（四）未成年工特殊劳动保护**

未成年工是指年满 16 周岁、未满 18 周岁的劳动者，他们不仅身体尚未发育成熟，也缺乏生产知识和生产技能，过重及过度紧张的劳动、不良的工作环境、不适的劳动工种或劳动岗位，都会对他们产生不利影响，因此需要对他们进行严格的劳动保护。《劳动法》第六十四条、第六十五条对未成年工的劳动保护做了特殊的规定：

（1）不得安排未成年工从事矿山井下、有毒有害、国家规定的第四级体力劳动强度的劳动和其他禁忌从事的劳动。

（2）用人单位应当对未成年工定期进行健康检查。

当然，未满 16 周岁的少年儿童，参加家庭劳动、学校组织的勤工俭学和省、自治区、直辖市人民政府允许从事的无损于身心健康、力所能及的辅助性劳动，不属于未成年工范畴。法律为惩罚非法使用未成年工的行为设置了法律责任，根据责任主体行为的性质及程度，分别追究民事、行政及刑事责任。

### 二、《中华人民共和国职业病防治法》的相关内容

2001 年 10 月 27 日，第九届全国人大常委会第二十四次会议审议通过了《中华人民共和国职业病防治法》（以下简称《职业病防治法》），该法于 2002 年 5 月 1 日起施行。这部法律的立法目的是预防、控制和消除职业病危害，防治职业病，保护劳动者健康及其相关权益，促进经济社会发展。2011 年 12 月 31 日，第十一届全国人大常委会第二十四次会议通过了《关于修改〈中华人民共和国职业病防治法〉的决定》，《职业病防治法》经历第一次修订；2016 年 7 月 2 日，第十二届全国人大常委会第二十一次会议通过了《关于修改〈中华人民共和国节约能源法〉等六部法律的决定》，《职业病防治法》经历第二次修订；2017 年 11 月 4 日，第十二届全国人大常委会第三十次会议通过了《关于修改〈中华人民共和国会计法〉等十一部法律的决定》，《职业病防治法》经历第三次修订；2018 年 12 月 29 日，第十三届全国人大常委会第七次会议通过了《关于修改〈中华人民共和国劳动法〉等七部法律的决定》，《职业病防治法》经历第四次修订。

修订后的《职业病防治法》分为总则、前期预防、劳动过程中的防护与管理、职业病诊断与职业病病人保障、监督检查、法律责任和附则，共 7 章 88 条。该法规定，职业病防治工作坚持预防为主、防治结合的方针，建立用人单位负责、行政机关监管、行业自律、职工参与和社会监督的机制，实行分类管理、综合治理。劳动者享有七项职业卫生保护权利：

（1）获得职业卫生教育、培训的权利。

（2）获得职业健康检查、职业病诊疗、康复等职业病防治服务的权利。

（3）了解工作场所产生或者可能产生的职业病危害因素、危害结果和应当采取的职业病防护措施的权利。

（4）要求用人单位提供符合防治职业病要求的职业病防护设施和个人使用的职业病防护用品，改善工作条件的权利。

（5）对违反职业病防治法律、法规及危及生命健康的行为提出批评、检举和控告的权利。

（6）拒绝违章指挥和强令进行没有职业病防护措施的作业的权利。

（7）参与用人单位职业卫生工作的民主管理，对职业病防治工作提出意见和建议的权利。

为了避免不符合职业卫生要求的项目上马，防止再走"先危害、后治理"的老路，从根本上控制或消除职业病危害，该法规定，实行职业病危害预评价制度。首先，在建设项目可行性论证阶段，建设单位应当对可能产生的职业病危害因素及其对工作场所和劳动者健康的影响进行评价，确定危害类别和职业病防护措施，并向卫生行政部门提交职业病危害预评价报告。其次，建设项目的职业病防护设施所需费用应当纳入工程预算，并与主体工程同时设计、同时施工、同时投入生产和使用；建设项目竣工验收前，建设单位应当进行职业病危害控制效果评价。

关于已经被诊断为职业病的病人，该法规定用人单位应当保障职业病病人依法享受国家规定的职业病待遇。用人单位应当按照国家有关规定，安排职业病病人进行治疗、康复和定期检查。职业病病人的诊疗、康复费用，伤残及丧失劳动能力的职业病病人的社会保障，按照国家有关工伤保险的规定执行。劳动者被诊断患有职业病，但用人单位没有依法参加工伤保险的，其医疗和生活保障由该用人单位承担。

关于职业病病人的安置和社会保障，该法规定用人单位在疑似职业病病人诊断或者医学观察期间，不得解除或者终止与其订立的劳动合同。用人单位对不适宜继续从事原工作的职业病病人，应当调离原岗位，并妥善安置。职业病病人变动工作单位，其依法享有的待遇不变。用人单位发生分立、合并、解散、破产等情形时，应当对从事接触职业病危害的作业的劳动者进行健康检查，并按照国家有关规定妥善安置职业病病人。用人单位已经不存在或者无法确认劳动关系的职业病病人，可以向地方人民政府医疗保障、民政部门申请医疗救助和生活等方面的救助。

### 三、《中华人民共和国安全生产法》的核心内容

2002年6月29日，第九届全国人大常委会第二十八次会议审议通过了《中华人民共和国安全生产法》（以下简称《安全生产法》），该法于2002年11月1日起施行。2009年8月27日，第十一届全国人大常委会第十次会议通过了《关于修改部分法律的决定》，《安全生产法》经历第一次修订；2014年8月31日，第十二届全国人大常委会第十次会议通过了《关于修改〈中华人民共和国安全生产法〉的决定》，《安全生产法》经历第二次修订。

修订后的《安全生产法》共7章114条，适用于在中华人民共和国领

域内从事生产经营活动的单位（以下统称生产经营单位）的安全生产。有关法律、行政法规对消防安全和道路交通安全、铁路交通安全、水上交通安全、民用航空安全及核与辐射安全、特种设备安全另有规定的，则适用其规定。现将《安全生产法》的核心内容归纳如下。

（一）三大目标

《安全生产法》第一条开宗明义，提出了通过加强安全生产工作，防止和减少生产安全事故，最终实现如下基本的三大目标：保障人民群众生命安全，保护国家财产安全，促进经济社会持续健康发展。由此确立了安全（生产）所具有的保护生命安全的意义、保障财产安全的价值和促进经济发展的生产力功能。

（二）五方运行机制（五方结构）

《安全生产法》的总则规定了保障安全生产的国家总体运行机制，包括如下五个方面：政府监管与指导（通过立法、执法、监管等手段）；企业实施与保障（落实预防、应急救援和事后处理等措施）；员工权益与自律（8项权益和3项义务）；社会监督与参与（公众、工会、舆论和社区监督）；中介支持与服务（通过技术支持和咨询服务等方式）。

（三）两结合监管体制

《安全生产法》明确了我国现阶段实行的国家安全生产监管体制。这种体制是国家安全生产综合监管与各级政府有关职能部门（公安消防、公安交通、煤矿监督、建筑、交通运输、质量技术监督、工商行政管理）专项监管相结合的体制。各有关部门合理分工、相互协调，相应地表明了我国《安全生产法》的执法主体是国家安全生产综合监管部门和相应的专门监管部门。

（四）七项基本法律制度

《安全生产法》确定了我国安全生产的基本法律制度。分别为：安全生产监督管理制度；生产经营单位安全保障制度；从业人员安全生产权利义务制度；生产经营单位负责人安全责任制度；安全中介服务制度；安全生产责任追究制度；事故应急救援和处理制度。

（五）四个责任主体

《安全生产法》明确了对我国安全生产具有责任的主体，包括以下四方：政府责任方，即各级政府和对安全生产负有监管职责的有关部门；生产经营单位责任方；从业人员责任方；中介机构责任方。

（六）三套对策体系

《安全生产法》指明了实现我国安全生产的三大对策体系。

1. 事前预防对策体系

即要求生产经营单位建立安全生产责任制、坚持"三同时"、保证安全机构及专业人员落实安全投入、进行安全培训、实行危险源管理、进行项目安全评价、推行安全设备管理、落实现场安全管理、严格交叉作业管理、实施高危作业安全管理、保证承包租赁安全管理、落实工伤保险等，同时加强政府监管、发动社会监督、推行中介技术支持等。

2. 事中应急救援对策体系

即要求政府建立本行政区域内的重大安全事故救援体系，制订社区事故应急救援预案；要求生产经营单位进行危险源的预控，制订事故应急救援预案；等等。

3. 事后处理对策体系

即包括推行严密的事故处理及严格的事故报告制度，实施事故后的行政责任追究制度，强化事故经济处罚，明确事故刑事责任追究，等等。

（七）生产经营单位主要负责人的七项责任

《安全生产法》对生产经营单位主要负责人的安全生产责任做了专门的规定：建立、健全本单位安全生产责任制；组织制定本单位安全生产规章制度和操作规程；组织制订并实施本单位安全生产教育和培训计划；保证本单位安全生产投入的有效实施；监督、检查本单位的安全生产工作，及时消除生产安全事故隐患；组织制订并实施本单位的生产安全事故应急救援预案；及时、如实报告生产安全事故。

（八）从业人员的八项权利

《安全生产法》明确了从业人员的八项权利：

（1）知情权，即有权了解其作业场所和工作岗位存在的危险因素、防范措施及事故应急措施。

（2）建议权，即有权对本单位的安全生产工作提出建议。

（3）批评、检举、控告权，即有权对本单位安全生产工作中存在的问题提出批评、检举、控告。

（4）拒绝权，即有权拒绝违章指挥和强令冒险作业。

（5）紧急避险权，即发现直接危及人身安全的紧急情况时，有权停止作业或者在采取可能的应急措施后撤离作业场所。

（6）依法向本单位提出赔偿要求的权利。

（7）获得符合国家标准或者行业标准的劳动防护用品的权利。

（8）获得安全生产教育和培训的权利。

（九）从业人员的三项义务

《安全生产法》明确了从业人员的三项义务。

1. 自律遵守的义务

即从业人员在作业过程中，应当严格遵守本单位的安全生产规章制度和操作规程，服从管理，正确佩戴和使用劳动防护用品。

2. 自觉学习安全生产知识的义务

即要求从业人员掌握本职工作所需的安全生产知识，提高安全生产技能，增强事故预防和应急处理能力。

3. 危险报告的义务

即从业人员发现事故隐患或者其他不安全因素时，应当立即向现场安全生产管理人员或者本单位负责人报告。

（十）四种监督方式

《安全生产法》以法定形式，明确规定了我国安全生产的多种监督方式。

1. 工会民主监督

即工会有权对建设项目的安全设施与主体工程同时设计、同时施工、同时投入生产和使用进行监督，提出意见。

2. 社会舆论监督

即新闻、出版、广播、电影、电视等单位有对违反安全生产法律、法规的行为进行舆论监督的权利。

3. 公众举报监督

即任何单位或者个人对事故隐患或者安全生产违法行为，均有权向负有安全生产监督管理职责的部门报告或者举报。

4. 社区报告监督

即居民委员会、村民委员会发现其所在区域内的生产经营单位存在事故隐患或者安全生产违法行为时，有权向当地人民政府或者有关部门报告。

（十一）三十八种违法行为

《安全生产法》明确了政府、生产经营单位、从业人员和中介机构可能存在的 38 种违法行为。其中，生产经营单位及其负责人 30 种，政府监督部门及其工作人员 5 种，中介机构 1 种，从业人员 2 种。

（十二）十三种处罚方式

《安全生产法》明确了相应违法行为的处罚方式：

（1）对政府监督管理人员有降级、撤职的行政处罚。

（2）对政府监督管理部门有责令改正、责令退还违法收取的费用的处罚。

（3）对中介机构有罚款、第三方损失连带赔偿、撤销机构资格的处罚。

（4）对生产经营单位有责令限期改正、停产停业整顿、经济罚款、责令停止建设、关闭企业、吊销其有关证照、连带赔偿等处罚。

（5）对生产经营单位负责人有行政处罚、个人经济罚款、限期不得担任生产经营单位的主要负责人、降级、撤职、处十五日以下拘留等处罚。

（6）对从业人员有批评教育、依照有关规章制度给予处分的处罚。

无论任何人，造成严重后果、构成犯罪的，依照刑法有关规定追究刑事责任。

### 四、《危险化学品安全管理条例》的相关内容

2002 年 1 月 9 日，国务院第 52 次常务会议审议通过了《危险化学品安全管理条例》，该条例于 2002 年 3 月 15 日起施行。2011 年 2 月 16 日，国务院第 144 次常务会议通过了《危险化学品安全管理条例》修订案，《危险化学品安全管理条例》经历第一次修订；2013 年 12 月 4 日，国务院第 32 次常务会议通过了《关于修改部分行政法规的决定》，《危险化学品安全管理条例》经历第二次修订。

危险化学品是指具有毒害、腐蚀、爆炸、燃烧、助燃等性质，对人体、设施、环境具有危害的剧毒化学品和其他化学品，包括爆炸品、压缩气体和液化气体、易燃液体、易燃固体、自燃物品和遇湿易燃物品、氧化剂和有机过氧化物、有毒品和腐蚀品等。民用爆炸物品、烟花爆竹、放射性物品、核能物质及用于国防科研生产的危险化学品的安全管理，不适用本条

例。危险化学品目录，由国务院安全生产监督管理部门会同国务院工业和信息化、公安、环境保护、卫生、质量监督检验检疫、交通运输、铁路、民用航空、农业主管部门，根据化学品危险特性的鉴别和分类标准确定、公布，并适时调整。

《危险化学品安全管理条例》的基本宗旨和目的是加强危险化学品的安全管理，预防和减少危险化学品事故，保障人民群众生命财产安全，保护环境。

《危险化学品安全管理条例》的适用范围是在我国境内生产、经营、储存、运输、使用危险化学品的各个环节和过程。废弃危险化学品的处置，依照有关环境保护的法律、行政法规和国家有关规定执行。

### 五、《关于特大安全事故行政责任追究的规定》的相关内容

为进一步做好安全生产工作，地方人民政府主要领导人和政府有关部门正职负责人是各地区安全生产的第一责任人，必须对该地区安全生产工作负总责。为此，2001年4月21日，国务院颁布了《关于特大安全事故行政责任追究的规定》。《关于特大安全事故行政责任追究的规定》明确指出：发生特大安全事故，不仅要追究直接责任人的责任，而且要追究有关领导干部的行政责任；构成犯罪的，还要依法追究刑事责任。同时，要执行"谁审批、谁负责"的原则，依法对涉及安全生产事项负责行政审批的主管部门和有关责任人员，也要对后果承担相应责任。

《关于特大安全事故行政责任追究的规定》共24条。其中，第二条规定：地方人民政府主要领导人和政府有关部门正职负责人对下列特大安全事故的防范、发生，依照法律、行政法规和本规定的规定有失职、渎职情形或者负有领导责任的，依照本规定给予行政处分；构成玩忽职守罪或者其他罪的，依法追究刑事责任：

（1）特大火灾事故。

（2）特大交通安全事故。

（3）特大建筑质量安全事故。

（4）民用爆炸物品和化学危险品特大安全事故。

（5）煤矿和其他矿山特大安全事故。

（6）锅炉、压力容器、压力管道和特种设备特大安全事故。

（7）其他特大安全事故。

第十一条规定：依法对涉及安全生产事项负责行政审批（包括批准、核准、许可、注册、认证、颁发证照、竣工验收等，下同）的政府部门或者机构，必须严格依照法律、法规和规章规定的安全条件和程序进行审查；不符合法律、法规和规章规定的安全条件的，不得批准；不符合法律、法规和规章规定的安全条件，弄虚作假，骗取批准或者勾结串通行政审批工作人员取得批准的，负责行政审批的政府部门或者机构除必须立即撤销原批准外，应当对弄虚作假骗取批准或者勾结串通行政审批工作人员的当事人依法给予行政处罚；构成行贿罪或者其他罪的，依法追究刑事责任。负责行政审批的政府部门或者机构违反前款规定，对不符合法律、法规和规章规定的安全条件予以批准的，对部门或者机构的正职负责人，根据情节轻重，给予降级、撤职直至开除公职的行政处分；与当事人勾结串通的，应当开除公职；构成受贿罪、玩忽职守罪或者其他罪的，依法追究刑事责任。

第十五条规定：发生特大安全事故，社会影响特别恶劣或者性质特别严重的，由国务院对负有领导责任的省长、自治区主席、直辖市市长和国务院有关部门正职负责人给予行政处分。

第十六条规定：特大安全事故发生后，有关县（市、区）、市（地、州）和省、自治区、直辖市人民政府及政府有关部门应当按照国家规定的程序和时限立即上报，不得隐瞒不报、谎报或者拖延报告，并应当配合、协助事故调查，不得以任何方式阻碍、干涉事故调查。特大安全事故发生后，有关地方人民政府及政府有关部门违反前款规定的，对政府主要领导人和政府部门正职负责人给予降级的行政处分。

### 六、《特种设备安全监察条例》的核心内容

2003 年 2 月 19 日，国务院第 68 次常务会议审议通过了《特种设备安全监察条例》，该条例于 2003 年 6 月 1 日起施行。2009 年 1 月 14 日，国务院第 46 次常务会议通过了《关于修改〈特种设备安全监察条例〉的决定》，新条例自 2009 年 5 月 1 日起施行。修订后的《特种设备安全监察条例》分为总则、特种设备的生产、特种设备的使用、检验检测、监督检查、事故预防和调查处理、法律责任及附则，共 8 章 103 条。

经过归纳，《特种设备安全监察条例》的精神实质主要体现在五个方面，即围绕一个宗旨、建立两项制度、实现三个统一、明确四项责任、体

现五项原则。

（一）围绕一个宗旨

《特种设备安全监察条例》的宗旨是建立和完善适应我国社会主义市场经济体制新形势和 WTO 需要的特种设备安全监察法律制度，进一步加强特种设备的安全监察，防止和减少事故，保障人民群众生命和财产安全，促进经济发展，全面建设小康社会。

（二）建立两项制度

即建立特种设备市场准入制度和特种设备安全监督检查制度。特种设备市场准入制度主要包括：特种设备的生产必须经特种设备安全监督管理部门许可；特种设备使用单位必须经特种设备安全监督管理部门登记核准；特种设备作业人员必须经特种设备安全监督管理部门考核合格取得作业证书。

特种设备安全监督检查制度主要包括以下几个方面：

（1）强制检验制度。特种设备制造、安装、改造、重大维修过程必须经核准的检验检测机构进行监督检验；使用中的特种设备必须经核准的检验检测机构进行定期检验；新研制的特种设备必须经核准的检验检测机构进行试验。

（2）执法检查制度。特种设备安全监察人员和行政执法人员有权开展现场检查，责令消除事故隐患，对违法行为予以查处。

（3）事故处理制度。特种设备发生事故，事故单位应当向特种设备安全监督管理部门等有关部门报告，事故处理按照国家有关规定进行。

（4）安全监察责任制度。行使特种设备安全监督管理职权的部门、检验检测机构及其工作人员，应当依法履行职责，严格依法行政，对违反规定滥用职权、徇私舞弊的，依法追究特种设备安全监督管理部门、检验检测机构及其工作人员的法律责任。

（三）实现三个统一

即《特种设备安全监察条例》实现了监管主体的统一、特种设备概念的统一、内外制度的统一。监管主体的统一的内涵是明确规定了特种设备安全监督管理部门，即国家质检总局①和各级质量技术监督部门对涉及生命安全、危险性较大的锅炉、压力容器（含气瓶，下同）、压力管道、电梯、起重机械、客运索道、大型游乐设施和场（厂）内专用机动车辆这八大类特种设备实施安全监察，从而进一步明确了"三定"方案赋予国家质检总局的职能，理清了部门之间的职能交叉关系，有效制止了重复检查，减轻了企业负担。

长期以来，人们所称的特种设备主要是指电梯、起重机械、客运索道、大型游乐设施和场（厂）内机动车辆五类设备，不包括锅炉、压力容器、压力管道三类设备。而特种设备概念的统一是指国家质检总局"三定"方案首次将锅炉、压力容器、压力管道、电梯等统称为特种设备，但在内设机构时仍然分设了锅炉处、压力容器处、压力管道处、特种设备处。这样就解决了特种设备的概念长期以来一直含混不清的问题。《特种设备安全监察条例》明确以行政法规的形式统一了特种设备的概念，为今后开展特种设备安全监察工作奠定了良好的基础。

内外制度的统一是指为了确保特种设备运行安全，对特种设备的设计、制造等行为设立了严格的行政许可制度。按照 WTO 的国民待遇原则，无论是国内制造的特种设备还是国外制造的特种设备，只要在中国境内使用，均须由同一行政主体按照同一技术规范实施同一程序的审查、许可、监督、检验。《特种设备安全监察条例》统一了内外的行政许可制度，符合 WTO 的要求。

（四）明确四项责任

《特种设备安全监察条例》明确了特种设备生产者、使用者的安全责任和义务。《特种设备安全监察条例》规定，特种设备生产、使用单位应当建立健全特种设备安全、节能管理制度和岗位安全、节能责任制度，必须具备规定的生产、使用条件，严格遵守安全技术规范的要求，其作业人员和相关管理人员必须经考核合格并取得特种作业人员证书后方可上岗。违反上述规定要依法承担法律责任。

---

① 2018 年 3 月，国务院机构改革，将国家质检总局的职责整合，组建国家市场监督管理总局，不再保留国家质检总局，特种设备安全监察职责划入国家市场监督管理总局。特种设备安全监察局内设机构调整为：综合处、锅炉与节能环保处、电梯和索道游乐设施处、起重机械和场车处、压力容器和压力管道处、事故调查处、检验管理处。

《特种设备安全监察条例》明确了各级人民政府在特种设备安全监察工作中的责任和义务。《特种设备安全监察条例》规定，县级以上地方人民政府应当督促、支持特种设备安全监督管理部门依法履行安全监察职责，对特种设备安全监察中存在的重大问题及时予以协调、解决。

《特种设备安全监察条例》明确了特种设备安全监督管理部门及检验检测机构的责任和义务。《特种设备安全监察条例》规定，特种设备安全监督管理部门要依法履行行政许可、强制检验、执法检查和事故处理职责，定期公布特种设备安全状况，不得以任何形式进行地方保护、地区封锁和异地重复检验。特种设备检验检测机构应当为特种设备生产、使用单位提供可靠、便捷的检验检测服务，客观、公正、及时地出具检验检测结果、鉴定结论，接受特种设备安全监督管理部门的监督检查；特种设备检验检测机构和检验检测人员不得从事特种设备的生产、销售，不得以其名义推荐或者监制、监销特种设备。违反上述规定要依法承担法律责任。

《特种设备安全监察条例》明确了社会监督的权利。《特种设备安全监察条例》规定，任何单位和个人对违反本条例规定的行为，有权向特种设备安全监督管理部门和行政监察等有关部门举报。

（五）体现五项原则

《特种设备安全监察条例》体现了五项原则，即安全至上原则、企业负责原则、权责一致原则、统一监管原则和综合治理原则。

1. 安全至上原则

对涉及特种设备安全的事项，要以预防为主，事先严格控制，强化政府监管和行政许可措施，确保人民群众的生命和财产安全。

2. 企业负责原则

企业是特种设备安全的第一责任人，《特种设备安全监察条例》明确规定了企业在特种设备安全方面的权利、义务和法律责任。

3. 权责一致原则

《特种设备安全监察条例》严格按照"三定"方案的规定，设立特种设备安全监督管理部门的职责和权限，明确特种设备安全监督管理部门的法律责任。

4. 统一监管原则

履行对 WTO 的承诺，《特种设备安全监察条例》统一了进口特种设备和国内特种设备的安全监察制度，做到监管主体、监管制度、监管规范、监管收费四个统一；对八大类特种设备实行统一立法、统一监管。

5. 综合治理原则

特种设备的安全涉及社会各个方面，单靠一个部门不可能做好这项工作，应当发挥全社会的力量，综合治理，严格监督。各级政府及其相关部门、广大人民群众、新闻媒体及其他社会中介组织等均有监督权、建议权、举报权。

### 七、《中华人民共和国矿山安全法》的相关内容

1992年11月7日，第七届全国人大常委会第二十八次会议审议通过了《中华人民共和国矿山安全法》（以下简称《矿山安全法》），该法于1993年5月1日起施行。2009年8月27日，第十一届全国人大常委会第十次会议通过了《关于修改部分法律的决定》，修订了《矿山安全法》的部分条款。修订后的《矿山安全法》共8章50条，内容主要涉及总则、矿山建设的安全保障、矿山开采的安全保障、矿山企业的安全管理、矿山企业的监督和管理、矿山事故处理、法律责任及附则八个方面。

《矿山安全法》第七条规定：矿山建设工程的安全设施必须和主体工程同时设计、同时施工、同时投入生产和使用。

第八条规定：矿山建设工程的设计文件，必须符合矿山安全规程和行业技术规范，并按照国家规定经管理矿山企业的主管部门批准；不符合矿山安全规程和行业技术规范的，不得批准。除此之外，第九条规定，矿山设计中的一些项目必须符合矿山安全规程和行业技术规范，具体包括：矿井的通风系统和供风量、风质、风速；露天矿的边坡角和台阶的宽度、高度；供电系统；提升、运输系统；防水、排水系统和防火、灭火系统；防瓦斯系统和防尘系统；有关矿山安全的其他项目。

在矿山企业的安全管理方面，《矿山安全法》第二十条至第二十二条中明确规定，矿山企业必须建立、健全安全生产责任制。矿长对本企业的安全生产工作负责，应当定期向职工代表大会或者职工大会报告安全生产工作，发挥职工代表大会的监督作用。矿山企业职工必须遵守有关矿山安全的法律、法规和企业规章制度。矿山企业职工有权对危害安全的行为，提出批评、检举和控告。

关于教育、培训，《矿山安全法》第二十六条规定：矿山企业必须对职

工进行安全教育、培训；未经安全教育、培训的，不得上岗作业。矿山企业安全生产的特种作业人员必须接受专门培训，经考核合格取得操作资格证书的，方可上岗作业。第二十七条还对矿长和安全工作人员必须具备的安全专业知识进行了规定。

《矿山安全法》中规定，县级以上地方各级人民政府劳动行政主管部门和县级以上人民政府管理矿山企业的主管部门行使监督和管理职责。由于机构调整，对矿山的安全监督和管理工作，目前都由各级安全生产监督管理部门负责。各级安全生产监督管理部门要依照《安全生产法》和《矿山安全法》及相关法律法规的规定，对矿山安全工作行使监督和管理职责，主要包括：检查矿山企业和管理矿山企业的主管部门贯彻执行矿山安全法律、法规的情况；审查批准矿山建设工程安全设施的设计；参加矿山建设工程安全设施的设计审查和竣工验收；组织矿长和矿山企业安全工作人员的培训工作；调查和处理重大矿山事故；法律、行政法规规定的其他监督和管理职责。

《矿山安全法》第三十六条规定：发生矿山事故，矿山企业必须立即组织抢救，防止事故扩大，减少人员伤亡和财产损失，对伤亡事故必须立即如实报告劳动行政主管部门和管理矿山企业的主管部门。对于事故的调查和处理，第三十七条规定：发生一般矿山事故，由矿山企业负责调查和处理。发生重大矿山事故，由政府及其有关部门、工会和矿山企业按照行政法规的规定进行调查和处理。

## 八、《工伤保险条例》的相关内容

2003 年 4 月 16 日，国务院第 5 次常务会议审议通过了《工伤保险条例》，该条例于 2004 年 1 月 1 日起施行。2010 年 12 月 8 日，国务院第 136 次常务会议通过了《关于修改〈工伤保险条例〉的决定》，新条例于 2011 年 1 月 1 日起施行。修订后的《工伤保险条例》分为总则、工伤保险基金、工伤认定、劳动能力鉴定、工伤保险待遇、监督管理、法律责任和附则，共 8 章 67 条。

《工伤保险条例》的实施是为了保障因工作遭受事故伤害或者患职业病的职工获得医疗救治和经济补偿，促进工伤预防和职业康复，分散用人单位的工伤风险。

《工伤保险条例》规定，中华人民共和国境内的企业、事业单位、社会团体、民办非企业单位、基金会、律师事务所、会计师事务所等组织和有雇工的个体工商户应当依照本条例规定参加工伤保险，为本单位全部职工或者雇工缴纳工伤保险费。中华人民共和国境内的企业、事业单位、社会团体、民办非企业单位、基金会、律师事务所、会计师事务所等组织的职工和个体工商户的雇工，均有依照本条例的规定享受工伤保险待遇的权利。工伤保险费的征缴按照《社会保险费征缴暂行条例》关于基本养老保险费、基本医疗保险费、失业保险费的征缴规定执行。工伤保险费根据以支定收、收支平衡的原则，确定费率。国家根据不同行业的工伤风险程度确定行业的差别费率，并根据工伤保险费使用、工伤发生率等情况在每个行业内确定若干费率档次。行业差别费率及行业内费率档次由国务院社会保险行政部门制定，报国务院批准后公布施行。统筹地区经办机构根据用人单位工伤保险费使用、工伤发生率等情况，适用所属行业内相应的费率档次确定单位缴费费率。

《工伤保险条例》规定，国务院社会保险行政部门负责全国的工伤保险工作。县级以上地方各级人民政府社会保险行政部门负责本行政区域内的工伤保险工作。社会保险行政部门按照国务院有关规定设立的社会保险经办机构具体承办工伤保险事务。

《工伤保险条例》还规定，社会保险行政部门等部门制定工伤保险的政策、标准，应当征求工会组织、用人单位代表的意见。

### 九、《生产安全事故报告和调查处理条例》的相关内容

2007 年 3 月 28 日，国务院第 172 次常务会议审议通过了《生产安全事故报告和调查处理条例》，该条例于 2007 年 6 月 1 日起施行，国务院 1989 年 3 月 29 日公布的《特别重大事故调查程序暂行规定》和 1991 年 2 月 22 日公布的《企业职工伤亡事故报告和处理规定》同时废止。《生产安全事故报告和调查处理条例》分为总则、事故报告、事故调查、事故处理、法律责任和附则，共 6 章 46 条。

实施《生产安全事故报告和调查处理条例》的目的是规范生产安全事故的报告和调查处理，落实生产安全事故责任追究制度，防止和减少生产安全事故。

《生产安全事故报告和调查处理条例》规定了国家对生产安全事故的分级标准，根据生产安全事故（以下简称事故）造成的人员伤亡或者直接经

济损失，事故一般分为以下等级：

（1）特别重大事故，是指造成 30 人以上死亡，或者 100 人以上重伤（包括急性工业中毒，下同），或者 1 亿元以上直接经济损失的事故。

（2）重大事故，是指造成 10 人以上 30 人以下死亡，或者 50 人以上 100 人以下重伤，或者 5 000 万元以上 1 亿元以下直接经济损失的事故。

（3）较大事故，是指造成 3 人以上 10 人以下死亡，或者 10 人以上 50 人以下重伤，或者 1 000 万元以上 5 000 万元以下直接经济损失的事故。

（4）一般事故，是指造成 3 人以下死亡，或者 10 人以下重伤，或者 1 000 万元以下直接经济损失的事故。

《生产安全事故报告和调查处理条例》规定，事故发生后，事故现场有关人员应当立即向本单位负责人报告；单位负责人接到报告后，应当于 1 小时内向事故发生地县级以上人民政府安全生产监督管理部门和负有安全生产监督管理职责的有关部门报告。安全生产监督管理部门和负有安全生产监督管理职责的有关部门逐级上报事故情况，每级上报的时间不得超过 2 小时。报告事故应当包括下列内容：事故发生单位概况；事故发生的时间、地点及事故现场情况；事故的简要经过；事故已经造成或者可能造成的伤亡人数（包括下落不明的人数）和初步估计的直接经济损失；已经采取的措施；其他应当报告的情况。事故报告后出现新情况的，应当及时补报。

《生产安全事故报告和调查处理条例》规定，特别重大事故由国务院或者国务院授权有关部门组织事故调查组进行调查。重大事故、较大事故、一般事故分别由事故发生地省级人民政府、设区的市级人民政府、县级人民政府负责调查。省级人民政府、设区的市级人民政府、县级人民政府可以直接组织事故调查组进行调查，也可以授权或者委托有关部门组织事故调查组进行调查。未造成人员伤亡的一般事故，县级人民政府也可以委托事故发生单位组织事故调查组进行调查。事故调查组履行下列职责：查明事故发生的经过、原因、人员伤亡情况及直接经济损失；认定事故的性质和事故责任；提出对事故责任者的处理建议；总结事故教训，提出防范和整改措施；提交事故调查报告。事故调查组应当自事故发生之日起 60 日内提交事故调查报告；特殊情况下，经负责事故调查的人民政府批准，提交事故调查报告的期限可以适当延长，但延长的期限最长不超过 60 日。

《生产安全事故报告和调查处理条例》规定，重大事故、较大事故、一般事故，负责事故调查的人民政府应当自收到事故调查报告之日起 15 日内做出批复；特别重大事故，30 日内做出批复，特殊情况下，批复时间可以适当延长，但延长的时间最长不超过 30 日。

《生产安全事故报告和调查处理条例》同时对事故发生单位主要负责人、事故发生单位及其有关人员、有关地方人民政府、安全生产监督管理部门和负有安全生产监督管理职责的有关部门、参与事故调查的人员在事故发生或事故调查过程中的违法乱纪行为做出了详细的处罚规定。

# 第四节　职业安全与健康立法的国际经验

## 一、国外职业安全与健康立法考察

国外职业安全与健康立法虽然因各国社会制度、经济发展水平、文化传统的不同而各有特色，但作为市场经济中劳动保护基本立法，其基本内容大致相同，主要包括以下几个方面。

（一）制定职业安全与健康标准

职业安全与健康标准是职业安全与健康的法定技术依据，是职业安全与健康法的重要内容。美国《职业安全卫生法》的核心和基础就是职业安全与健康标准，此类标准由美国劳工部职业安全与健康管理局负责制定，包括一般工业标准、海运业标准、建筑业标准和农业标准四大类。英国《劳动安全卫生法》大量借鉴美国标准，当遇到美国标准不适合英国情况时，则由专家组综合现场调查结果提出修改意见，由国家安全与健康委员会讨论通过后颁行。日本《劳动安全卫生规则》第二篇即为安全标准，是《劳动安全卫生规则》的重要内容。

（二）明确规定雇员、雇主的权利和义务

各国职业安全与健康立法对雇员、雇主的权利和义务大多做出明确规定，如雇员享有在作业场所中保护身体不受侵害、获得工作场所有害因素信息、获得免费医学检查等权利，但同时必须遵守国家及企业的法规、规章、制度，佩戴必要的个人防护用品。雇主除了要遵守国家有关法律、法规及安全与健康标准，为雇员提供符合要求的工作环境和场所外，还要为雇员提供必要的职业安全与健康培训、有效的个体防护用品、必要的职业安全与健康服务（包括提供工作中可能产生职业危害的信息，健康监护，因工伤、职业病而致残的健康管理、治疗和康复等）、有效的应急救援措施，并依法承担因职业危害对雇员身体健康造成损害的赔偿责任。

（三）建立强有力的国家监管机构，并赋予其相当大的权力

为防止和遏制职业安全事故，各国职业安全与健康立法都强调国家干预。具体而言，职业安全与健康法大多专门规定负责监督本法实施的最高权力机关，如英国是就业大臣领导的安全与健康委员会，美国是劳工部，日本是厚生劳动省。同时，法律还规定具体负责安全与健康监督、监察的领导机构，如英国是安全与健康执行局（HSE），美国是职业安全与健康管理局（OSHA）和矿山安全与健康管理局（MSHA），日本是劳动基准局。法律明确规定了这些机构及具体执法检查人员的职责范围，并赋予其相当大的权力。

（四）规定用人单位内部设立安全管理机构，雇员参与安全管理

许多国家职业安全与健康立法还注重发挥用人单位内部监管机构的作用，规定在用人单位内部设置由劳资等各方组成的安全管理机构并鼓励雇员积极参与安全管理工作。如德国法律规定，雇员超过20人的企业应依法建立劳动保护委员会，委员会成员由一名雇主或雇主委托的代理人、两名企业雇员委员会代表、企业医生、劳动安全专员和现场安全员组成。劳动保护委员会至少每季度召开一次会议，讨论劳动保护和事故预防等问题，向雇主提出有关建议。澳大利亚新南威尔士州《职业健康与安全法》规定，在一个雇员达到20人及以上的工作场所中，经大多数雇员要求或者劳动保险管理机构指示，应当建立职业健康与安全委员会。委员会成员由两部分人组成，一部分从工作场所的雇员中选举产生，另一部分由雇主任命。

（五）对违法行为处罚严厉

严厉处罚违法行为也是国外职业安全与健康立法的共同特点。对于很多违反职业安全与健康法律法规的行为，如果它们造成严重损害后果，要追究刑事责任，即使没有造成现实损害后果，也要予以刑事处罚。这和世界范围内在刑事立法上的"轻刑化"和"去犯罪化"的趋势迥然相异，也体现出在现代风险社会环境下各国对职业安全与健康的高度重视。

### 二、我国职业安全与健康立法的缺陷

（一）缺乏统一、综合的职业安全与健康法

我国从 20 世纪 50 年代到 80 年代，在职业安全与健康立法上呈现出自己的特点：一是在很多情况下将职业安全视为生产安全的一部分来对待和处理；二是主要采取针对单项问题进行单独立法的做法，始终没有制定统一、综合的职业安全与健康法。20 世纪 90 年代以来，我国在职业安全与健康领域又相继颁布了许多新的法律、法规。其中，既有专项立法，也有关于生产安全的综合性立法，还有包含生产安全与职业健康（主要是生产安全）内容的非专项、非针对性立法，但一直没有制定统一、综合的职业安全与健康法。统一、综合的职业安全与健康法的缺失使很多行业和专门的职业安全与健康问题的处理缺乏法律依据。

现代经济与科学技术的飞速发展使新行业、新问题不断涌现，单项、专门立法适用范围有限，根本无法适应实践需要。另外，将职业安全与健康（主要是职业安全）包含在安全生产法之中的做法也十分欠妥。虽然生产安全包括职业安全，但是职业安全与健康不仅包括职业安全，还有职业健康，现行安全生产立法往往仅包含职业安全而不包括职业健康。更为重要的是，安全生产法和职业安全与健康法虽然内容有交叉，但立法宗旨、原则完全不同，前者以维护生产安全（包括生产中的财产安全、人员生命安全和健康及生产活动的顺利进行）为宗旨，属于经济安全立法，后者以维护劳动者生命、健康为宗旨，属于劳动保护立法。立法宗旨的不同决定了两者在法律内容构架和具体制度设计上会有很大差异，甚至完全不同。以安全生产法代替职业安全与健康法在实践中是无法有效维护职业安全与健康的。正如有学者指出的那样，"生产安全"与"职业安全与健康"是两个虽然相互关联，但理念不同的概念。前者是"以生产为本"，后者是"以人为本"，体现了人们对职业伤害问题认识的两个阶段、两种理念。理念不同导致两者在立法宗旨、适用范围、法条内容、实施机制等多方面不尽相同。《中华人民共和国安全生产法》《中华人民共和国职业病防治法》和其他一些安全生产法律、法规尽管对促进我国职业安全与健康事业具有积极意义和重要作用，但从法律体系归属来看，这些法律都不能被纳入劳动法律体系，不能取代职业安全与健康法。

### （二）缺乏有效的内部维护机制

在单位内部职业安全与健康（主要是生产安全）维护机制方面，自20世纪60年代确立安全生产责任制以来，我国相关立法普遍将这一机制法制化，这一做法延续至今。安全生产责任制在计划经济时代是一种有效的内部生产安全维护机制，但却不适应市场经济条件下维护生产安全和职业健康的需要，在实践中不能得到有效落实。

计划经济时代国家对企业实行直接和强有力的控制。一方面，产、供、销、价格等都由上级计划来定，企业没有经营自主权，也就不用负责；另一方面，强有力的国家控制也使安全生产责任制在企业中的推行和落实比较容易。在市场经济中，国家不再直接干预企业的生产经营活动，无论是国有企业还是民营企业都是自主经营、自负盈亏，都要以营利为目的来自主决定一切生产经营活动。企业成为真正的经济人，其所有活动都要围绕成本效益来进行。生产安全和职业健康条件的改善需要投资，会增加成本，强调安全就会影响效益。在生存发展的压力下，在追求利润动机和成本效益规则的作用下，尤其是在违法成本比较低的情况下，企业会在安全与效益之间，在违法与守法之间做出符合效益原则的选择。我国确立市场经济体制以来，一方面企业生产经营逐步走向独立，市场活力增强，经济发展蒸蒸日上；另一方面安全生产责任制在实践中却无法得到有效落实，形同虚设，生产安全和职业健康丧失了有效的内部维护机制。这也是自20世纪90年代以来，我国生产安全和职业健康状况日趋严峻、不容乐观的主要原因之一。

### （三）对劳动者职业安全与健康权利和义务的规定不足

由于没有从劳动权益维护的角度来认识和对待职业安全与健康问题，我国在立法上继续沿用计划经济体制下的一元监管模式，强调安全生产责任制，立法中对劳动者职业安全与健康权利和义务的规定明显不足，只有部分法律如《中华人民共和国劳动法》《中华人民共和国安全生产法》等规定了劳动者的职业安全与健康权利和义务，许多相关法律法规如《中华人民共和国矿山安全法》《建设工程安全生产管理条例》等都没有对此做出规定。法律法规的缺失不仅导致很多情况下维护生产安全和职业健康的责任不明，而且更为重要的是，当企业在生产经营中违反法律规定，威胁甚至危害到劳动者的生命安全与健康时，劳动者缺乏自我保护的法律手段，无法遏制企业的违法行为。这十分不利于劳动者维护自身的职业安全与健康权益。

### （四）对违法行为的立法惩处力度不够

我国生产安全和职业健康立法对违法行为的处罚相当轻。这表现在两方面：一是对没有造成严重后果的违法行为不予犯罪化，只作为一般违法行为来处理；对已经造成严重后果的违法行为，即使予以犯罪化，刑罚配置也不合理，罪重刑轻。二是对一般违法行为的行政处罚主要是警告、数额不大的罚款或停业整顿，重罚不多。过轻的处罚使违法成本非常低，对违法行为和事故的发生起不到有效的遏制作用。而实践中发生的生产安全和卫生事故，绝大部分都是违法违规指挥或操作引起的责任事故。

## 三、我国职业安全与健康立法的调整与选择

### （一）制定统一、综合的职业安全与健康法

制定统一、综合的职业安全与健康法，有助于矫正和提升理论界和实践部门对职业安全与健康问题的认识，提升我国职业安全与健康的实际保护水平。职业安全与健康法以维护劳动者在劳动过程中的生命安全与健康为宗旨，是现代劳动立法的重要组成部分，但长期以来，无论是在立法上还是在实践中，在大多数情况下，人们都没有从劳动者权益保护的角度把职业安全与健康作为一个统一的问题来认识和处理，而是将职业安全和物质财产安全作为生产或经济安全问题来看待和处理，将职业健康作为另一个独立的问题来处理，职业安全与健康被割裂开来。我国制定了《中华人民共和国安全生产法》和《中华人民共和国职业病防治法》，这种对生产安全和职业健康分别立法，并分别指定安全生产监管部门和卫生行政部门而非劳动部门进行监管的做法，就典型地体现了这种思维。这种认识和处理，缺乏对劳动者权益的保护，无法体现"以人为本"的精神。基于这种认识的现行立法模式尽管对促进我国职业安全与健康事业也具有积极意义，但由于立法宗旨并非或主要不是劳动保护，其法条内容、适用范围、实施机制也不是或主要不是围绕着劳动保护来设计的，在实践中往往存在权利缺失、维权机制不畅等诸多问题，无法满足有效维护劳动者职业安全与健康的实际需要。

（二）对劳动者职业安全与健康权利和义务做出明确具体的规定

职业安全与健康权是劳动者的一项基本劳动权利，维护职业安全与健康也是劳动者的重要义务。其重要性要高于劳动者的其他劳动权利和义务。在立法中对劳动者的职业安全与健康权利和义务做出明确具体的规定，不仅能彰显国家对维护劳动者职业安全与健康权益的重视，而且在实践中能给劳动者以有效的法律武器来对抗雇主的违法行为，让劳动者能理直气壮地维护自己的生命安全与健康，也能促使劳动者履行责任，有利于劳资双方共同维护职业安全与健康。

（三）建立统一的外部监管体制

维护职业安全与健康需要强有力的国家监管。当前，我国生产安全和职业健康领域存在劳动、卫生、安监、质监、建设等多部门分散执法和监管的问题，在实践中往往容易出现推诿扯皮现象，削弱了监管力度，十分不利于职业安全与健康相关法律法规在实践中的落实，不利于劳动者职业安全与健康的维护。为加强监管的效率，我国在职业安全与健康立法中应当借鉴西方市场经济成熟的国家的做法，突破部门利益束缚，指定或设立统一的、强有力的国家监管机构。

（四）建立劳资双方共同参与的职业安全与健康内部维护机制

维护职业安全与健康需要相关各方共同努力，也关系到各方的利益得失。劳动者是维护职业安全与健康的主要受益者，并且基本不需要为此付出成本和代价，在这方面当然十分积极。用人单位虽然也能从中受益，却要承担为此支付的主要成本和效益损失。如果成本和效益损失过高或违法成本很低，在外部监管不能及时到位的情况下，用人单位就会懈怠不作为甚至故意违法。有效的职业安全与健康内部维护机制应当能够遏制用人单位基于成本效益考虑的懈怠和惰性，能够督促用人单位在维护职业安全与健康方面依法办事、主动作为。

由此可见，我国应借鉴国外成功的经验，通过立法建立用人单位内部的、由劳资双方参与的安全健康监督管理机构。该机构不仅在用人单位日常生产经营中有权就安全生产和职业健康问题、事项向资方和管理部门提出意见、建议，而且对用人单位在涉及安全生产和职业健康问题上做出的违法决定或指挥，也有权予以否决，以有效维护生产安全和职业健康。

（五）加大对违法行为的立法惩处力度

从经济学的角度来看，违法收益与可能遭受的处罚之间是收益与成本关系，只有成本大于收益才能够遏制违法欲望与冲动。职业安全与健康违法行为可以节约大量成本（相关投入）或新增大量收益（违法生产），但当前立法惩处力度过轻，违法成本很低，法律在实践中不易起到遏制作用。因此，政府在立法中可以借鉴国外经验，不仅严厉惩处造成严重损害后果的违法行为，而且还要将其犯罪化并予以严厉的刑事处罚；对那些虽未造成损害后果但有造成严重损害后果可能的违法行为也要予以犯罪化，配置相应的刑罚；对其他类型违法行为的行政处罚力度也要加大。之所以如此，不仅基于增加违法成本遏制违法行为的需要，而且还出于对风险预防和控制的考虑，因为劳动过程中的违规违章行为，稍有不慎都可能造成灾难性的损害后果。所以，刑法在维护职业安全与健康方面应该将安全作为基本价值取向，考虑法益保护的早期化和处罚的预防性，通过将那些虽未造成损害后果，但有造成严重损害后果可能的行为予以犯罪化，以预防和控制风险，防止严重损害后果的实际发生。西方国家职业安全与健康立法将大量尚未造成损害后果的违法违章行为规定为犯罪予以刑事打击，其原因也在于此。

## 紧急避险权及其例外

在生产过程中，会出现一些危及劳动者人身安全的危险情况，如建筑施工中出现坍塌、坠落等情况，危险化学品生产过程中出现毒气外溢、爆炸等情况，煤矿生产过程中出现透水、冒顶等情况，如果作业人员滞留在工作岗位上，会造成重大的伤亡事故。

在危急情况下停止作业并从作业场所中撤离出来，是法律为了最大限度地保护劳动者的人身安全而赋予劳动者的一项权利。用人单位必须履行法定义务，不得因为劳动者撤离危险劳动场所导致损失而追究劳动者的责任。

危急情况下的撤离权是法律赋予劳动者的一项重要权利，意在保护劳动者的生命安全与健康。但该项权利不适用于特殊职业的从业人员，如消防队员、救生员、飞行人员、船舶驾驶人员、车辆驾驶人员等。据有关法律、国际公约和职业惯例规定，在发生危及人身安全的紧急情况时，这些特殊职业的从业人员不能或不能先行撤离从业场所或工作岗位。

# 第四章

## 事故的类型与预防

 学　习　要　点

1. 了解事件、事故、未遂事故的界定及理论基础
2. 把握事故原因的分析方法及特性
3. 掌握生产安全事故的管理方式及预防措施

在职业安全与健康管理的风险管理技术中有一些具有特定含义的术语和定义，理解并掌握这些概念，是进一步掌握职业安全与健康管理技术的前提条件，本章将对此做出分析和阐述。

## 第一节　事故的定义、类型

事件（incident）是发生或可能发生与工作相关的人身伤害（无论是否严重）、健康损害或死亡的情况。

事故（accident）是一种发生人身伤害、健康损害或死亡的事件。

事件是国际职业健康安全专业领域使用的一种术语表达，本身包含两种情况：一是人们在从事工作活动时不期待发生的造成人身伤害、健康损害或死亡的事情；二是有可能造成人身伤害、健康损害或死亡后果，但由于一些偶然因素，实际上没有造成人身伤害、健康损害或死亡的事情。例如，人在地板上行走滑倒，会出现两种情况：一是跌伤肢体；二是跌倒后没有受伤。事故就是指前一种情况。事件和事故之间的关系是事件包含事

故，事故是事件中的一种情况。

在专业领域中用事故和未遂事故来表述事件包含的两种情况。国际上也有用"near-miss""near-hit""close call"等来表示未发生人身伤害、健康损害或死亡的事件。

美国的海因里希（W. H. Heinrich）对事故进行过较为深入的研究，他在调查了55万起机械事故后发现，在330起类似的事故中，300起事故没有造成伤害，29起造成了轻微伤害，1起造成了严重伤害。即严重伤害、轻微伤害和没有伤害的事故起数之比为1∶29∶300，这就是著名的海因里希法则（图4-1）。其中的300起无伤害事故即为未遂事故。

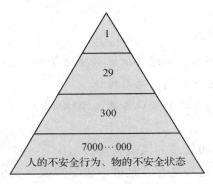

图4-1　海因里希法则示意图

海因里希法则反映了事故发生的频率与事故后果严重程度之间的一般规律，而且说明了事故发生后其后果的严重程度具有随机性，或者说其后果的严重程度取决于机会因素。因此，一旦发生事故，控制事故后果的严重程度是一件非常困难的工作。为了防止严重伤害的发生，应该全力以赴地防止未遂事故的发生。例如，某工人在地板上滑倒，跌坏膝盖骨，造成重伤。调查表明，该工人经常弄湿地板而且不擦干，且时间长达6年之久。他在湿滑地板上行走时经常滑倒，相应地造成无伤害、轻微伤害和严重伤害的比例为1 800∶30∶1。某机械师企图用手把皮带挂到正在旋转的皮带轮上，由于他站在摇晃的梯子上，徒手不用工具，又穿了一件袖口宽大的衣服，结果被皮带轮卷入而死亡。调查表明，他用这种方法挂皮带已有数年之久，手下的工人都钦佩他技艺高超。查阅4年来的就诊记录，发现他手臂擦伤的记录有33次，由此估计无伤害、轻微伤害和严重伤害的比例为1 200∶33∶1。

海因里希法则是根据同类事故的统计资料得到的结果，实际上不同种类的事故这个比例是不相同的。日本学者青岛贤司的调查表明，日本重型机械和材料工业中的重、轻伤之比为 1：8，而轻工业中则为 1：32。美国也有按事故类型分类进行的统计，如表 4-1 所示。

表 4-1　事故类型及伤害严重程度 单位:%

| 事故类型 | 暂时丧失劳动能力 | 部分丧失劳动能力 | 完全丧失劳动能力 |
| --- | --- | --- | --- |
| 运输 | 24.3 | 20.9 | 5.6 |
| 坠落 | 18.1 | 16.2 | 15.9 |
| 物体打击 | 10.4 | 8.4 | 18.1 |
| 机械 | 11.9 | 25.0 | 9.1 |
| 车辆 | 8.5 | 8.4 | 23.0 |
| 手工工具 | 8.1 | 7.8 | 1.1 |
| 电气 | 3.5 | 2.5 | 13.4 |
| 其他 | 15.2 | 10.8 | 13.8 |

海因里希法则阐明了事故发生频率与伤害严重程度之间的普遍规律，即一般情况下，事故发生后造成严重伤害的可能性是很小的，大量发生的是轻微伤害或者无伤害，这也是为什么人们容易忽视安全问题的主要原因之一。另外，这一法则也指出，未遂事故虽然没有造成人身伤害和经济损失，但由于发生的原因和发展的过程极有可能造成严重伤害，因而我们必须对其进行深入研究，探讨其发生的原因和发展规律，以便采取相应的防护措施。也就是说，在同类事故中未遂事故和轻伤事故发生的可能性要比严重伤害事故大得多，只要关注和研究未遂事故，就有可能控制严重伤害事故的发生，这也是控制事故的重要手段之一。对于一些未知因素较多的系统，如新技术、新设备、新工艺、新材料等系统更是如此。美国的有关学者曾做过类似的研究：在某企业对两组执行同样操作的员工做一次对比试验，对其中的甲组进行正常管理，对乙组则要求及时报告未遂事故，经过专家分析后采取相应措施。一年后的数据表明，乙组的事故发生率比甲组有明显的降低。

分清事故性质，主要是要划清事故的界限，弄清事故是属于责任事故、自然事故，还是人为事故，从而为企业管理机构对事故的处理提供依据。一般来说，任何事故现象都是在人们的行动过程中发生的，以人为中心考察事故的后果，则可将事故分为伤亡事故和一般事故。

（1）伤亡事故：即伤害，是个人或集体在行动过程中，接触了与周围条件有关的外来能量，该能量若作用于人体，将导致人体丧失部分或全部的生理机能。这种事故后果严重时会影响个人的一生，也被称为不幸事故。

根据 2007 年 6 月 1 日起施行的《生产安全事故报告和调查处理条例》，生产安全事故按照造成人员伤亡或者直接经济损失的不同，一般分为特别重大事故、重大事故、较大事故和一般事故四个等级（本书第三章第三节已有评述）。

其中，在生产区域中发生的、与生产有关的伤亡事故，叫作工伤事故。工伤事故是指企业职工在工作时间、工作场所内，因工作原因所遭受人身伤害的事故。构成工伤事故必须满足以下条件：必须是发生在各类企业之中的事故；必须是各类企业雇用的员工遭受人身伤亡的事故；必须是企业员工在执行工作职责时发生的事故。可以说，工伤事故是在企业与受害职工之间产生权利和义务关系的法律事实。

《工伤保险条例》于 2003 年 4 月 16 日经国务院第 5 次常务会议讨论通过，并于 2004 年 1 月 1 日起施行。实施《工伤保险条例》的目的是保障因工作遭受事故伤害或者患职业病的职工获得医疗救治和经济补偿，促进工伤预防和职业康复，分散用人单位的工伤风险。一旦发生工伤事故，即构成损害赔偿的权利和义务关系，工伤职工及其家属有权要求赔偿损失，用人单位也有赔偿受害人及其家属损失的义务。

### 《工伤保险条例》规定

第十四条　职工有下列情形之一的，应当认定为工伤：

（一）在工作时间和工作场所内，因工作原因受到事故伤害的；

（二）工作时间前后在工作场所内，从事与工作有关的预备性或者收尾性工作受到事故伤害的；

（三）在工作时间和工作场所内，因履行工作职责受到暴力等意外伤害的；

（四）患职业病的；

（五）因工外出期间，由于工作原因受到伤害或者发生事故下落不明的；

（六）在上下班途中，受到非本人主要责任的交通事故或者城市轨道交通、客运轮渡、火车事故伤害的；

（七）法律、行政法规规定应当认定为工伤的其他情形。

第十五条　职工有下列情形之一的，视同工伤：

（一）在工作时间和工作岗位，突发疾病死亡或者在 48 小时之内经抢救无效死亡的；

（二）在抢险救灾等维护国家利益、公共利益活动中受到伤害的；

（三）职工原在军队服役，因战、因公负伤致残，已取得革命伤残军人证，到用人单位后旧伤复发的。

（2）一般事故。一种是受伤轻微，停工短暂，人的生理机能损伤不大的事故。由于传递给人体的能量较小，不足以构成大的伤害，习惯上称其为轻微伤。另一种即未遂事故，也称无伤害事故。

事故发生时，其结果到底是伤亡事故还是一般事故，这完全是受偶然性支配的问题。两者的分界线不明显，只能用概率来加以讨论。

# 第二节　事故的原因分析

事故致因理论是研究和分析导致事故发生原因因素的科学理论。传统观点认为，事故发生的原因主要是不安全的行为与不安全的条件。在事故预防领域，早期的安全工作先行者们认为，在所有事故中有 90% ~ 95% 是由不安全行为引起的。由此可见，这种观点源于通过单个人员的感知来确定事故原因，如粗心、不注意、疏忽、运气不佳等。这些传统观念所呈现的其实是理由而不是原因，但却被员工和雇主广泛接受，改变起来非常困难。

## 一、事故致因理论分析

系统中导致事故发生的原因因素称为事故致因因素（accident causing factor）。随着人类社会生产的发展，事故致因理论也经历了不同的发展阶段。

（一）能量意外释放论

1961 年吉布森（Gibson）、1966 年哈登（Haddon）等人提出了解释事故发生物理本质的能量意外释放论。他们认为，事故是一种不正常的或不希望的能量释放。

在人类的生产、生活中能量是不可缺少的，人类利用各种形式的能量以达到预定的目的。在利用能量的同时必须采取措施控制能量，使能量能够按照人们的意志产生、转换和做功。从能量在系统中流动的角度来看，人们应该控制能量使其按照自身规定的能量流通渠道流动。如果由于某种原因失去了对能量的控制，就会发生能量违背人的意愿的意外释放或溢出，导致人们正在进行的活动中止而发生事故。如果意外释放的能量作用于人体，并且能量的作用超过人体的承受能力，则将造成人员伤害；如果意外释放的能量作用于设备、建筑物等，并且能量的作用超过它们的抵抗能力，则将造成设备、建筑物等的损坏。生活和生产中经常会遇到各种形式的能量，如机械能、热能、电能、化学能、电离及非电离辐射、声能、生物质能等，它们的意外释放都可能造成伤害或损坏。

当然，人体自身也是一个能量系统，人的新陈代谢过程是一个吸收、转换、消耗能量，与外界进行能量交换的过程，当人体与外界的能量交换受到干扰时，即人体不能进行正常的新陈代谢时，人体会受到伤害，严重时人甚至会面临死亡。

事故发生时，在意外释放的能量作用下人体（或结构）是否受到伤害（或损坏），以及伤害（或损坏）的严重程度，取决于作用于人体（或结构）的能量的大小、能量的集中程度、人体接触能量的部位、能量作用的时间和频率等。显然，作用于人体的能量越大、越集中，造成的伤害往往越严重；人的头部或心脏受到过量的能量作用时，人会有生命危险；能量作用的时间越长，造成的伤害也越严重。

以上事故致因理论阐明了伤害事故发生的物理本质，指明了防止伤害事故就是要防止能量的意外释放或溢出，防止人体接触这些能量。根据这一理论，人们要经常注意生产过程中能量的流动、转换，以及不同形式能量的相互作用，防止能量的意外释放或溢出。因此，预防伤害事故可以理解为防止能量的意外释放或溢出，防止人体与过量的能量接触。一般来说，人们把约束、限制能量，防止人体与能量接触的措施叫作屏蔽。在工业生产中经常采用的防止能量意外释放的屏蔽措施主要有以下几种：用安全的能源代替不安全的能源；限制能量；防止能量蓄积；缓慢地释放能量；设置屏蔽设施；在时间或空间上把能量与人隔离开；信息形式的屏蔽；等等。

（二）事故因果连锁论

海因里希最先提出了事故因果连锁论，用于阐明导致伤亡事故的各种原因及其与事故间的关系。该理论认为：事故的发生不是一个孤立的事件，尽管事故可能发生在一瞬间，却是一系列互为因果的事件相继发生的结果。在这一理论中，事故的原因有直接原因、间接原因、基本原因。而这一连锁过程包含了遗传、教育及社会环境，人的缺点，人的不安全行为或物的不安全状态，事故，伤害五个因素。人们用多米诺骨牌来形象地描述这一事故因果连锁关系，一张骨牌被碰倒后，将发生连锁反应，其余的几张骨牌相继被碰倒；如果移走其中一张骨牌，事故过程将被终止。海因里希理论提出了人的不安全行为和物的不安全状态是导致事故的直接原因这一最重要、最基本的问题，但这一理论把大多数工业事故的责任都归因于人的缺点，有一定的局限性。

博德（Bird）、亚当斯（Adams）在海因里希理论的基础上提出了相似的事故因果连锁模型。亚当斯围绕现场失误的背后原因进行了深入的研究，得出了操作者的不安全行为及生产作业中的不安全状态等现场失误，是由企业领导者及事故预防人员的管理失误造成的这一研究结论。

## 二、事故致因因素分析

综合现代安全科学的事故致因理论可知，导致伤亡事故发生的客观实体是存在于工作场所中可能意外释放能量造成人员伤害的能量物质或能量载体，而诱发能量物质或能量载体意外释放能量的直接因素是物的不安全状态和人的不安全行为。对于导致物的不安全状态和人的不安全行为的间接因素，不同学者在各自的事故致因理论中阐述了很多观点。

海因里希把导致伤亡事故的间接原因归结为遗传、教育及社会环境和人的缺点。博德将间接原因归结为管理失误和个人原因、工作条件。在日本，学者北川彻三的事故因果连锁论是指导事故预防工作的基本理论。他认为，工业伤害事故发生的原因是很复杂的，企业是社会的一部分，一个国家、一个地区的政治、经济、文化、科学发展水平等诸多社会因素，对企业内部伤害事故的发生和预防有着重要影响。基于这种考虑，北川彻三对海因里希的理论进行了一定的修正，将事故的间接原因进行了分类（表4-2）。

表4-2　北川彻三的事故因果连锁论

| 基本原因 | 间接原因 | 直接原因 | | |
|---|---|---|---|---|
| 学校教育的原因——义务教育；高等教育；师资培养；职业教育；社会教育 | 技术原因——建筑物、机械设计不良；材料结构不合适；检修、保养不好；作业标准不合理 | 不安全行为 | 事故 | 伤害 |
| | 教育原因——缺乏安全知识；错误理解规程要求；训练不足；经验不足或没有经验 | | | |
| 社会的原因——法规；行政；社会结构 | 身体原因——疾病；疲劳；醉酒；体格不合格 | | | |
| | 精神原因——错觉；态度不好；感觉上有缺陷；性格上有缺陷；智能上有缺陷 | | | |
| 历史的原因——国家、民族；产业发达程度；社会思想的开化 | 管理原因——领导的责任心不强；安全管理机构不健全；教育机构不完善；安全标准不明确；等等 | 不安全状态 | | |

对物的管理。亦称技术原因，包括技术、设计、结构上有缺陷，作业现场、作业环境的安排设置不合理，防护用品缺少或有缺陷，等等。

对人的管理。包括教育、培训、指示、对作业人员的安排等方面的缺陷或不当。

对作业程序、工艺过程、操作规程和方法等的管理。包括安全监察、安全检查和事故防范措施等方面的问题。

根据以上分析，可提出下面的伤亡事故致因因素系统模型（图4-2）。导致伤亡事故的客观实体是存在于工作场所中可能意外释放能量导致人员伤害的能量物质或能量载体；可能诱发能量物质或能量载体意外释放能量的直接因素是物的不安全状态和人的不安全行为；组织的具体管理因素是导致物的不安全状态和人的不安全行为的因素，也称为导致伤亡事故的间接因素。

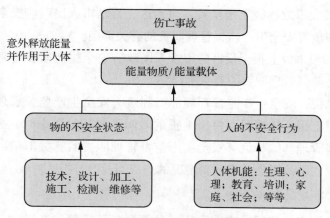

意外释放能量
并作用于人体

图4-2　伤亡事故致因因素系统模型

# 第三节　生产安全事故的管理及预防措施

安全事故管理是指在安全事故发生后，对安全事故进行调查、分析、研究、报告、处理、统计和档案管理等一系列工作的总称。它既是一项政策性、法律性很强的工作，也是一项专业性很强的工作。对事故伤害处理的方法之一就是通过工伤保险来对受害人进行经济赔偿和生活保障，以保护劳动者的合法权益。

## 一、生产安全事故的管理

### （一）事故的及时上报

2007年6月1日开始施行的《生产安全事故报告和调查处理条例》第二章"事故报告"第九条规定：事故发生后，事故现场有关人员应当立即向本单位负责人报告；单位负责人接到报告后，应当于1小时内向事故发生地县级以上人民政府安全生产监督管理部门和负有安全生产监督管理职责的有关部门报告。第十条规定：安全生产监督管理部门和负有安全生产监督管理职责的有关部门接到事故报告后，应当依照下列规定上报事故情况，并通知公安机关、劳动保障行政部门、工会和人民检察院：

（1）特别重大事故、重大事故逐级上报至国务院安全生产监督管理部门和负有安全生产监督管理职责的有关部门。

（2）较大事故逐级上报至省、自治区、直辖市人民政府安全生产监督管理部门和负有安全生产监督管理职责的有关部门。

（3）一般事故上报至设区的市级人民政府安全生产监督管理部门和负有安全生产监督管理职责的有关部门。

一般来说，安全生产监督管理部门和负有安全生产监督管理职责的有关部门逐级上报事故情况，每级上报的时间不得超过2小时。必要时，安全生产监督管理部门和负有安全生产监督管理职责的有关部门可以越级上报事故情况。事故报告后出现新情况的，应当及时补报。

（二）事故的调查分析

为了掌握事故情况，查明原因，分清责任及采取防范措施，必须对每一起伤亡事故进行调查分析。事故现场是安全调查的第一信息地。一般来说，具体流程如下：保护好事故现场，同时要抓紧时间向上级有关部门汇报。在保护好事故现场的同时要积极抢救受伤者。发生事故的单位和有关上级主管单位要及时派出调查组赴现场调查。原则上调查组成员包括行政领导及工会、劳动人事部门、医务部门和安监部门的人员。搜集有关信息和人证、物证，召开有关人员座谈会、分析会。

事故的发生具有随机性，但仍可以从事故的统计资料中找到事故发生的规律性。事故统计分析就是运用数理统计方法，对大量的事故资料进行整理、加工和分析，从中揭示出事故发生的某些必然规律，为防止类似事故发生指明方向。事故统计分析应建立在完善的事故调查、登记、建档基础之上，明确原因，分清责任，提出处理意见。填写《企业职工伤亡事故报告书》，上报、结案后，将资料汇总、归档。

（三）事故的书面报告

在完成上述调查工作后，应就所调查的内容写出书面的事故调查报告。报告应包括：事故发生单位的概况；事故发生经过和事故救援情况；事故造成的人员伤亡和直接经济损失；事故发生的原因和事故的性质；事故责任的认定及对事故责任者的处理建议；事故的防范和整改措施。具体格式可以参照下面内容。

1．标题。

2．前言：事故发生的时间、地点、单位名称、类型及人员伤亡和直接经济损失等。

3．事故单位概况：单位的成立时间、注册地址、所有制性质、经营范围、证照情况等。

4．事故的发生及救援情况：事故的经过；事故的报告、抢救、搜救情况。

5．事故的原因及性质：人因还是物因。

6．事故的认定及处理建议：事故责任者的基本情况、责任认定实施、责任追究的法律依据及处理建议。

7．防范措施：从技术和管理方面对地方政府、有关部门和事故单位提出整改建议等。

8．附件：相关平面图、技术报告、直接经济损失统计表、调查组成员签字等。

## 二、应急救援的任务和工作要求

事故应急救援工作是在预防为主的前提下，贯彻统一指挥、分级负责、区域为主、单位自救和社会救援相结合的原则进行的。其中，预防工作是事故应急救援工作的基础，除了平时做好事故的预防工作，避免或减少事故的发生外，还要落实好救援工作的各项准备措施，这样一旦发生事故就能及时实施救援。因此，救援工作只能实行统一指挥下的分级负责制，以区域为主，并根据事故的发展情况，采取单位自救和社会救援相结合的形式，充分发挥事故单位及地区的优势和作用。事故应急救援的基本任务包括以下几方面：

（1）立即组织营救受害人员，组织撤离或者采取其他措施保护危害区域内的其他人员。

（2）迅速控制危险源，并对事故造成的危害进行检验检测，测定事故的危害区域、危害性质及危害程度。其中，及时控制造成事故的危险源是应急救援工作的重要任务，只有及时地控制危险源，防止事故的继续扩大，才能及时有效地进行救援。

（3）做好现场清洁，消除危害后果。针对事故对人体、动植物、土壤、水源、空气造成的现实危害和可能的危害，迅速采取封闭、隔离、洗消等措施。

生产安全事故发生后的应急救援与调查处理，对于最大限度地减少损失，保护人民群众的生命和财产安全，实行严格的责任追究制度，也是至关重要的。对此，《中华人民共和国安全生产法》做出了明确的规定：

（1）针对各级人民政府的应急要求：县级以上地方各级人民政府应当组织有关部门制订本行政区域内生产安全事故应急救援预案，建立应急救援体系。

（2）针对企业的应急要求：危险物品的生产、经营、储存单位及矿山、金属冶炼、城市轨道交通运营、建筑施工单位应当建立应急救援组织，配备必要的应急救援器材、设备和物资。

（3）事故报告制度：事故发生后，事故现场有关人员应当立即报告本单位负责人；单位负责人接到事故报告后，应当迅速采取有效措施，组织抢救，防止事故扩大，减少人员伤亡和财产损失；对于事故情况，任何单位和个人不得瞒报、谎报或迟报。

（4）事故抢救规定：有关地方人民政府和负有安全生产监督管理职责的部门接到生产安全事故报告后，必须立即赶到事故现场，组织事故抢救；任何单位和个人都应当支持、配合事故抢救，并提供一切便利条件。

### 三、事故的预防对策

上述事故原因的分析分别围绕着物的不安全状态和人的不安全行为两个方面展开。各有关部门在制定预防事故的对策时，也应该主要从这两个方面来着手：减少不安全的环境因素与减少人的不安全行为。

（一）减少不安全的环境因素

这是预防事故发生的第一道防线。企业的管理人员应该对工作环境进行设计以减少或消除危险的环境因素，而经理人员和基层人员也应该积极地配合和参与。

（1）设置安全装置。安全装置主要有防护装置、保险装置、信号装置、危险标志和识别标志这几类。

（2）进行机械设备的维护保养和计划检修。机械设备保持良好的状态，能够延长使用期限，充分发挥效用，预防设备事故和人身事故的发生，因此必须对它们进行经常性维护保养和计划检修。

（3）布置工作场地。完善的组织和合理的布置，既是促进生产的方法，又是促进安全的必要条件。例如，在配置主要机械设备时，按照人体工程学的要求给工人留出最适宜的操作位置、座位、凳子、脚踏板等。工作地点的整洁度也非常重要，地面的不平整、物品的杂乱堆放都有可能导致事故的发生。

（4）配备个人防护用品。

（5）改进工艺流程，实现机械化、自动化。

（6）加强法律法规的制定。

（二）减少人的不安全行为

减少人的不安全行为，具体可以从以下几个方面展开：

（1）通过强调安全生产来减少不安全行为。为员工创造安全的工作环境是企业领导和主管人员的责任，企业领导和主管人员应提高安全意识，通过一系列的措施来强调安全生产和安全管理的重要性。

（2）通过人员选拔和配置来减少不安全行为。研究表明，使用"雇员可靠性盘点测试"可以帮助企业员工减少工作中的不安全行为。在人员选拔过程中使用"企业资源集成"（ERI）对减少与工作相关的事故有积极影响。

（3）通过培训来减少不安全行为。新员工安全培训效果明显。培训能够帮助他们建立安全意识，使他们具备胜任其工作岗位所必需的能力和技能，减少由于员工技能缺陷所带来的工作上的不便。

（4）通过激励手段来减少不安全行为。安全海报有助于减少不安全行为，但是不能代替全面的安全计划，企业应当将安全海报与其他手段相结合，以减少不安全的环境因素和行为。

（5）通过安全行为教育来减少不安全行为。

（6）通过安全与健康检查来减少不安全行为。

**案例介绍：**

## 某污水截排工程车辆伤害事故

2002 年 4 月 1 日晚 8 时 30 分左右，某污水截排工程现场，正在工作的盾构机工作温度过高发出警报，带班工长通知操作人员回地面休息。发出信号后，电瓶车司机鸣喇叭后启动车辆。此时，担任出土泥斗车引导工作的工人龙某因急于跟同伴返回地面，从两斗车中间跨越至行走通道，不幸被已经启动的电瓶车撞到，送医院抢救无效死亡。

**分析：**

龙某缺乏安全意识，违章从作业位置向泥斗车间隙中跨越，与车抢道。

电瓶车警示灯位置不合适，信号不明显。

要严格执行相关的安全操作规程，坚决杜绝违章冒险行为。

（资料来源：深圳市安全生产与安全文化协会）

# 第五章

## 危险源的辨识、控制及个人防护

1. 了解危险源的概念及理论基础
2. 掌握危险源的辨识方法及控制技术
3. 了解个人防护用品的基础知识及使用方法

危险源（hazard）是指可能导致人身伤害或健康损害，或者这些组合的根源、状态或行为。作为可能导致事件的对象，危险源与事件的发生具有因果关系。企业实施 OHSMS 控制的核心对象是危险源，要识别和控制危险源，必须要理解危险源的概念，明确哪些是危险源，特别是要结合企业的具体工作场所或生产工艺系统明确掌握其危险源。

从危险源的角度来看，所有的事故致因因素都可能被视为危险源。但在实际的危险源辨识、评价和控制中，有三种不同的处理方式：一是只将能量物质或能量载体视为危险源，而将诱发能量物质或能量载体意外释放能量的因素在危险源的评价和控制过程中予以考虑；二是将能量物质或能量载体视为第一类危险源，而将诱发能量物质或能量载体意外释放能量的直接因素，以及物的不安全状态和人的不安全行为视为第二类危险源，其他间接因素在危险源的评价和控制过程中予以考虑；三是将所有的事故致因因素均视为危险源。本章的分析基于第二种处理方式。

# 第一节　危险源的理论与辨识

## 一、两类危险源理论

根据能量意外释放论，事故是能量或危险物质的意外释放，作用于人体的过量的能量或干扰人体与外界能量交换的能量是造成人员伤害的直接原因。于是，把系统中存在的、可能发生能量意外释放的能量物质或能量载体称为第一类危险源。

一般而言，能量被视为物体做功的本领。做功的本领是无形的，只有在做功时才显现出来。因此，实际工作中往往把产生能量的能量根源或拥有能量的能量载体视为第一类危险源，如带电的导体、飞驰的车辆等。

下面列举了常见的第一类危险源：

（1）产生、供给能量的装备、设备。

（2）使人体或物体具有较高势能的装置、设备、场所。

（3）能量载体。

（4）一旦失控可能产生巨大能量的装置、设备、场所，如强烈放热反应的化工装置等。

（5）一旦失控可能发生能量蓄积或突然释放的装置、设备、场所，如各种压力容器等。

（6）危险物质，如各种有毒、有害、易燃、易爆的物质等。

（7）生产、加工、储存危险物质的装置、设备、场所。

（8）人体一旦与之接触就会导致人体能量意外释放的物体。

第二类危险源包括诱发能量物质或能量载体意外释放能量从而造成伤亡事故的直接因素，以及物的不安全状态和人的不安全行为。生产和生活中，为了利用能量，让能量按照人们的意图在系统中流动、转换和做功，必须采取措施约束、限制能量。即使按照人们的意图对系统中的能量物质或能量载体采取了约束、限制措施，防止了能量意外释放，系统中还是存在潜在的或实际出现的危险因素或不安全因素（对于实际出现的危险因素或不安全因素，可称其为事故隐患），即第二类危险源。

第二类危险源往往是一些围绕第一类危险源而存在的潜在因素或随机

发生的现象，它们出现的情况决定事故发生的可能性。第二类危险源（事故隐患）出现得越频繁，发生事故的可能性越大。

## 二、两类危险源的作用和联系

一起事故的发生是两类危险源共同作用的结果。第一类危险源的存在是事故发生的前提，没有第一类危险源就谈不上能量的意外释放，也就无所谓事故。另外，如果没有第二类危险源诱发第一类危险源意外释放能量，也不会发生能量的意外释放而导致事故发生。第二类危险源的出现是第一类危险源导致事故发生的必要条件，因此，汉姆（W. Hammer）将第二类危险源称为可能造成人员伤害的条件。国外不少文献用 inherent hazard 表示第一类危险源，表达了内在和固有的含义；用 initiating hazard、contributory hazard 和 primary hazard 等词语表示第二类危险源，表达了第二类危险源包含初始、间接和直接引起事故的危险源，如在液化石油气储罐系统中，阀门泄漏、机动车阻火器故障等是导致爆炸和火灾的初始危险源，液化石油气泄漏与空气形成混合气体、机动车排气喷出的火焰等是导致爆炸和火灾的间接危险源，而形成达到爆炸界限的爆炸混合气体，以及形成点火源等是导致爆炸和火灾的直接危险源。

在事故的发生、发展过程中，两类危险源相互依存，相辅相成。第一类危险源在事故发生时释放出的能量是导致人员伤害的能量主体，决定事故后果的严重程度；第二类危险源出现的难易程度决定事故发生可能性的大小。两类危险源共同决定危险源的风险程度。

第二类危险源是围绕第一类危险源随机出现的人、物方面的问题，其辨识、控制和评价应该在第一类危险源辨识、控制、评价的基础上进行。与第一类危险源的辨识、控制和评价相比，第二类危险源的辨识、控制和评价更困难。在企业实施职业健康安全管理体系的条件下，管理方面的事故致因因素，可以在建立、实施和保持职业健康安全管理体系过程中予以识别、评价和改进。当前，这两类危险源理论逐渐成为企业开展危险源辨识、评价和控制工作的基础。

## 三、识别危险源的存在

危险源辨识（hazard identification）是识别危险源的存在并确定其特性的过程（GB/T 28001—2011）。作为危险源辨识过程，它需要具备两个明确的输出：一是运用危险源辨识方法识别系统中存在的危险源；二是确定每个危险源的特性。从事故致因的角度来看，诱发能量物质或能量载体意外释放能量的因素所涉及的危险源包括三个类别：物的不安全状态、人的不安全行为和管理缺陷。对于危险源辨识过程而言，能量物质或能量载体显然是系统中客观的实体存在；诱发能量物质或能量载体意外释放能量的因素往往以潜在的或实际出现的两种形式存在于系统中。在实际的危险源辨识过程中，能量物质或能量载体作为危险源可首先被识别，而如将诱发能量物质或能量载体意外释放能量的因素作为危险源考虑的话，可围绕系统中能量物质或能量载体来具体识别系统中潜在的或实际出现的可能诱发能量物质或能量载体意外释放能量导致事件的因素。在我国的安全生产管理中，通常也将危险源识别称为危险因素识别。

当系统中诱发能量物质或能量载体意外释放能量的因素都以潜在的不安全因素或危险因素存在时，依据系统安全的观点，这时的系统是安全的。当系统中诱发能量物质或能量载体意外释放能量的因素实际出现时，系统发生事件的可能性增大或系统发生了事件。因此，在安全生产管理领域，通常把在系统中已经出现的诱发能量物质或能量载体意外释放能量的因素称为事故隐患。

系统中的能量物质或能量载体是危险源。在危险源辨识过程中，通过分析或测试可以得出系统中存在的能量物质或能量载体及其特性，即可确定危险源。实际工作中，人们往往根据以往的事故经验弄清导致各种事故发生的主要危险源类型，然后到实际中去发现这些类型的危险源。因此，在已拥有相关工作活动或场所的危险源信息经验的基础上，人们能够相对容易地去辨识类似活动或场所的危险源。

事件或事故信息会不断增加人们对危险源的认识。例如，在石油勘探的钻井施工活动中，过去人们对钻井井架连接处的插销在压力的作用下飞出形成动能载体构成危险源的认识，是插销在压力的作用下整体飞出可能击伤人员，但某钻井企业发生了插销被压出碎屑飞出击伤人员的事故。基于此事故，人们对钻井施工活动中一种新的危险源有了认识。在企业危险源的辨识活动中，为获取危险源信息，可运用一些具体的方法。例如，观测生产活动；进行企业间的水平对比；访问和调查；安全巡视和检查；事件评审；检测和评价有害的暴露；分析工作流程和工艺过程；等等。

表5-1列举了一些典型的工作活动或场所对应的危险源。

**表 5-1　工作活动或场所对应的危险源**

| 工作活动或场所 | 能量物质或能量载体 |
|---|---|
| 产生物体落下、抛出、破裂、飞散的操作或场所 | 落下、抛出、破裂、飞散的物体 |
| 机动车辆驾驶 | 运动的车辆 |
| 存在机械设备的场所 | 运动的机械部分或人体 |
| 起重、提升作业 | 被吊起的重物 |
| 存在电气设备的区域 | 带电体 |
| 存在电源设备、加热设备、炉、灶、发热体的场所 | 高温物体、高温物质 |
| 存在可燃物、助燃物的场所 | 可燃物、助燃物 |
| 人员在高差大的场所开展作业活动 | 人体 |
| 土石方、料堆、料仓、建筑物、构筑物工程施工活动 | 边坡上（岩）体、物料、建筑物、构筑物、载荷 |
| 矿工矿山井下采掘场所 | 顶板、两帮围岩 |
| 存在瓦斯与空气混合物的场所 | 瓦斯 |
| 存在压力容器的场所 | 内容物 |
| 江、河、湖、海、池塘、洪水、储水容器 | 水 |
| 产生、储存、聚集有毒有害物质的场所 | 有毒有害物质 |

在危险源辨识过程中，检查表作为一种简便而有效的技术工具，不仅可以用于提示组织需要考虑何种类型的潜在危险源，还可以用于记录初始的危险源辨识的结果。需要注意的是，组织不能过度依赖检查表，而且在制作检查表时，检查表应与所评估的工作区域、过程或设备的具体情况相适应。

## 四、建筑行业危险源辨识

作为危险源存在较多的行业——建筑行业的危险源辨识工作主要包括以下两个方面。

### （一）建筑过程中的危险源辨识

建筑行业主要事故类别包括深基坑坍塌、塔式起重机等大型机械设备倒塌、机械伤害、高空坠落和触电伤害等。另外，职业健康方面也存在一系列常见症状：尘肺病；因寒冷、潮湿的工作环境导致的早衰、短寿等；

因天气过热，长期在户外工作导致的皮肤癌；因反复的手工操作导致的外伤；因噪声导致的听力损失；等等。

（二）拆除过程中的危险源辨识

拆除已有建筑物过程中的危险源，主要是指建筑物、构筑物过早坍塌，以及从工作地点或进出通道坠落等，其根本原因是工作没有按照计划和程序进行。

# 第二节　危险源的重要度评价与风险评价

## 一、危险源的重要度评价

在安全管理过程中，人们通常根据危险源可能导致的事故后果的严重程度，对危险源的重要度做出评价。对危险源重要度进行评价的方法主要有后果分析和相对划分等级两种。

采用相对划分等级的方法来评价危险源的重要度，需要考虑以下几个方面的因素：

（1）能量物质或能量载体所包含的能量。危险源导致的事故后果的严重程度主要取决于事故发生时意外释放能量的多少。一般来说，危险源拥有的能量越多，事故发生时可能意外释放的能量也就越多。因此，危险源拥有的能量是其重要度评价的最重要的指标。

（2）能量意外释放的强度。危险源能量意外释放的强度是指事故发生时单位时间内释放的量。在意外释放能量的总量相同的情况下，释放强度越大，能量对人体的作用越强烈，造成的后果就越严重。

（3）能量的种类。不同种类的能量造成人员伤害的机理不同，其后果也不相同。例如，燃烧、爆炸物质自身的物理、化学性质会影响火灾、爆炸事故后果的大小；毒物的毒害后果则取决于毒物的毒性大小。

（4）意外释放的能量的影响范围。事故发生时意外释放的能量影响范围越大，可能遭受其作用的人越多，事故后果就越严重。例如，有毒有害气体泄漏时，可能受风向影响而使扩散范围增大。

根据以上相对划分等级的方法，可以在企业、行业、国家等层面对危险源的重要度进行划分。依据危险源重要度的划分结果，可以有针对性地对危险源采取技术控制措施、分级监控管理和应急策略。企业在实施职业健康安全管理体系的过程中，可以对自身存在的危险源做重要度评价，并根据评价结果采取针对性措施。在行业和国家层面上，多以法规和标准的形式提出一些危险源的重要度等级划分标准和相应的控制要求。下面围绕重大危险源进行简要介绍。

1993 年，国际劳工组织通过了《1993 年预防重大工业事故公约》，明确了重大事故的概念，即在重大危害设置内的一项活动过程中突然发生的、涉及一种或多种危害物质的严重泄漏、火灾、爆炸等对职工、公众或环境造成急性或慢性危害的意外事故。主要有易燃易爆物质引发的事故和有毒物质引发的事故两大类。而可能导致重大事故的危险源被称为重大危险源（major hazard）。实际工作中往往把生产、加工、处理、储存这些危害物质的装置作为危险源，称其为重大危害装置。目前，国内外都是依据危害物质及其临界量表来确定重大事故危险源的。表 5-2 是国际劳工组织建议的用以辨识重大危害装置的危害物质及其临界量。

**表 5-2　用以辨识重大危害装置的危害物质及其临界量**

| 物质类别 | 物质名称 | 数量（大于） |
|---|---|---|
| 一般易燃物质 | 易燃气体 | 200 t |
|  | 高易燃液体 | 5 000 t |
| 特种易燃物质 | 氢 | 50 t |
|  | 环氧乙烷 | 50 t |
| 特种炸药 | 硝酸铵 | 2 500 t |
|  | 硝酸甘油 | 10 t |
|  | 硝基甲苯 | 50 t |
| 特种有毒物质 | 丙烯酯 | 200 t |
|  | 氨 | 500 t |
|  | 氯 | 25 t |
|  | 氧化硫 | 250 t |
|  | 硫化氢 | 50 t |
|  | 氢氰酸 | 20 t |
|  | 氧化碳 | 200 t |
|  | 氟化氢 | 50 t |
|  | 氯化氢 | 250 t |
|  | 三氧化硫 | 75 t |
| 特种剧毒物质 | 甲基异氰酸盐 | $150 \times 10^{-3}$ t |
|  | 光气 | $750 \times 10^{-3}$ t |

## 二、危险源的风险评价

风险是指发生危险事件或有害暴露的可能性与由该事件或暴露造成的人身伤害或健康损害的严重性的组合。危险源的风险程度取决于危险源导致人身伤害或健康损害的可能性和后果两方面。风险评价是指对危险源导致的风险进行评估、对现有控制措施的充分性加以考虑、对风险是否可以接受予以确定的过程。可接受风险是指根据组织法定义务、职业健康安全方针和目标，已降至组织愿意承担程度的风险。在一些参考文献中，"风险评价"包含了"危险源辨识、风险评价和控制措施的确定"的全过程，而"职业健康安全管理体系"系列标准，则明确其含义仅为"危险源辨识、风险评价和控制措施的确定"过程的第二阶段。

若将系统中的能量物质或能量载体视为危险源，而要对危险源的风险程度进行评价，则需要考虑能量物质或能量载体自身及诱发其意外释放能量的相关因素。在进行实际风险评价时，应注意以下方面。

### （一）选定适宜的风险评价工具和方法

表5-3列举了各种主要的风险评价工具和方法及其优劣势。应该说，现有的各种评价工具各具特色，如何选择适宜企业的风险评价工具和方法，关键看其是否能够满足企业的实际需求。

**表5-3　风险评价工具和方法及其优劣势**

| 工具 | 优势 | 劣势 |
|---|---|---|
| 检查表/问卷 | ● 易用<br>● 在初始评估中可防止"遗漏" | ● 常受限于回答"是"或"否"<br>● 受限于检查表内容，不考虑独特状况 |
| 风险矩阵 | ● 相对易用<br>● 提供可视表达<br>● 不需要使用数字 | ● 仅二维，不能考虑影响风险的多重因素<br>● 预设答案可能不适合某些情况 |
| 排名/投票表 | ● 相对易用<br>● 适用于捕捉专家意见<br>● 允许考虑多种风险因素（如严重性、可能性、可检测性、数据的不确定性等） | ● 需要使用数字<br>● 如果数据指标不好，结果会很差<br>● 可能导致对不可比的风险进行比较 |

续表

| 工具 | 优势 | 劣势 |
|---|---|---|
| 失效模式与后果分析（FMEA）<br>危害与可操作性分析（HAZOP） | • 适用于详尽的过程分析<br>• 提供技术数据的输入 | • 需要使用专业知识<br>• 需要输入数值数据进行分析<br>• 花费资源（时间和金钱）<br>• 更适用于与设备有关的风险，而不适用于与人有关的风险 |
| 暴露评价策略 | • 适用于与危险物质和环境有关的数据分析 | • 需要使用专业知识<br>• 需要输入数值数据 |
| 计算机模拟 | • 如果有足够的相关数据可供利用，计算机模拟可给出很好的答案<br>• 通常使用数值输入，极少主观判断 | • 需要花费相当多的时间和金钱去开发和验证<br>• 潜在的过度依赖结果，而不质疑结果的有效性 |
| 帕累托分析 | • 是有助于判定最重要变化的简单技术 | • 仅适用于比较相似的项目，亦都是线性关系 |

为此，企业或组织可能需要针对不同区域或活动而采用不同的风险评价方法。对于特定的或特殊的危险活动，可以采用较为复杂的风险评价方法。例如，化工厂的风险评价方法可能需要针对制剂泄漏事件发生的可能性进行复杂的数学计算。大多数情况下，企业选择采用更简单的风险评价方法，甚至仅进行定性评价。因此，通常包含很大的主观判定成分。

（二）确保风险评价活动的充分性、一致性和有效性

风险评价活动是一项专业性很强的技术工作，因此，负责实施风险评价的人员应具备相关风险评价方法和技术方面的能力，并具有相应工作活动的知识。为了确保风险评价充分而有效，评价人员应与员工进行充分协商，促使其适当参与到风险评价过程中。为此，企业或组织需要做好以下几个方面的工作：

（1）针对可能会发生在不同现场或场所的典型活动，企业可采用通用的风险评价方法，并以此为起点，有针对性地进一步开发新的评价方法。

（2）为了确保不同人员能够理解一致，当使用描述性语言分类来评价伤害严重性或可能性时，应对分类措辞给出明确、清晰的定义。

（3）全面考虑面临风险的各类特定人员。

（4）全面评估暴露于特定危险源下的人群数量。

（5）对于因暴露于化学、生物和物理因素造成的伤害评估，需要运用合适的仪器和抽样方法来测量暴露程度，并与适用的职业接触限制或标准进行比较，但应考虑到短期及长期的暴露后果，以及其他的多重因素的叠加效应。

（6）在使用抽样方法进行风险评价时，确保抽取的样本充分且足够代表所有被评价的场所和人的状况。

同时，企业或组织还需要全面考虑各种信息的来源或输入。因为风险评价过程是一个大量的信息收集、整理、分析和处理的过程，为了确保风险评价更加系统有效，企业或组织则需要全面考虑各种信息的来源或输入。风险评价过程需要考虑的信息来源或输入主要包括以下内容：

（1）工作场所的险情。

（2）工作场所内各项活动间存在的相互危害的程度和范围。

（3）安全保障措施。

（4）通常或偶尔执行危险作业人员的能力、行为、培训和经验。

（5）可能受危险工作影响的其他人员（清洁人员、访问者等）的邻近程度等。

（三）变更管理

所谓变更管理，是指企业或组织对可能影响其职业安全与健康的危险源和风险的任何变更所进行的管理和控制。其实质也是一类特殊的、专门针对情况变更后所展开的"危险源辨识、风险评价和控制措施的确定"的过程。在开展变更管理时应注意以下方面：

（1）针对内部的任何变更情况都应审慎考虑是否启动变更管理过程。

（2）需要确保任何新的或变化的风险为可接受风险。

（四）控制措施的确定

控制措施的确定是指根据危险源辨识和风险评价的结果来确定现有控制措施是否充分，或者是否需要改进，或者是否需要采取新的控制措施。一般来说，要根据控制措施层级选择顺序的原则选定控制措施，即要首先考虑消除危险源，其次考虑降低风险，最后再考虑采用个体防护装备。当然，实际操作时还需要考虑相关的成本、降低风险的益处、可用的选择方案的可靠性等。

（五）形成文件并保存记录

在危险源辨识、风险评价和控制措施的确定过程中，企业或组织要将结果形成文件，同时还需要记录相关的各类信息，并予以保存。需要保存的记录信息包括：危险源辨识；与已辨识的危险源相关的风险的确定；与危险源相关的风险水平的标示；控制风险所采取措施的描述或引用；实施控制措施的能力要求的确定。

（六）持续评审

为了确保不同人员在不同时期所完成的风险评价能够保持一致，企业或组织在完成风险评价过程后，还应该对其进行定期评审。在持续评审的过程中，如果情况已发生变化或更好的风险管理技术已成为可利用的技术，则需要做出必要的改进。同时，内部评审也可以提供一个以检查风险评价是否反映了工作场所的实际状况的机会。

# 第三节　危险源的控制

工程技术手段是控制能量物质或能量载体危险源的基本措施。控制危险源的安全技术包括两大类：防止事故发生的安全技术、避免或减少事故损失的安全技术。

## 一、防止事故发生的安全技术

防止事故发生的安全技术的基本出发点是采取措施约束、限制能量物质或能量载体，防止其意外释放能量。常用的防止事故发生的安全技术包括消除危险源、限制危险源意外释放能量的强度和隔离。

（一）消除危险源

一般来说，消除危险源可以通过以下两种方式实现：一种是在系统中消除可能导致伤害的能量物质或能量载体。例如，消防设备或物体的毛刺、尖角或粗糙、破裂的表面，应防止刺、割、擦伤皮肤；道路立体交叉，应防止撞车；电镀工艺中不使用氢化物；等等。另一种是用不承载某种有害能量的物质代替承载某种有害能量的物质。例如，用无毒物质代替有毒物质，在喷涂生产工艺中用无苯油漆代替含苯油漆；用液压系统代替气压系统，避免压力容器、管路破裂造成冲击波；等等。

### （二）限制危险源意外释放能量的强度

受实际技术、经济条件的限制，有些危险源不能被彻底消除，这时应设法限制危险源可能意外释放能量的强度。可以通过以下三种途径实现限制危险源可能意外释放能量的强度：减少能量物质或能量载体的能量、防止能量蓄积、安全释放能量。

### （三）隔离

隔离是一种常用的控制危险源的安全技术措施，既可用于防止事故发生，也可用于避免或减少事故损失。通常情况下，预防事故发生的隔离措施有分离和屏蔽两种。前者是指时间上或空间上的分离，防止一旦相遇则可能意外释放能量的物质相遇；后者是指利用物理的屏蔽措施限制、约束能量物质或能量载体。而屏蔽较分离更可靠，因而得到广泛应用。

#### 1. 分离

将不相融的物质分开，能防止氧化作用意外释放能量。例如，把燃烧三要素中的任一要素与其余的要素分开，可以防止发生火灾；保持腐蚀性气体或液体与不相融的金属和其他物质分离，可以避免有害的影响。

#### 2. 屏蔽

分为封闭和关闭。封闭是指保持人员离开限制的区域。例如，用金属防爆外壳将可燃气体环境中的电器设备封闭，防止电火花引燃可燃气体。关闭是防止人员进入不希望进入的区域。例如，煤矿井下利用防护栅栏关闭盲巷，防止人员误入，等等。

## 二、避免或减少事故损失的安全技术

避免或减少事故损失的安全技术的基本出发点是防止意外释放的能量触及人或物，或者减轻其对人或物的作用。发生事故后，如果不能迅速控制局面，则事故规模有可能进一步扩大，甚至引起二次事故而释放出更多的能量。在事故发生前就应该考虑到采取避免或减少事故损失的技术措施。

常用的避免或减少事故损失的安全技术有隔离、个体防护、薄弱环节设计、避难与援救等。

### （一）隔离

隔离的作用在于把被保护的人或物与意外释放的能量或危险物质隔开。

其具体措施有远离、封闭和缓冲三种。

（1）远离是指把可能发生事故而释放出大量能量或危险物质的工艺、设备或工厂等布置在远离人群或被保护物的地方。例如，把爆破材料的制造、加工、储存安排在远离居民区和建筑物的地方；把一些危险性高的化工企业安排在远离市区的地方。

（2）封闭是指利用封闭措施可以控制事故造成的危险局面，限制事故的影响。具体来说，有以下表现：控制事故造成的危险局面；限制事故的影响，避免伤害和破坏；为人员提供保护；为物质、设备提供保护；等等。

（3）缓冲则可以吸收能量，减轻能量的破坏作用。例如，安全网可以吸收坠落人体的势能和动能。

（二）个人防护

个人防护也是一种隔离措施，它把人体与意外释放的能量或危险物质隔离开。个人防护用品主要作用于以下三种场合：

（1）有危险的作业。在危险源不能被消除，一旦发生事故就会危及人身安全的情况下，必须使用个人防护用品（在下节中详细展开）。但是，应该避免用个人防护用品代替消除或控制危险源的其他措施。

（2）为调查和消除危险源而进入危险区域。

（3）事故发生后的应急情况。

（三）薄弱环节设计

利用事先设计好的薄弱环节使事故能量按人们的意图释放，防止能量作用于被保护的人或物。也就是说，设计的薄弱部分虽被破坏了，但以较小的损失避免了较大的损失。因此，这样的安全技术又称接受微笑损失。常见的薄弱环节设计有：

（1）汽车发动机冷却水系统的防冻塞。当气缸体水套中的水因天气寒冷而结冰时，其体积膨胀，会把防冻塞顶开而保护气缸。

（2）锅炉上的易熔塞。当锅炉里的水降低到一定水平时，易熔塞温度升高并融化，锅炉内的蒸汽泄放而防止锅炉爆炸。

（3）在有爆炸危险的厂房上设置泄压窗。当厂房内发生意外爆炸时，泄压窗泄压而保护厂房不被破坏。

（4）电路中的熔断器、驱动设备上的安全连接棒等。

（四）避难与援救

事故发生后，应采取果断措施控制事态的发展，但是当判明事态已经发展到不可控制的地步时，应迅速避难，撤离危险区域。

按事故发生与伤害发生之间的时间关系，伤害事故可分为以下两种情况：

（1）事故发生的瞬间人员即受到了伤害，甚至受伤害者尚不知发生了什么就遭受了伤害。例如，爆炸事故发生瞬间处于事故现场的人员受到伤害的情况。在这种情况下，人员没有时间采取措施避免伤害。此时，为了防止事故扩大，必须全力以赴地控制能量或危险物质。

（2）事故发生后意外释放的能量经过一段相对长的时间间隔才达到人体，人员有时间躲避能量的作用。例如，发生火灾、有毒有害物质泄漏事故的场所，远离事故现场的人们可以适当地采取避难、撤离等行动，避免遭受伤害。在这种情况下，人们的行为正确与否往往决定他们的生与死。

对于后一种情况，避难与援救具有非常重要的意义。为了满足事故发生时的应急需要，在厂（场）内布置、建筑物设计和交通设施设计中，要充分考虑一旦发生事故时的人员避难和援救问题。具体来说，要考虑以下问题：

（1）采取隔离措施保护人员，如设置避难空间等。

（2）使人员能迅速撤离危险区域，如规定撤离路线、设置安全出口和做好应急输送准备等。

（3）如果危险区域内的人员无法逃离的话，能够被援救人员搭救。

为了在一旦发生事故时人员能够迅速撤离危险区域，事前还应该做好应急计划，并在平时就进行避难、救援演习。

### 三、重大危险源的控制

除了采取一些必要的技术控制措施外，加强管理是控制重大危险源的重要手段。对重大危险源的管理分为企业的内部管理和政府部门的监督管理。主要包含以下内容：

（1）进行重大危险源辨识。依据相关的法规、标准，辨识企业存在的重大危险源。

（2）对重大危险源进行评价。通过评价发现隐患，以便为隐患整改提供依据。

（3）实行重大危险源登记制度。通过登记，政府部门能够掌握重大危险源的分布和安全状况，对重大危险源进行监督管理。

（4）建立健全企业和政府的重大危险源管理机构。

（5）建立健全重大危险源安全技术规范和管理制度。

（6）建立监控预警系统。企业和政府建立重大危险源的档案，对重大危险源进行严格的监控。制订应急预案，当发生事故时，做出应急响应。

（7）企业对重大危险源做日常严格的安全检查，政府对企业的重大危险源安全管理进行监督。

# 第四节　个人防护与急救措施

在日常的安全生产管理中，要避免事故的发生，除了要做好安全管理和安全技术工作以外，劳动防护用品的发放和管理也是一个重要的环节。劳动者按照要求穿戴好劳动防护用品，可以有效减少其在劳动过程中受到的职业危害。

## 一、劳动防护用品及其分类

劳动防护用品是指保护劳动者在生产过程中的人身安全与健康所必备的一种防御性装备，对减少职业危害起着重要作用。1988 年 9 月，全国劳动防护用品标准化技术委员会审定通过了《劳动防护用品标准体系表》。《劳动防护用品标准体系表》中将个体防护装备分为以下 10 大类：

（1）头部防护装备：安全帽、防护面罩、工作帽。

（2）呼吸防护装备：过滤式呼吸器（防尘口罩、防毒面具）、供气式呼吸器（正压式呼吸器、生氧式呼吸器）。

（3）眼（面）防护装备：防护眼镜、防护面罩。

（4）听力防护装备：耳塞、耳罩、防噪声帽。

（5）手（臂）防护装备：防护手套、防护套袖。

（6）足部防护装备：防护鞋（靴）。

（7）躯干防护装备：一般防护服、特种防护服。

（8）坠落防护装备：安全带、安全网、救生梯、三脚架救生系统等。

（9）皮肤防护用品：护肤剂、皮肤清洁剂、皮肤防护膜。

（10）其他防护装备。

使用劳动防护用品时应该注意以下几个问题：

第一，选择劳动防护用品时，应该针对防护要求正确选择符合要求的用品，绝不能选错或将就使用，以免发生事故。

第二，应该对使用劳动防护用品的人员进行教育和培训，使其能充分了解使用的目的和意义，认真使用；对于结构和使用方法较为复杂的劳动防护用品，需要对使用人员进行反复训练，使其能够迅速使用；对于紧急救灾的呼吸器，要定期严格检验，并妥善存放在可能发生事故的临近地点，便于及时使用。

第三，妥善维护保养劳动防护用品，不但能够延长其使用期限，更能保证劳动防护用品的防护效果。

第四，劳动防护用品应该有专人管理并负责维护保养，从而保证劳动防护用品能充分发挥其作用。

## 二、几种常见的劳动防护用品

### （一）安全帽

安全帽又称安全头盔，是防止冲击、刺穿、挤压等伤害头部的帽子。由帽壳、帽衬、下颌带和后箍组成（图 5-1）。帽壳呈半球形，光滑并有一定弹性，外来冲击和穿刺动能主要由帽壳承受。帽壳和帽衬之间留有一定空间，可缓冲、分散瞬时冲击力，从而避免或减轻对头部的直接伤害。

按照材料不同，安全帽可分为玻璃钢安全帽、塑料安全帽、胶布矿工安全帽、防寒安全帽、纸胶安全帽、竹编安全帽等。

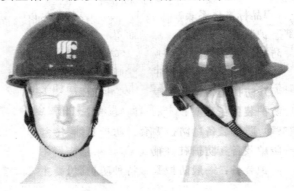

图 5-1  安全帽及其佩戴

安全帽的使用应注意以下事项：

（1）检查安全帽的外壳是否破损，如有破损，其分散和削弱外来冲击力的性能就已减弱或丧失，不可再用；检查有无合格帽衬，帽衬的作用是吸收和缓解冲击力，若无帽衬，则丧失了保护头部的功能；检查帽带是否完好。

（2）调整好帽衬顶端与帽壳内顶的间距（4~5厘米），这段距离在碰到高空坠落物时可起到缓冲的作用，还可以达到头部通风的目的。

（3）安全帽必须戴正，如果戴歪了，一旦受到打击，就起不到减轻对头部冲击的作用。

（4）必须系紧下颌带，如果不系紧，一旦发生构件坠落打击事故，安全帽就容易掉下来，导致严重后果。

（5）现场作业中，切忌将安全帽脱下搁置一旁，或当坐垫使用。

（二）安全网

安全网是用来防止高处作业人员从作业面坠落、避免或减轻坠落伤亡、防止生产作业中使用的物体落下而伤及作业面下方人员的网体。安全网是高处作业人员的防护用品，它是由网体、边绳、系绳等组成（图5-2）。

图5-2　建筑物的安全网

目前，国内广泛使用的安全网有安全平网、安全立网和密目式安全立网。安全平网的安置面或平行于水平面，或与水平面成一定夹角，用来接住坠落人员或坠落物。而安全立网和密目式安全立网的安置面垂直于水平面，用来围住高空作业面，挡住人或坠落物。密目式安全立网还具有防止作业人员使用的较小工具掉下砸伤人的作用。

（三）防护鞋（靴）

防护鞋（靴）根据其功能可分为防砸鞋、防刺穿鞋、防热鞋、防静电与导电鞋、绝缘鞋（靴）、耐酸碱鞋（靴）、耐油鞋（靴）、防寒鞋（靴）等。图5-3是几种常见的防护鞋（靴）。

（1）防砸鞋　　　　　　　　　　　　（2）防寒靴

（3）矿工靴　　　　　　　　　　　　（4）耐酸碱鞋

**图5-3　几种常见的防护鞋（靴）**

在使用工具、操作机器、搬运物料等作业中，脚处于作业姿势的最低部位，随时会接触到笨重、坚硬、带棱角的物体或化学物质，如果脚没有站稳，身体失去平衡，破坏了正常的作业姿势，就可能发生事故。因此，必须根据作业条件穿特制的防护鞋（靴），防止可能发生的足部伤害。

### 三、主要的急救技术

在作业现场发生人身伤害事故后，如果作业人员能够采取正确的现场应急和逃生措施，可以大大降低死亡的可能性及减少后遗症。因此，作业现场工作人员应熟悉急救、逃生方法，一旦发生事故就能及时自救互救。

（一）现场救护的基本步骤

现场救护的目的是挽救生命、减轻伤残。事故发生后的几分钟、十几分钟，是抢救危重伤员最重要的时刻，医学上称其为"救命的黄金时刻"。现场救护的原则是：先救命、后治伤。事故发生后，应按照紧急呼救、判断伤情和现场救护三大步骤进行：

（1）紧急呼救：当伤害事故发生时，应大声呼救或尽快拨打电话120、110。紧急呼救时必须要用最精练、准确、清楚的言语说明伤员目前的情况及严重程度、伤员的人数及存在的危险、需要何类急救等。

（2）判断伤情：现场急救处理前，必须先了解伤员的主要伤情，特别是对重要的体征不能忽略遗漏。以下是几种常见的伤情判断方法。

● 意识——先判断伤员神志是否清醒，在呼唤、轻拍、推动时，伤员有反应则表明伤员有意识，若无反应，则表明伤员丧失意识，已陷入危重状态。

● 气道——如伤员有反应但不能说话、不能咳嗽、憋气，则可能存在气道梗阻现象，必须立即检查和清除，如进行侧卧位和清理口腔异物等。

● 呼吸——正常人每分钟呼吸12～18次，危重伤员呼吸变快、变浅乃至不规则，呈叹息状。

● 瞳孔反应——当伤员脑部受伤、脑出血、严重药物中毒时，瞳孔可能缩小为针尖大小，也可能扩大到黑眼球边缘，对光线不起反应或反应迟钝。

● 开放性损伤——对伤员的头部、颈部、胸部、腹部、盆腔和脊柱、四肢进行检查，看有无开放性损伤、骨折畸形、触痛、肿胀等体征。

（3）现场救护：对于不同的伤情，采取正确的救护体位，运用人工呼吸、胸外心脏按压、紧急止血、包扎等现场救护技术，对伤员进行现场救护。

（二）常见的救护通用技术

1. 心肺复苏法

人工呼吸是一种复苏伤员的重要急救措施。当呼吸停止、心脏仍在跳动时，用人工的方法使空气进出肺部，供给人体组织所需的氧气，称为人工呼吸法。具体操作方法如下：让伤员仰面平躺，救护者跪在伤员一侧，一手将伤员下颌合上并向后托起，使伤员头部尽量后仰，以保持伤员的呼吸道畅通，另一手捏紧伤员的鼻孔，并将手掌外缘压住伤员的颈部。救护者深吸一口气后，对准伤员的口，用力将气吹入。如果伤员牙关紧闭不能被撬开或口腔严重受伤，可用口对鼻吹气法。用一手闭住伤员的口（鼻），并松开伤员的鼻孔（或嘴唇），让其自由呼吸。重复上述动作，并保持每分钟均匀地做 16～20 次，直至伤员能自主呼吸为止。

若感觉不到伤员脉搏，说明伤员的心跳已经停止，需要立即进行胸外心脏按压。具体做法是：让伤员仰卧在地上，头部后仰。抢救者跪在伤员身旁或跨跪在伤员腰的两旁，用一只手掌根部放在伤员胸骨下 1/3～1/2 处，另一只手重叠于前一只手的手背上，两肘伸直，借自身体重和臂、肩部肌肉的力量，急促向下压迫胸骨，使其下陷约 3～4 厘米。挤压后迅速放松（掌根不离开胸壁），依靠胸廓的弹性，使胸骨复位。反复有节奏地进行挤压和放松，每分钟 60～80 次，同时随时观察伤员的情况。如果能摸到动脉和股动脉等搏动，而且瞳孔逐渐缩小，面有红润，说明心脏按压有效，即可停止。

2. 止血法

常见的止血法主要是压迫止血法、止血带止血法、加压包扎止血法等。

压迫止血法。适用于头、颈、四肢动脉大血管等处出血的临时止血。有人负伤流血后，只要立即用手指或手掌用力压紧伤口附近靠近心脏端的动脉跳动处，并把血管压紧在骨头上，就能很快起到临时止血的效果。

止血带止血法。适用于四肢大出血。用止血带（一般用橡皮管、橡皮带）绕肢体绑扎打结固定，上肢受伤可扎在上臂上部 1/3 处，下肢受伤可扎在大腿的中部。若现场没有止血带，也可用纱布、毛巾、布等环绕肢体打结，在结内穿一根短棍，转动此棍使带绞紧，直至不再流血为止。

加压包扎止血法。适用于小血管和毛细血管的止血。先用消毒纱布或干净毛巾敷在伤口上，再垫上棉花，然后用绷带紧紧包扎，以达到止血的目的（若有骨折，需要另加夹板固定）。

**四、避险与逃生**

**（一）毒气泄漏时的避险与逃生**

化学品毒气泄漏的特点是发生突然，扩散迅速，持续时间长，涉及面广。发生毒气泄漏事故后，如果现场人员无法控制泄漏，则应迅速报警并选择安全逃生。

首先，提高避险与逃生的能力。包括以下三方面：了解企业的化学危险品的危害，熟悉厂区建筑物、道路等；正确识别化学安全标签，了解所接触化学品对人体的危害和防护急救措施；企业制订完善的毒气泄漏事故应急预案，并定期组织演习。

其次，安全撤离事故现场。在现场人员无法控制泄漏时，迅速报警并选择安全逃生；不要恐慌，安全有序地撤离；逃生时根据泄漏物质的特性，佩戴相应的个体防护用具，如果没有，则要应急使用湿毛巾捂住口鼻进行逃生；确定风向，根据毒气泄漏源位置，向上风向或沿侧风向转移撤离。

（二）火灾发生时的避险与逃生

火灾初起时，如果火势不大，且未对人及环境造成很大威胁，周围有足够的消防器材时，应尽可能在第一时间内将小火控制、扑灭，不可置小火于不顾而酿成大祸。

火场逃生的策略如下：保持沉着冷静，辨明方向，迅速撤离；不要贪恋财物；警惕毒烟，扑灭身上的火；选择逃生通道自救，慎用电梯；暂避相对安全的场所，等待救援；设法发出信号，向外界求救；结绳下滑自救，不轻易跳楼。

**案例介绍：**

2005 年 2 月，某小区对阳台栏杆工程进行验收，发现局部需要修补的问题。2 月 27 日，施工单位安排作业人员对栏杆验收时发现的个别问题进行缺陷修补。约 9 时 50 分，工人李某翻过 18 层的花坛内侧栏杆，站到 18 层花坛外侧约 30 厘米宽、没有任何防护的飘板上向下滑放电缆机电缆，不慎从飘板面坠落至 1 层地面，坠落高度约 54 米，经抢救无效死亡。

**分析：**

直接原因：李某违章冒险作业，在未系安全带、没有任何安全防护措施的情况下进行高处临边悬空作业。

间接原因：死者进厂只有 3 天，施工单位未对其进行三级安全教育，以杜绝其违章行为；施工单位安全管理混乱，现场无专职安全员，未进行安全技术交底；施工单位对工人只使用、不管理、不教育。

**事故教训：**

1. 高处临边作业必须有可靠的防护措施。

2. 加强对作业人员的安全教育，杜绝违章行为。

3. 施工单位应落实安全措施，提供安全作业环境。

4. 施工单位必须高度重视工程收尾阶段的工作。

# 第六章

## 职业健康与职业病

### 学 习 要 点

1. 认识职业病危害因素的内容
2. 掌握职业病的类型及监测方法
3. 掌握职业病的诊断与鉴定
4. 了解我国职业健康的现状及发展趋势

劳动者在职业活动过程中若长期接触有毒有害或不安全物质等职业性危害因素，必将有损身体健康，严重的会导致职业病。我国的相关法律法规对职业病均有明确的规定，本章重点讨论职业病危害因素和职业病，介绍职业病监测、诊断、鉴定等相关知识。

## 第一节　职业病危害因素

### 一、职业病危害因素的概述

职业病危害是指可能导致从事职业活动的劳动者患上职业病的各种危害。职业病危害因素主要包括职业活动中存在的各种有害的化学因素、物理因素、生物因素，以及在作业过程中产生的其他职业性有害因素。

职业病危害因素是引发职业病的原因，但并不必然导致接触者患上职业病，是否造成职业病还取决于一定的作用条件和接触者的个体特征。只有当职业病危害因素、一定的作用条件和易感的（适宜的）接触者个体特征这三个因素共同存在，并且相互作用，符合一般疾病的致病模式时，才能造成职业病。其中，一定的作用条件主要是指劳动者在职业活动过程中接触某些职业病危害因素的机会和接触的频率，以及接触的方式和接触的时间。生产设备落后、管理不善、缺乏卫生技术措施和个人防护用品等都可以增加劳动者接触职业病危害因素的机会和水平。个体特征主要包括遗传因素、年龄和性别差异、自身患有的基础疾病、文化水平和卫生习惯、营养状况、心理和行为因素等。遗传因素是指患有某些遗传疾病或有遗传缺陷的人，容易受到某些有毒有害物质的作用，引起病变。年龄和性别差异是指女性对毒物较敏感，尤其是在经期、孕期、哺乳期更加敏感，而未成年儿童和老年人也易受职业病危害因素的影响。自身患有的基础疾病是指如患有皮肤病可增加皮肤对毒物的吸收，患有肝病影响对毒物的解毒能力等。文化水平和卫生习惯是指具有一定文化水平和良好卫生习惯的人能够自觉地采取预防职业病危害因素的措施。营养状况是指营养缺乏可能降低肌体的抵抗能力和康复能力。总之，充分认识和评价各种职业病危害因素及其作用条件，以及个体特征，并对三者之间的内在联系采取有针对性的措施，才能预防职业病的发生。

造成职业病危害的因素与劳动者的劳动环境也有关，如生产工艺过程、劳动过程和生产劳动环境质量等。因此，职业病危害因素按其来源可以分为三类：生产工艺过程中产生的职业病危害因素；劳动过程中的职业病危害因素；与作业场所卫生条件或生产工艺设备有关的职业病危害因素。

### 二、职业病危害因素的分类

2015 年 11 月 17 日，国家卫生计生委、人力资源和社会保障部、安全监管总局、全国总工会四部委联合发布了《关于印发 < 职业病危害因素分类目录 > 的通知》，对卫生部在 2002 年印发的《职业病危害因素分类目录》进行了修订。修订后的《职业病危害因素分类目录》将职业病危害因素分为粉尘、化学因素、物理因素、放射性因素、生物因素和其他因素六类 459种（具体可参见本书附录二《职业病危害因素分类目录》）。

在具体的生产过程中，职业病危害因素很多，按照其来源，可概括为三类。

（一）生产工艺过程中产生的有害因素

1. 粉尘

在生产过程中产生并较长时间悬浮在生产环境空气中的固体微粒称为生产性粉尘。生产性粉尘包括无机性粉尘（如石棉粉尘、煤尘、金属性粉尘、水泥粉尘等）、有机性粉尘（如烟草尘、棉尘、皮毛粉尘等）和混合性粉尘（如金属研磨尘、合金加工尘等）。劳动者在生产过程中被动吸入的这些生产性粉尘随时间的推移在肺内逐渐沉积到一定程度时，会引起以肺组织纤维化为主的病变，即导致尘肺病的发生。

2. 化学因素

存在于工作环境中的化学物质称为化学因素，包括原（辅）料、中间产品、成品及生产过程中的废气、废液、废渣等。在生产过程中产生并存在于工作环境空气中的化学物质称为生产性毒物。生产性毒物包括窒息性毒物（如硫化氢、一氧化碳、氰化物等）、刺激性毒物（如光气、氯气、二氧化硫等）、液体性毒物（如苯、苯的硝基化合物等）和神经性毒物（如铅、汞、锰、有机磷农药等）。它们主要通过呼吸道（特殊情况下通过消化道或皮肤）侵入人体，对人体的组织、器官产生毒物作用，再依毒性的不同对人体的神经系统、血液系统、呼吸系统、消化系统、骨组织等产生作用。除了产生局部刺激和腐蚀作用及中毒现象以外，还可以产生致突变作用、致癌作用、致畸作用等。

3. 物理因素

存在于自然环境中或由人工制造的能量与信息，并以一组物理要素传播所形成的自然环境物理因素和人为环境物理因素统称为物理因素。生产性物理因素是指在生产过程中产生和在工作环境中存在的一些物理因素。

（1）异常气象条件。如高温、高湿、低温等。

（2）异常气压。如高气压、低气压等。

（3）噪声、振动。如冲压，打磨，使用锻锤、风锤等。

（4）电离辐射。如 X 射线、γ 射线等。

（5）非电离辐射。如高频电磁场、紫外线、红外线、激光等。

4. 生物因素

存在于生产原料和生产环境中的致病微生物、寄生虫及动植物、昆虫等及其所产生的生物活性物质统称为生物因素。如导致皮革工人、畜产品加工工人等患上职业性炭疽病的炭疽杆菌，导致森林工作者患上职业性森林脑炎的蜱传脑炎病毒，等等。

### （二）劳动过程中的有害因素

劳动过程中的有害因素主要包括：劳动组织和劳动休息制度不合理，如单调作业、劳动时间过长、过度频繁变动的"三班倒"；劳动中精神（心理）性职业紧张，如工作压力过大等，多见于新工人或新装置投产试运行生产不正常时，如重油加氢装置，压力高，硫化氢浓度大，易发生燃烧、爆炸、中毒等事故，不仅新工人紧张，老工人在试运行期间也十分紧张；劳动强度过大或生产定额不当，如安排的作业与劳动者生理状况不相适应、超负荷加班加点等；肌体过度疲劳、个别器官或系统过度紧张，如光线不足引起的视力疲劳等；长时间处于不良体位或使用不合理的工具，如仰卧位工作的汽车修理工种等。

### （三）生产环境中的有害因素

生产环境中的有害因素主要包括：自然环境因素的作用，如炎热季节高温辐射，寒冷季节因门窗紧闭而通风不良，炎热季节长时间受太阳光照射而发生中暑等；生产场所设计不符合卫生标准或要求，如厂房建筑或布局不合理、有毒和无毒工序安排在一起，生产场所没有必要的卫生技术设施，如没有通风、换气、照明、防尘防毒、防噪声和防振动设备或其效果不好等；安全防护设备和个人防护用品配备不全等。

总之，职业病危害因素只有在一定的条件下才会对人体造成危害，这里的条件主要是指有害因素的强度（剂量）、人体接触有害因素的机会和程度、人体因素和环境因素。

## 三、职业病危害的特点

与事故类危害相比，职业病危害具有如下特点。

### （一）常态下有毒有害物质危害不明显

在生产正常的情况下，作业环境中的有毒有害物质的浓度一般是能够控制在国家标准之内的，轻微的泄漏往往不能引起作业人员的重视。但这也是可怕之处，因为长期的慢性中毒也能导致人体的器质性病变，从而危害身体健康。

（二）职业病危害造成危害的人数较多

职业病危害的性质决定了一旦发生职业病危害，只要是在作业场所内的人都很难幸免。例如，贵州省施秉县恒盛有限公司是一家专业生产工业硅的企业，自 1999 年投产以来，该公司职工长期受到工业硅冶炼产生的粉尘危害。2010 年，恒盛有限公司组织在岗在册和部分已离厂职工共计 1 337 名参加职业健康检查和职业病诊断，确诊矽肺病患者高达 195 名，另外，半年后需要复查胸片的职工还有 261 人。这是一起群发性、社会影响较大的责任事故，全厂近一半的职工受到了危害，对企业的经营与发展也产生了消极影响。

（三）职业病危害有一定的潜伏期

职业病危害不像安全事故所造成的危害那样立竿见影，而是有一定的潜伏期，有的长达 20 年之久。当人体内的毒物蓄积到一定浓度时，才会引起病变，最后发展成职业病。因此，职业病危害更容易被忽视。

（四）职业病危害不仅影响本人，而且影响后代

职业病危害是可怕的，不仅会影响作业者本人的健康，更严重的还会影响后代。例如，孕妇如果在有毒环境下作业，就会影响胎儿的健康发育。因此，为了保护女职工的合法利益和身体健康，我国专门制定了女职工劳动保护的特别规定。

# 第二节　职业病的类型与监测

## 一、职业健康与职业病

健康是人的生命全面发展的基础，也是家庭幸福、社会和谐与发展的基础。人们从事劳动、工作和各种职业活动，是为了获得幸福的生活。如果没有健康的身体，不仅个人要经受疾病的折磨，影响工作、生活，还会给家庭、社会带来负担。在职业生涯中，保持健康的身体，是一个重要的问题。

（一）职业健康

职业工作中的许多因素，如不正确的工作方法，工作环境中的危险、

有害因素，有毒物质或危险的设备，都有可能对人体健康产生不良的影响。

什么是健康？由于人们所处的时代、环境和条件的不同，对健康的认识也不尽相同。受传统观念和世俗文化的影响，长期以来，人们往往认为"无病即健康"，把有无疾病作为是否健康的判断标准，把健康单纯地理解为无病、无残、无伤。随着人类文明的发展，人们对健康和疾病的认识逐步深入，于是形成了整体的、现代的健康观，这就是世界卫生组织在1948年对健康概念提出的定义：健康是一种身体上、心理上和社会适应上的完好状态，而不仅仅是没有疾病或不虚弱。这一定义有三方面的特征：一是突破了无病即健康的狭隘的、消极的、低层次的健康观；二是对健康的解释从"生物人"扩大到了"社会人"的范围，把人的社会交往与人际关系和健康联系起来，同时也强调了社会文化、政治和经济对健康的影响；三是从个体健康扩大到了群体健康，以及人类生存空间的完美，强调了人与环境的和谐相处，要求人们主动协调人类肌体与环境的关系，保持人的健康与社会环境和物质环境的高度统一。

1950年，国际劳工组织和世界卫生组织联合组成的职业健康委员会给出职业健康的定义：职业健康应以促进并维持各行业职工的生理、心理及社交处在最好状态为目的，并防止职工的健康受工作环境影响；保护职工不受健康危害因素伤害，并将职工安排在适合他们的生理和心理的工作环境中。保持员工职业健康，预防和控制职业病，就必须从各个方面入手，改善员工的生活、职业环境，改善就业条件，培养员工良好的生活和工作习惯，使员工免受职业病危害因素的伤害。

（二）职业病

在20世纪初，西方工业化国家并未把职业病列入职业伤害之中。一些欧洲国家和美国在制定受伤害工人的津贴法案时，也不包括职业病问题。到了20世纪30年代，各国才认识到职业病对工人造成的伤害，并采取补偿行动。中华人民共和国成立后，我国开始重视对职业病的管理和防治，并取得了很大的成效。

职业病危害因素一般不是单一存在的，同一个工作场所往往同时存在多种有害因素，对职业接触者的健康产生联合作用和影响，其造成的损害包括工伤、职业病和职业性多发病三大类。当职业病危害因素作用于人体的强度和时间超过一定限度时，人体不能代偿其所造成的功能性或器质性病理改变，从而出现相应的临床征象，影响劳动能力，这类疾病通称职业病。

1．职业病的概念

《中华人民共和国职业病防治法》规定：职业病是指企业、事业单位和个体经济组织等用人单位的劳动者在职业活动中，因接触粉尘、放射性物质和其他有毒、有害因素而引起的疾病。

职业病的构成必须具备四个要素：

（1）患病主体必须是企业、事业单位和个体经济组织等的劳动者。这里的劳动者具体包括我国各类性质企业（国有、集体、外资企业和个体经济组织）内的劳动者及事业单位、社会团体中的劳动者，这里的劳动者不管是体力劳动者，还是脑力劳动者，不论是一般职工，还是工程技术人员、管理人员，只要从事劳动和工作，并且得了"职业病"，都受《中华人民共和国职业病防治法》的保护。

（2）必须是在从事职业活动的过程中产生。劳动者的劳动条件与疾病、健康的关系非常密切。劳动条件由生产（工艺）过程、劳动（操作）过程及生产劳动环境这三个相互联系的要素构成。生产过程是对原材料进行一系列加工而制成成品的过程；劳动过程是劳动者为了完成某项生产任务而进行的各种操作的总和，不同工种工人的劳动过程不同；生产劳动环境是劳动者进行生产劳动时所处的外界环境。劳动条件对劳动者的健康可能产生不良影响。造成各种危害的因素，不仅来源于生产环境、劳动环境，而且存在于劳动过程中。职业病必须是在劳动过程中发生的，与劳动条件无关的疾病不适用《中华人民共和国职业病防治法》。

（3）必须是因接触粉尘、放射性物质和其他有毒、有害因素而引起的。其中，放射性物质是指放射性同位素或射线装置发出的 $\alpha$ 射线、$\beta$ 射线、$\gamma$ 射线、X 射线、中子射线等电离辐射。

（4）必须是国家公布的《职业病分类和目录》中所列的职业病。

缺少上述四个要素中的任何一个，都不属于《中华人民共和国职业病防治法》所称的职业病。

2．职业病的特征

职业病有两个比较明显的特征：一是在较长时间内逐渐形成，属于缓发性伤残；二是多数表现为较长时间的体内器官生理功能的损伤（如矽肺、放射性疾病等），很少有痊愈的可能，属于不可逆性损伤。从管理和防治的角度来看，还应注意职业病的其他一些特征。

（1）病因所致临床表现为特异性，患者均有明确的职业性有害因素接触史，如职业性苯中毒是劳动者在职业活动中接触苯引起的，易引起白血病。在控制病因或作用条件后，可以消除或减少发病。

（2）所接触的病因大多数是化学因素或物理因素，通常接触量是可以检测的，所接触的职业性有害因素的强度或浓度达到一定程度才能致病，一般存在"剂量—反应"关系。

（3）在接触同样职业性有害因素的人群中，常常有一定量的人数发病，常有不同的发病集丛，很少出现个别病例。

（4）早期发现，合理治疗，较易恢复。发现越晚，疗效越差，且治疗个体无助于保护接触人群的健康。

（5）职业病是可预防性疾病。发现病因，改善劳动条件，控制职业病危害因素，即可减少职业病的发生。这些措施包括工艺改革，生产过程实现自动化、密闭化，加强通风及个人防护措施，等等。职业病目前尚缺乏特效治疗，应着重于保护人群健康的预防措施。

## 二、法定职业病的类型

2013 年 12 月 23 日，国家卫生计生委、人力资源和社会保障部、安全监管总局、全国总工会四部委联合发布了《关于印发＜职业病分类和目录＞的通知》，对卫生部和劳动保障部在 2002 年联合印发的《职业病分类和目录》进行了修订。修订后的《职业病分类和目录》将职业病分为职业性尘肺病及其他呼吸系统疾病、职业性皮肤病、职业性眼病、职业性耳鼻喉口腔疾病、职业性化学中毒、物理因素所致职业病、职业性放射性疾病、职业性传染病、职业性肿瘤、其他职业病十类 132 种（具体可参见本书附录三《职业病分类和目录》）。

## 三、职业病危害监测

《中华人民共和国职业病防治法》明确规定了对职业病危害监测的要求。按照《中华人民共和国职业病防治法》的规定，用人单位应当建立、健全工作场所职业病危害因素监测及评价制度。用人单位应当实施由专人负责的职业病危害因素日常监测，并确保监测系统处于正常运行状态。用人单位应当按照国务院卫生行政部门的规定，定期对工作场所进行职业病危害因素检测、评价。检测、评价结果存入用人单位职业卫生档案，定期向所在地卫生行政部门报告并向劳动者公布。职业病危害因素检测、评价由依法设立的取得国务院卫生行政部门或者设区的市级以上地方人民政府卫生行政部门按照职责分工给予资质认可的职业卫生技术服务机构进行。职业卫生技术服务机构所做检测、评价应当客观、真实。发现工作场所职业病危害因素不符合国家职业卫生标准和卫生要求时，用人单位应当立即采取相应治理措施，仍然达不到国家职业卫生标准和卫生要求的，必须停止存在职业病危害因素的作业；职业病危害因素经治理后，符合国家职业卫生标准和卫生要求的，方可重新作业。

2012 年 4 月 27 日，国家安全生产监督管理总局公布了《工作场所职业卫生监督管理规定》，该规定于 2012 年 6 月 1 日起施行，同时废止 2009 年 7 月 1 日公布的《作业场所职业健康监督管理暂行规定》。《工作场所职业卫生监督管理规定》中关于职业病危害监测的规定主要有以下几条：

第十一条：存在职业病危害的用人单位应当制订职业病危害防治计划和实施方案，建立、健全职业卫生管理制度和操作规程。

第十九条：存在职业病危害的用人单位，应当实施由专人负责的工作场所职业病危害因素日常监测，确保监测系统处于正常工作状态。

第二十条：存在职业病危害的用人单位，应当委托具有相应资质的职业卫生技术服务机构，每年至少进行一次职业病危害因素检测。职业病危害严重的用人单位，除遵守前款规定外，应当委托具有相应资质的职业卫生技术服务机构，每三年至少进行一次职业病危害现状评价。检测、评价结果应当存入本单位职业卫生档案，并向安全生产监督管理部门报告和劳动者公布。

第二十二条：用人单位在日常的职业病危害监测或者定期检测、现状评价过程中，发现工作场所职业病危害因素不符合国家职业卫生标准和卫生要求时，应当立即采取相应治理措施，确保其符合职业卫生环境和条件的要求；仍然达不到国家职业卫生标准和卫生要求的，必须停止存在职业病危害因素的作业；职业病危害因素经治理后，符合国家职业卫生标准和卫生要求的，方可重新作业。

及时了解、掌握工作场所职业病危害因素的浓度或强度，及早发现职业病危害，及时采取防护措施，消除或减少职业病危害因素对劳动者健康的影响，是职业病二级预防中的关键环节。只有通过日常监测，用人单位才能及时了解、掌握工作场所职业病危害因素的浓度或强度。用人单位应当依据行政法规的要求，根据工作场所职业病危害因素的类别，确定日常监测点、监测项目、监测方法、监测频率（次），建立监测系统，建立监测仪器设备使用管理制度和监测结果统计公布报告制度等，指定专人负责监测的实施和管理，对主要职业病危害因素进行动态观察，及时发现、处理职业病危害隐患。用人单位应当切实落实有关监测管理制度，确保监测系统时刻处于正常运行状态。

（一）职业病危害监测的分类

1. 按照监测目的分类

根据监测目的的不同，职业病危害监测可分为以下四类：

（1）评价监测。适用于建设项目职业病危害因素预评价、建设项目职业病危害因素控制效果评价和职业病危害因素现状评价等。

（2）日常监测。适用于对工作场所空气中有毒有害物质浓度进行的日常定期监测。

（3）监督监测。适用于职业卫生监督部门对用人单位进行监督时，对工作场所空气中有毒有害物质浓度进行的监测。

（4）事故性监测。适用于对工作场所发生职业危害事故时进行的紧急采样监测。

用人单位根据监测的目的，选择相应的监测频次和监测样本数量。例如，日常监测在评价职业接触限值为时间加权平均容许浓度时，应选定有代表性的采样点，在空气中有毒有害物质浓度最高的工作日采样 1 个工作班；而评价监测在评价职业接触限值为时间加权平均容许浓度时，应选定有代表性的采样点，连续采样 3 个工作日，其中应包括空气中有毒有害物质浓度最高的工作日。

2. 按照监测方式分类

根据监测方式的不同，职业病危害监测可分为以下两类：

（1）区域监测。又叫定点监测，是将以监测点为代表的区域作为监测对象，对作业场所危害因素浓度或强度进行判断和评价。

（2）个体监测。是将接触和可能接触有毒有害物质的劳动者作为监测对象，对劳动者接触有毒有害物质浓度或强度进行判断和评价。

（二）监测机构的选择

国家对职业病危害因素检测、评价等工作采取了资质认证制度，以保证检测结果的准确、公正。用人单位在开展职业病危害因素检测、评价工作时，必须选择具备以下条件的机构：

（1）必须是依法设立的从事职业卫生技术服务的机构，如各级职业病防治机构等。

（2）必须取得省级以上人民政府卫生行政部门的资质认证。

职业病危害因素检测、评价在职业病防治工作中具有十分重要的意义，因此，检测、评价应当客观、真实、科学、准确，不得弄虚作假。

（三）采样点的选择

1．选择采样点的原则

采样点选择合理，才能真实、准确地反映作业场所内有毒有害物质的水平。所以，无论哪种类型的监测，都应该认真确定采样点，确保样本有代表性。

在选择采样点时应遵循以下原则：

（1）选择有代表性的工作地点，其中应包括空气中有毒有害物质浓度最高、劳动者接触时间最长的工作地点。

（2）在不影响劳动者工作的情况下，采样点尽可能靠近劳动者，空气收集器应尽量接近劳动者工作时的呼吸带。

（3）在评价工作场所防护设备或措施的防护效果时，应根据设备的情况选定采样点，在劳动者工作时的呼吸带进行采样。

（4）采样点应设在工作地点的下风口，应远离排气口和可能产生涡流的地点。

2．采样点数量的确定

（1）根据产品的生产工艺流程，凡逸散或存在有毒有害物质的工作地点，至少应设置1个采样点。

（2）一个有代表性的工作场所内有多台同类生产设备时，1～3台设置1个采样点；4～10台设置2个采样点；10台以上至少设置3个采样点。

（3）一个有代表性的工作场所内，有2台以上不同类型的生产设备逸散同一种有毒有害物质时，采样点应设置在逸散有毒有害物质浓度大的设备附近的工作地点；逸散不同种有毒有害物质时，将采样点设置在逸散待测有毒有害物质设备的工作地点，采样点的数目参照以上（2）确定。

（4）劳动者在多个工作地点工作时，在每个工作地点设置1个采样点。

（5）劳动者工作是流动的时，在流动的范围内，一般每10米设置1个采样点。

（6）仪表控制室和劳动者休息室，至少设置1个采样点。

3．采样时段的选择

（1）采样必须在正常工作状态和环境下进行，避免人为因素的影响。

（2）空气中有毒有害物质随季节发生变化的工作场所，应将空气中有毒有害物质浓度最高的季节选择为重点采样季节。

（3）在工作周内，应将空气中有毒有害物质浓度最高的工作日选择为重点采样日。

（4）在工作日内，应将空气中有毒有害物质浓度最高的时段选择为重点采样时段。

（四）监测结果的管理

为了保障日常监测工作的连续性和有效性，便于管理，用人单位应保存监测结果，检测、评价结果必须存入用人单位职业卫生档案，并向所在地卫生行政部门报告并向劳动者公布。

# 第三节　职业病诊断与鉴定

《中华人民共和国职业病防治法》及其配套法规《职业病诊断与鉴定管理办法》的出台，为保障劳动者的身体健康，维护其合法权益提供了强大的法律保证，同时也对职业病诊断机构和职业病诊断医师提出了更高要求。如何依法规范职业病诊断行为，建立合理有效的职业病诊断程序，是所有用人单位、职业病诊断机构和职业病诊断医师所面临的重要课题。对于职业病诊断医师而言，认真学习、深入理解法律法规的相关知识，按照规范性的诊断程序开展工作，才有可能提高职业病诊断水平，服务社会，保护劳动者和用人单位的合法权益。

## 一、职业病诊断的重要意义

职业病是损害劳动者健康、影响劳动者正常家庭生活、影响社会稳定、造成经济损失的重要因素。依照法律法规做好职业病诊断工作，才能切实保障劳动者、用人单位的合法权益，因此受到全社会的重视。

职业病防治工作不是医疗卫生机构所能独自承担的，只有社会的不同层面同时做好预防、管理工作，才能减少职业病发病率，有效保护劳动者健康，促进我国经济建设步入良性循环。

职业病诊断工作政策性、技术性强，涉及患者、用人单位及国家等多方的利益。近年来，由于职业病诊断所引发的社会纠纷和司法诉讼呈现上升趋势，其原因带有明显的社会属性，尤其是在用人单位雇佣制度发生变革的时期，职业病诊断可能涉及患者终生的生活保障和基本医疗保障，在患者得不到职业病诊断的时候，容易引发多方矛盾。用人单位因职工职业病诊断问题对职业病诊断机构提起诉讼的现象也屡屡发生。

### 二、职业病诊断的原则和方法

（一）职业病诊断原则

根据《中华人民共和国职业病防治法》的有关规定，职业病的诊断需要依据病人的职业史；职业病危害接触史和工作场所职业病危害因素情况；临床表现及辅助检查结果；等等。

没有证据否定职业病危害因素与病人临床表现之间的必然联系的，应当诊断为职业病。所谓"证据"，包括疾病的证据、接触职业病危害因素的证据，以及用于判定疾病与接触职业病危害因素之间因果关系的证据。

（二）职业病诊断机构

医疗卫生机构开展职业病诊断工作，应当在开展之日起 15 个工作日内向省级卫生健康主管部门备案。省级卫生健康主管部门应当自收到完整备案材料之日起 15 个工作日内向社会公布备案的医疗卫生机构名单、地址、诊断项目（即《职业病分类和目录》中的职业病类别和病种）等相关信息。

医疗卫生机构开展职业病诊断工作应当具备下列条件：

（1）持有《医疗机构执业许可证》。

（2）具有相应的诊疗科目及与备案开展的诊断项目相适应的职业病诊断医师及相关医疗卫生技术人员。

（3）具有与备案开展的诊断项目相适应的场所和仪器、设备。

（4）具有健全的职业病诊断质量管理制度。

（三）职业病诊断程序

劳动者认为本人的健康损害可能与从事的职业活动有关，就可以向用人单位所在地、本人户籍所在地或者经常居住地依法承担职业病诊断的医疗卫生机构提出申请。劳动者应当填写《职业病诊断就诊登记表》。

劳动者依法要求进行职业病诊断的，职业病诊断机构应当接诊。劳动者申请职业病诊断时，应当提供以下资料：

（1）劳动者职业史和职业病危害接触史（包括在岗时间、工种、岗位、接触的职业病危害因素名称等）。

（2）劳动者职业健康检查结果。

（3）工作场所职业病危害因素检测结果。

（4）职业性放射性疾病诊断还需要个人剂量监测档案等资料。

职业病诊断机构进行职业病诊断时，应当书面通知劳动者所在的用人单位提供其掌握的职业病诊断资料，用人单位应当在接到通知后的 10 日内如实提供。

（四）职业病诊断证明书

（1）职业病诊断机构做出职业病诊断结论后，应当向当事人出具职业病诊断证明书。职业病诊断证明书是由职业病诊断机构出具的职业病诊断结论的法律文书。职业病诊断证明书应当由参与诊断的取得职业病诊断资格的执业医师签署，并经职业病诊断机构审核盖章。职业病诊断证明书应当一式五份，劳动者一份，用人单位所在地县级卫生健康主管部门一份，用人单位两份，诊断机构存档一份。

（2）职业病诊断证明书的内容应当明确劳动者是否患有职业病，对患有职业病的，还应当载明所患职业病名称、诊断分期（分度）、处理意见和复查时间。

在没有新的证据资料时，不应重新申请诊断。职业病诊断机构对其他诊断机构按规定已经做出职业病诊断的病例，在没有新的证据资料时，不得进行重复诊断。尘肺病的复查，原则上应当在原诊断机构进行。

（五）职业病诊断档案

职业病诊断机构应当建立职业病诊断档案并永久保存，档案内容应当包括：

（1）职业病诊断证明书。

（2）职业病诊断记录，包括参加诊断的人员、时间、地点、讨论内容及诊断结论。

（3）用人单位、劳动者和相关部门、机构提交的有关资料。

（4）临床检查与实验室检验等资料。

确诊为职业病的患者，用人单位应当按照职业病诊断证明书上注明的复查时间安排复查。

### 三、职业病鉴定的申请和组织

（一）职业病鉴定的申请

（1）当事人对职业病诊断机构做出的职业病诊断有异议的，可以在接到职业病诊断证明书之日起30日内，向做出诊断的职业病诊断机构所在地设区的市级卫生健康主管部门申请鉴定。

（2）职业病诊断争议由设区的市级以上地方卫生健康主管部门根据当事人的申请组织职业病诊断鉴定委员会进行鉴定。

（3）设区的市级职业病诊断鉴定委员会负责职业病诊断争议的首次鉴定。当事人对设区的市级职业病鉴定结论不服的，可以在接到诊断鉴定书之日起15日内，向原鉴定组织所在地省级卫生健康主管部门申请再鉴定，省级鉴定为最终鉴定。

（二）职业病诊断鉴定委员会

省级卫生健康主管部门应当设立职业病诊断鉴定专家库。职业病诊断鉴定专家库可以按照专业类别分组，应当以取得职业病诊断资格的不同专业类别的医师为主要成员，吸收临床相关学科、职业卫生、放射卫生等相关专业的专家组成。参加职业病诊断鉴定的专家，应当由当事人或者由其委托的职业病鉴定办事机构从专家库中按照专业类别以随机抽取的方式确定，抽取的专家组成职业病诊断鉴定委员会。（职业病诊断机构不能作为职业病鉴定办事机构。）职业病诊断鉴定委员会人数为5人以上单数，其中相关专业职业病诊断医师应当为本次鉴定专家人数的半数以上。

（三）职业病鉴定的程序

（1）当事人申请职业病诊断鉴定时，应当提供以下资料：职业病诊断鉴定申请书；职业病诊断证明书；申请省级鉴定的还应当提交市级职业病诊断鉴定书。

（2）职业病鉴定办事机构应当自收到申请资料之日起5个工作日内完成资料审核，对资料齐全的发给受理通知书；资料不全的，应当当场或者在5个工作日内一次性告知当事人补充。职业病鉴定办事机构应当在受理鉴定申请之日起40日内组织鉴定、形成鉴定结论，并出具职业病诊断鉴定书。

（3）根据职业病诊断鉴定工作需要，职业病鉴定办事机构可以向有关单位调取与职业病诊断、鉴定有关的资料，有关单位应当如实、及时提供。职业病诊断鉴定委员会应当听取当事人的陈述和申辩，必要时可以组织进行医学检查，医学检查应在30日内完成。

（4）需要了解被鉴定人的工作场所职业病危害因素情况时，职业病鉴定办事机构根据职业病诊断鉴定委员会的意见可以组织对工作场所进行现场调查，或者依法提请卫生健康主管部门组织现场调查。现场调查应在30日内完成。

（5）职业病诊断鉴定委员会应当认真审阅鉴定资料，依照有关规定和职业病诊断标准，经充分合议后，根据专业知识独立进行鉴定。在事实清楚的基础上，进行综合分析，做出鉴定结论，并制作职业病诊断鉴定书。鉴定结论应当经职业病诊断鉴定委员会半数以上成员通过。

# 第四节　我国职业健康的现状与发展趋势

## 一、职业病病人的保障

用人单位和医疗卫生机构发现职业病病人或者疑似职业病病人时，应当及时向所在地卫生行政部门报告。确诊为职业病的，用人单位还应当向所在地劳动保障行政部门报告。

用人单位应当及时安排对疑似职业病病人进行诊断；在疑似职业病病人诊断或者医学观察期间，不得解除或者终止与其订立的劳动合同。疑似职业病病人在诊断、鉴定、医学观察期间的费用，由用人单位承担。

职业病病人依法享受国家规定的职业病待遇，主要包括：

（1）用人单位应当按照国家有关规定，安排职业病病人进行治疗、康复和定期检查。

（2）用人单位对不适宜继续从事原工作的职业病病人，应当调离原岗位，并妥善安置。

（3）用人单位对从事解除职业病危害的作业的劳动者，应当给予适当岗位津贴。

职业病病人的诊疗、康复费用，伤残及丧失劳动能力的职业病病人的赔偿费用由最后的用人单位承担，最后的用人单位有证据证明该职业病是先前用人单位的职业病危害造成的，由先前的用人单位承担。职业病病人变动工作单位，其依法享有的待遇不变。依法参加工伤保险的，按照国家有关工伤保险的规定执行。

用人单位发生分立、合并、解散、破产等情形时，应当对从事接触职业病危害的作业的劳动者进行健康检查，并按照国家有关规定妥善安置职业病病人。

## 二、我国职业健康的现状与发展趋势

（一）我国职业健康的现状

1. 我国职业健康工作规划

为了贯彻落实中共中央、国务院《关于深化医药卫生体制改革的意见》精神，进一步加强职业病防治工作，保护劳动者健康，根据《中华人民共和国职业病防治法》，国务院制定了《国家职业病防治规划（2016—2020年）》。规划明确了我国职业健康工作的指导思想、基本原则、规划目标、主要任务和保障措施。

（1）指导思想。全面贯彻党的十八大和十八届三中、四中、五中、六中全会精神，深入学习贯彻习近平总书记系列重要讲话精神，认真落实党中央、国务院决策部署，紧紧围绕统筹推进"五位一体"总体布局和协调推进"四个全面"战略布局，牢固树立和贯彻落实创新、协调、绿色、开放、共享的发展理念，坚持正确的卫生与健康工作方针，强化政府监管职责，督促用人单位落实主体责任，提升职业病防治工作水平，鼓励全社会广泛参与，有效预防和控制职业病危害，切实保障劳动者职业健康权益，促进经济社会持续健康发展，为推进健康中国建设奠定重要基础。

（2）基本原则。①坚持依法防治。推进职业病防治工作法治化建设，建立健全配套法律、法规和标准，依法依规开展工作。落实法定防治职责，坚持管行业、管业务、管生产经营的同时必须管好职业病防治工作，建立用人单位诚信体系。②坚持源头治理。把握职业卫生发展规律，坚持预防为主、防治结合，以重点行业、重点职业病危害和重点人群为切入点，引导用人单位开展技术改造和转型升级，改善工作场所条件，从源头预防控制职业病危害。③坚持综合施策。统筹协调职业病防治工作涉及的方方面面，更加注重部门协调和资源共享，切实落实用人单位主体责任，提升劳动者个体防护意识，推动政府、用人单位、劳动者各负其责、协同联动，形成防治工作合力。

（3）规划目标。到 2020 年，建立健全用人单位负责、行政机关监管、行业自律、职工参与和社会监督的职业病防治工作格局。职业病防治法律、法规和标准体系基本完善，职业卫生监管水平明显提升，职业病防治服务能力显著增强，救治救助和工伤保险保障水平不断提高；职业病源头治理力度进一步加大，用人单位主体责任不断落实，工作场所作业环境有效改善，职业健康监护工作有序开展，劳动者的职业健康权益得到切实保障；接尘工龄不足 5 年的劳动者新发尘肺病报告例数占年度报告总例数的比例得到下降，重大急性职业病危害事故、慢性职业性化学中毒、急性职业性放射性疾病得到有效控制。

①用人单位主体责任不断落实。重点行业的用人单位职业病危害项目申报率达到 85% 以上，工作场所职业病危害因素定期检测率达到 80% 以上，接触职业病危害的劳动者在岗期间职业健康检查率达到 90% 以上，主要负责人、职业卫生管理人员职业卫生培训率均达到 95% 以上，医疗卫生机构放射工作人员个人剂量监测率达到 90% 以上。

②职业病防治体系基本健全。建立健全省、市、县三级职业病防治工作联席会议制度。设区的市至少应确定 1 家医疗卫生机构承担本辖区内职业病诊断工作，县级行政区域原则上至少确定 1 家医疗卫生机构承担本辖区职业健康检查工作。职业病防治服务网络和监管网络不断健全，职业卫生监管人员培训实现全覆盖。

③职业病监测能力不断提高。健全监测网络，开展重点职业病监测工作的县（区）覆盖率达到 90%。提升职业病报告质量，职业病诊断机构报告率达到 90%。初步建立职业病防治信息系统，实现部门间信息共享。

④劳动者健康权益得到保障。劳动者依法应参加工伤保险覆盖率达到 80% 以上，逐步实现工伤保险与基本医疗保险、大病保险、医疗救助、社

会慈善、商业保险等有效衔接，切实减轻职业病病人负担。

2. 我国职业病的发病情况

近年来，随着我国国民经济的高速增长，作为社会进步重要内容的职业安全与健康工作在市场经济大潮中受到巨大冲击，亟待加强。

根据全国 31 个省、自治区、直辖市和新疆生产建设兵团职业病报告，2016 年共报告职业病 31 789 例。其中，职业性尘肺病和其他呼吸系统疾病 28 088 例，职业性耳鼻喉口腔疾病 1 276 例，职业性化学中毒 1 212 例，其他各类职业病合计 1 213 例。从行业分布来看，报告职业病病例主要分布在煤炭开采和洗选业（13 070 例）、有色金属矿采选业（4 110 例）及开采辅助活动行业（3 829 例），共占职业病报告总数的 66.09%。

（1）职业性尘肺病和其他呼吸系统疾病。2016 年，我国共报告职业性尘肺病新病例 27 992 例，较 2015 年增加 1 911 例。其中，95.49% 的病例为煤工尘肺和矽肺，分别为 16 658 例和 10 072 例。报告其他职业性呼吸系统疾病 96 例。职业性尘肺病和其他呼吸系统疾病报告例数占 2016 年职业病报告总例数的 88.36%。

（2）职业性化学中毒。①急性职业中毒。2016 年，我国共报告各类急性职业中毒事故 272 起，中毒 400 例，其中重大职业中毒事故（同时中毒 10 人以上或死亡 5 人以下）6 起，中毒 45 例（包含死亡 4 例）。引起急性职业中毒的确认的化学物质 49 种，其中一氧化碳中毒的起数和人数最多，共发生 104 起 178 例。②慢性职业中毒。2016 年，我国共报告各类慢性职业中毒 812 例。引起慢性职业中毒的确认的化学物质 15 种，其中砷及其化合物中毒最多，为 342 例，其次为苯中毒和铅及其化合物中毒（不包括四乙基铅），分别为 240 例和 89 例。

（3）职业性耳鼻喉口腔疾病。2016 年，我国共报告职业性耳鼻喉口腔疾病 1 276 例，其中噪声聋 1 220 例、爆震聋 40 例、铬鼻病 13 例、牙酸蚀病 3 例。报告病例主要分布在制造业和采矿业。

（4）职业性传染病。2016 年，我国共报告职业性传染病 610 例，其中布鲁氏菌病 535 例、森林脑炎 64 例、莱姆病 11 例。病例主要分布在农林牧渔业 355 例和制造业 123 例。

（5）职业性放射性疾病。2016 年，我国共报告职业性放射性疾病 17 例，其中放射性肿瘤 8 例，放射性皮肤病 5 例，外照射慢性放射病 2 例，放射性骨损伤 1 例，放射性性腺疾病 1 例。

（6）职业性肿瘤等五类职业病。2016年，我国共报告586例，职业性肿瘤90例（其中苯所致白血病36例），物理因素所致职业病268例（其中中暑193例，手臂振动病53例），职业性皮肤病100例（其中接触性皮炎47例），职业性眼病104例（其中白内障69例、化学性眼部灼伤33例），其他职业病24例（全部为滑囊炎）。

由于职业病具有迟发性和隐匿性的特点，专家估计我国每年实际发生的职业病病例数要大于报告数量。尘肺病、职业中毒等职业病发病率居高不下，尘肺病是我国最主要的职业病，群体性职业病事件时有发生，已成为影响社会稳定的公共卫生和职业安全与健康突出问题。

我国统计的职业病病例是那些经过严格的诊断、鉴定等程序的确诊病例，未进入这一正规程序的职业病患者，特别是从事有毒有害作业的农民工对自己病情不了解，存在大量"未报告"和"隐性"职业病病例，"报告病例"的统计数字与其相比只是"冰山一角"。可以说，无论是接触职业病危害人数，还是职业病患者积累数量、死亡数量和新发现职业病病人数量，我国都居世界首位。

工伤事故和职业病不但威胁着千百万劳动者的生命和健康，还给国民经济造成巨大损失，每年因工伤事故造成的直接损失达数十亿元人民币，职业病造成的损失近百亿元人民币。

随着各种新材料、新工艺、新技术的引进和使用，我国出现了一些过去未曾见过或者少有的职业病。在乡镇企业迅猛发展和外资企业大量涌入的同时，职业病危害已经从城市向农村转移、从经济发达地区向经济发展较慢的地区转移、从国外向国内转移；在农村经济飞速发展的同时，大批农村劳动力进入各类缺乏职业安全与健康保障的企业，加上其流动性、不稳定性的特点，各种职业病危害明显增加，对劳动人群健康所造成的损害日趋严重。许多企业存在损害劳动者健康的情形，如不顾人体生理极限，强令劳动者从事超强度体力劳动；迫使劳动者在持续紧张或其他恶劣工作环境下劳动；严重违反人体生理规律的劳动组织安排；等等。据有关专家预测，如不采取有效防治措施，今后十年将有大批职业病病人出现，职业病危害导致的死亡、伤残、丧失部分劳动能力的人数将不断增加，其危害程度远远高于生产安全事故和交通事故。许多职业病严重损害了劳动者的健康及劳动能力，其治疗和康复费用昂贵，给用人单位、国家和劳动者造成巨大损失，严重影响经济社会的进步和发展。因此，必须强化预防、控制和消除职业病危害的法制建设和依法进行监督管理。

（二）我国职业病的发展趋势

进入21世纪以来，我国职业病危害出现三大转移趋势：职业病危害正在由城市工业区向农村转移，由东部地区向中西部地区转移，由大中型企业向中小型企业转移，职业病危害分布越来越广。

1. 由城市工业区向农村转移

随着我国城市化进程的加快，往日的一片片农田变成了一个个工厂，特别是一些个体私营企业的迅速崛起，为解决城乡居民的就业问题做出了巨大贡献。但由此带来的负面作用也是有目共睹的，环境的污染和生态的破坏使许多地方的绿水青山被污水覆盖、浓烟笼罩。另外，有关专家在对外出务工人员密集的省市进行调研时发现，由于这些人群文化水平较低，缺乏一技之长，只能从事一些脏、乱、差的工作，加之自我保护意识淡薄、制度缺失、监管缺位等，农民工职业病状况出现了一些新趋势，患病人数逐年增加，病种越来越多，危害越来越大。

农民工群体频频遭遇职业病危害，反映了我国用工制度的不合理和卫生防护设施的不健全。我国每年也因此失去大量的劳动力，这也导致许多家庭因失去支柱而陷入贫困，职业病危害已成为一个重大的公共健康问题和社会问题。在构建和谐社会和建设社会主义新农村的今天，农民工职业病防治亟待加强。

2. 由东部地区向中西部地区转移

在中西部地区发展过程中，一些地方和单位片面强调经济发展，降低招商引资门槛，致使对一些重污染企业的立项、准入、监管过程把关不严，大量未经职业病危害评价审查的企业由东部地区向中西部地区转移，开工投产，相应地职业病危害也向中西部地区转移。

3. 由大中型企业向中小型企业转移

有统计显示，在我国各类型企业中，中小型企业占90%以上，吸纳了大量劳动力，特别是农村劳动力。有关专家指出，我国职业病危害突出反映在中小型企业中，特别是一些个体私营企业。这类企业往往对职业病危害认识不够、工艺落后、设备简陋、制度不健全、员工素质低下等，因此，职业病也就不可避免地呈上升趋势。

4. 都市新职业病发生呈上升趋势

据国家卫生健康委调查发现，目前都市白领的职业病隐患，主要是由于工作环境密封过严、新鲜空气的补充量不够、办公室的设施没有达到标准及长期静坐运动不足而引起的不适。研究发现，现代高科技非但没有提高工作环境质量，还可能引发大量与职业相关的疾病，与工作环境相关的疾病数量在今后十年内可能呈上升趋势。

虽然我国目前还没有针对新职业病做出具体界定，但进行这方面研究的呼声一直很高，只是提上议事日程尚需一段时间。毕竟，将这些与新兴职业相关的疾病纳入职业病防治规范需要大量投入，要对每个职业人群进行病态调查、分析、总结，最后才有可能被采纳。不过，将那些与新兴职业相关的疾病纳入职业病防治规划已经成为趋势。随着社会的发展，企业也将采取更全面的职业病防护措施，为白领们提供各种劳动防护、健康检查、职业病诊疗等项目。

（三）职业病的防治

1．用人单位的责任要强化落实

《中华人民共和国职业病防治法》明确规定用人单位是职业病防治的责任主体。因此，用人单位应当为劳动者提供符合国家职业卫生标准和卫生要求的工作环境与条件，采取措施保障劳动者获得职业卫生保护，建立健全职业病防治制度，对本单位产生的职业病危害后果承担责任，并依法参加工伤保险。

2．加强职业病防治机构建设

针对目前各级职业病监管部门普遍面临的机构不健全、监管人员少、技术装备差、经费无保证等实际困难，建议各级政府加强职业病防治机构建设，把职业病防治机构建设纳入中央和地方疾病预防控制体系。同时，制定吸引人才的政策，引导多学科高素质技术人才加入职业病防治的专业队伍，甚至可以考虑设立职业卫生师这样一个技术系列，实行注册管理，从而使职业病防治的技术支撑体系更为完善。

3．加强职业病防治监管

尽管在《中华人民共和国职业病防治法》中已经明确了各级政府和有关行政部门在职业病防治工作中的监督和管理职责，但在现实工作中一般只有卫生行政部门在"独家"兼管。造成这些问题的原因之一是各级政府对职业病防治工作重视不够，有关行政部门各管一段、互不衔接，没能形成通力合作、齐抓共管的局面。例如，安全生产部门执法监督不到位，劳动保障部门对用人单位违法使用农民工的监管不力，卫生部门对职业病防治机构的定位不够准确，等等。因此，政府应当加强职业病监管力度，使一些防范措施落实到位，以减少职业病的危害。

**案例介绍：**

2017 年 7 月，码砖工谭某向从重庆市綦江区连城建材有限公司离职，未做离职体检；2017 年 9 月，谭某向参加重庆市綦江区渝南建材有限公司安排的岗前体检，被查出疑似尘肺。

谭某向从 2015 年 3 月起在重庆市綦江区连城建材有限公司从事保温砖码砖工作。2015 年 8 月 14 日，重庆市綦江区连城建材有限公司组织谭某向在重庆南桐矿业有限责任公司总医院进行岗前职业健康检查，该院于同月 17 日出具体检结果为"右中肺页结节状致密影，建议 CT 扫描及随访，双肺未见大小阴影"；同月 24 日，加盖有重庆市职业病防治院职业病体检专用章的体检结果载明"未发现目标疾病"。重庆市綦江区连城建材有限公司于 2015 年 9 月 16 日为谭某向参加了工伤保险，2017 年 7 月 11 日停保。2017 年 7 月，谭某向与重庆市綦江区连城建材有限公司解除劳动关系，离岗前公司未组织谭某向进行离岗前体检。

2017 年 9 月 13 日，谭某向前往重庆松藻煤电有限责任公司总医院参加重庆市綦江区渝南建材有限公司安排的上岗前体检，该院出具的体检结论为"疑似尘肺，检查结果可能与职业接触有关，建议重庆市疾病预防控制中心或重庆市职业病防治院进一步明确诊断"。2017 年 10 月 10 日，重庆市疾病预防控制中心出具《职业病诊断证明书》，载明用人单位名称为"重庆市綦江区连城建材有限公司"，职业病危害接触史为"从 2015 年 3 月到 2017 年 7 月在重庆市綦江区连城建材有限公司从事码砖工作"，诊断结论为"职业性矽肺二期"。

2018 年 1 月 24 日，谭某向向重庆市綦江区人社局申请工伤认定，重庆市綦江区人社局于 2018 年 2 月 6 日受理了谭某向的申请，并于 2018 年 3 月 22 日做出《认定工伤决定书》（綦江人社伤险认字〔2018〕206 号），认定谭某向所患职业病属于工伤，工伤责任主体为重庆市綦江区连城建材有限公司。

重庆市綦江区连城建材有限公司不服重庆市綦江区人社局的工伤认定，遂提起诉讼。

裁判：

重庆市綦江区人民法院经审理认为，谭某向在原告单位上班后，原告单位于 2015 年 8 月 14 日组织谭某向进行职业健康检查，体检结果是未发现目标疾病。谭某向于 2017 年 7 月 7 日与原告解除劳动关系，解除劳动关系时原告未安排谭某向做离岗体检。谭某向在离开原告单位约两个月后去重庆市綦江区渝南建材有限公司应聘，在该公司组织的岗前体检中发现疑似职业病，2017 年 10 月 10 日经重庆市疾病预防控制中心确诊为职业性矽肺二期。因此，被告在谭某向申请认定工伤过程中认定其职业性矽肺二期是在原告单位工作期间造成的事实清楚，证据确凿，本院予以支持。遂判决：驳回原告重庆市綦江区连城建材有限公司的诉讼请求。

案件宣判后，重庆市綦江区连城建材有限公司不服宣判结果，向重庆市第五中级人民法院提起上诉。重庆市第五中级人民法院经审理判决驳回上诉，维持原判。

[资料来源：职业病网（www.zybw.com）]

# 第七章

## 职业健康安全管理体系与模式

1. 了解职业健康安全管理体系产生的背景
2. 基本掌握职业健康安全管理体系的主要内容
3. 初步把握职业健康安全管理体系的审核与认证流程
4. 掌握我国安全生产管理机制的建立与发展

职业健康安全管理体系（Occupational Health and Safety Management System，简称 OHSMS）是用人单位全部管理体系的一个组成部分，以实现职业安全与健康方针为目的，并且保证这一方针得以有效实施。它与用人单位的全面管理职能有机结合，而且是一个动态的、自我调节和完善的系统，涉及用人单位安全健康的一切活动。OHSMS 的总要求是建立并保持职业安全体系，促进用人单位持续改进职业安全绩效，遵守适用的职业安全与健康法律、法规和其他要求，确保员工的安全与健康。

## 第一节　职业健康安全管理体系产生的背景

职业健康安全管理体系是 20 世纪 80 年代后期在国际上兴起的现代安全生产管理模式。它与 ISO 9000 和 ISO 14000 等标准化管理体系一起被称为后工业化时代的管理方法。

OHSMS 产生的主要背景之一是企业自身发展的需要。随着企业规模的扩大和生产集约化程度的提高，对企业的质量管理和经营模式提出了更高的要求，企业不得不随之采用现代化的管理模式，使包括安全生产管理在内的所有生产经营活动科学化、标准化、法律化。OHSMS 产生的另一个主要背景是当前国际经济形势的需要。在全球经济一体化潮流的推动下，企业的社会责任和劳工标准等问题愈来愈引起各国的关注与重视。

## 一、国际职业健康安全管理体系的发展历史及现状

早在 20 世纪 80 年代末 90 年代初，一些跨国公司和大型的现代化联合企业为强化自己的社会关注力和控制损失的需要，开始建立自律性的职业健康安全与环境保护的管理制度，并逐步形成了比较完善的体系。关贸总协定（GATT）乌拉圭回合谈判协议中提出：各国不应由于法规和标准差异而造成非关税贸易壁垒和不公平贸易，应尽量采用国际标准。考虑到质量管理、环境管理和职业安全与健康管理的相关性，20 世纪 90 年代中后期，国际标准化组织（ISO）一直在努力使职业健康安全管理体系发展成为与 ISO 9000 和 ISO 14000 类似的规模。

1996 年 9 月，ISO 召开了职业健康安全管理体系标准化国际研讨会，来自 44 个国家及 IEC、ILO、WTO 等 6 个国际组织的共计 331 名代表参加了该研讨会，会中讨论是否制定职业健康安全管理体系国际标准，结果未就此达成一致意见。随后，ISO 在 1997 年 1 月召开的技术管理委员会（TMB）会议上决定，暂不颁布该类标准。但许多国家和国际组织继续在本国或所在地区发展这一标准，如澳大利亚、挪威、丹麦、西班牙等国，其中澳大利亚态度最为明确，认为既然迟早要开展此项工作，不如尽早进行。另有一些国家强调建立各自的 OHSMS 标准，认为职业安全与健康问题较复杂，涉及劳工权益、国家利益及主权等问题，并不认为目前制定国际标准的时机已经成熟，但都在紧锣密鼓，加紧建立自己的 OHSMS 标准。

1996 年，英国颁布了 BS 8800《职业健康安全管理体系指南》，美国工业卫生协会（AIHA）制定了关于职业健康安全管理体系的指导性文件；1997 年，澳大利亚/新西兰提出了《职业健康安全管理体系原则、体系和支持技术通用指南》草案，日本工业安全健康协会（JISHA）提出了《职业健康安全管理体系导则》，挪威船级社（DNV）制定了《职业安全健康管理体系认证标准》；1999 年，英国标准协会（BSI）、挪威船级社等 13 个组织提出了职业健康安全评价系列标准，即 OHSAS 18001《职业健康安全

管理体系 规范》，以及 OHSAS 18002《职业健康安全管理体系 OHSAS 18001 实施指南》。

1999 年 4 月，在巴西召开的第 15 届世界职业安全健康大会上，国际劳工组织提出将像贯彻 ISO 9000 和 ISO 14000 一样，依照 ILO 的第 155 号公约和第 161 号公约等推行企业健康安全评价和规范化的管理体系，并按照制定的质询表，逐一评估企业安全健康状况。这就表明职业健康安全管理标准化问题成为继质量管理、环境管理标准化之后世界各国关注的又一管理标准化问题。

在跨入新世纪之际，职业健康安全管理体系引起国际上更广泛的关注。ILO 从 1998 年开始制定国际化的职业健康安全管理体系文件，专门召开了两次会议并形成了一个 ILO 的 OHSMS 指南，经过与 ISO 协商，ILO 于 2000 年 2 月又发表了推动 OHSMS 工作的报告书，使 OHSMS 形成一个国际行动。2001 年 6 月，在第 281 次理事会会议上，ILO 理事会审议、批准印发了《职业健康安全管理体系导则》（ILO—OHS 2001），使职业健康安全管理体系的实施成为今后安全生产领域最主要的工作内容之一。

ILO《职业健康安全管理体系导则》中推荐的职业健康安全管理体系国家框架如图 7-1 所示。

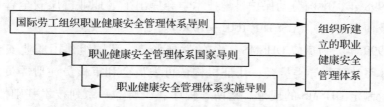

**图 7-1 职业健康安全管理体系国家框架的核心要素**

## 二、我国职业健康安全管理体系的发展历史及现状

我国在职业健康安全管理标准化问题提出之初就予以了高度关注和重视。

1995 年 1 月，国家技术监督局开始向有关部门征求意见；同年 4 月，受国家技术监督局委托，劳动部派代表参加了 ISO/OHS 特别工作小组，并分别参加了 1995 年 6 月和 1996 年 1 月 ISO 组织召开的两次 OHS 特别工作小组会议。

1996 年 3 月，我国成立了"职业安全卫生管理标准化协调小组"，并于同年 6 月召开了由 20 多个部委和中央直属企业参加的关于 OHSMS 的研讨会。

1996 年 8 月 29 日，劳动部科技办组织召开了由劳动部职业安全卫生与锅炉压力容器安全监察局、矿山安全监察局、国际合作司、劳动保护科学研究所、劳动情报文献中心的有关人员参加的部内研讨会，会中介绍了 ISO 关注 OHS 领域的由来、最新进展。

1996 年 9 月，我国派出由劳动部等单位组成的 8 人代表团，参加了 ISO 组织的 OHSMS 国际研讨会，参与了其中的小组讨论，并在政府组中做了小组发言，阐述了我国的观点。随后，中国劳动保护科学技术学会、劳动部劳动保护科学研究所等单位开展了职业健康安全管理体系标准研究工作，收集和翻译了当时国际上出现的几个主要版本的 OHSMS 标准，形成了研究总结报告，建议政府部门尽早推广 OHSMS 的认证工作，并提出在我国推行 OHSMS 工作的具体意见。

1997 年，中国石油天然气总公司参照美国等国石化企业推行 HSE 管理体系的经验，制定了《石油天然气工业健康、安全与环境管理体系》《石油地震队健康、安全与环境管理规范》《石油天然气钻井健康、安全与环境管理体系指南》三个行业标准。

1998 年，中国劳动保护科学技术学会提出了《职业健康安全管理体系规范及使用指南》（CSSTLP 1001—1998）。

1999 年，为适应 OHSMS 工作的发展形势，我国组建了职业安全健康管理体系认证指导委员会、认证机构认可委员会和审核员注册委员会，组织力量制定 OHSMS 的规范、指南、程序、注册等一系列技术基础性文件。同年 10 月，国家经贸委颁布了《职业安全卫生管理体系试行标准》并下发了在国内开展 OHSMS 试点工作的通知。

2000 年 7 月，国家经贸委发文成立了全国职业安全卫生管理体系认证指导委员会、全国职业安全卫生管理体系认证机构认可委员会及全国职业安全卫生管理体系审核员注册委员会，为推动我国职业健康安全管理体系工作的进展，提供了组织和机制上的保证。

2001 年 12 月，国家经贸委依据我国职业安全与健康法律法规，结合其颁布并实施《职业安全卫生管理体系试行标准》所取得的经验，参考国际劳工组织《职业健康安全管理体系导则》，制定并发布了《职业安全健康管理体系指导意见》和《职业安全健康管理体系审核规范》，进一步推动了我国职业健康安全管理工作向科学化、规范化方向发展。

国家经贸委在《职业安全健康管理体系指导意见》中规定：国家安全生产监督管理局负责拟定、实施和定期评审国家关于在用人单位内建立和推进职业安全健康管理体系的政策。

为确保国家政策及其实施计划的一致性，有关机构在职业安全健康管理体系框架中应承担如下职责：

（1）国家安全生产监督管理局负责我国职业安全健康管理体系工作的统一管理和宏观控制，保证各机构间的必要协作关系，并定期评审职业安全健康管理体系工作的有效性。

（2）职业安全健康管理体系认证指导委员会负责指导全国职业安全健康管理体系认证工作。指导委员会设职业安全健康管理体系认证机构认可委员会和职业安全健康管理体系审核员注册委员会，分别负责认证单位的资格认可工作和审核员的培训、考核和注册工作。

（3）国家经贸委安全科学技术研究中心为全国的职业安全健康管理体系工作提供技术支持，拟定职业安全健康管理体系审核规范及实施指南。

（4）国务院有关部门和地方政府的安全生产监督管理机构在各自职责范围内和本地区推动职业安全健康管理体系工作。

（5）国家认可的职业安全健康服务机构协助用人单位建立并保持职业安全健康管理体系。

上述规定充分体现了我国安全生产管理体制各层次的参与，发挥各级各类行政部门和技术服务机构在推动用人单位建立和实施职业健康安全管理体系中的作用。

我国的职业健康安全管理体系国家框架如图 7-2 所示。

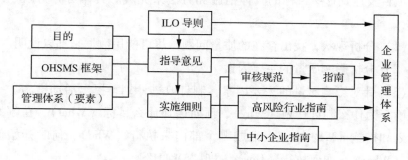

**图 7-2　我国职业健康安全管理体系国家框架**

2002 年 3 月，国家安全生产监督管理局、国家煤矿安全监察局联合下发了《关于调整全国职业安全健康管理体系认证指导委员会及工作机构组成人员的通知》，对全国职业安全健康管理体系认证指导委员会及其下设机构组成人员进行了调整和充实。

# 第二节　职业健康安全管理体系的主要内容

职业健康安全管理体系包括方针、组织、计划与实施、评价和改进措施五大要素，要求这些要素不断循环，持续改进，其核心内容是危险因素的辨识、评价与控制。

## 一、OHSMS 的管理理论基础

ISO 9000 质量管理体系、ISO 14000 环境管理体系和 OHSMS 系列国际标准，都采用了最早用于质量管理的戴明管理理论和运行模型。

戴明是世界著名的质量管理专家，他把全面质量管理工作作为一个完整的管理过程，分解为前后相关的 P、D、C、A 四个阶段，即 P（Plan）——计划阶段；D（Do）——实施阶段；C（Check）——检查阶段；A（Act）——评审改进阶段。

（一）PDCA 循环的内容

P 阶段：计划。要以适应用户的要求和取得最佳经济效果和良好的社会效益为目标，通过调查、设计、试制、制定技术经济指标、质量目标、管理项目及达到这些目标的具体措施和方法来完成。具体可分为以下四个方面：

（1）分析现状，找出存在的质量问题，尽可能用数据来加以说明。

（2）分析影响质量的主要因素。

（3）针对影响质量的主要因素，制订改进计划，提出活动措施。一般要明确：为什么制订计划（Why）、预期达到什么目标（What）、在哪里实施计划和措施（Where）、由谁或哪个部门来执行（Who）、何时开始何时完成（When）、如何执行（How），即"5W1H"。

（4）按照既定计划严格落实措施。运用系统图、箭条图、矩阵图、过程决策程序图等工具。

D 阶段：实施。将所制订的计划和措施付诸实施。

C 阶段：检查。对照计划，检查实施的情况和效果，及时发现实施过程中的问题并总结经验。根据计划要求，检查实际实施的结果，看是否达到了预期效果。可采用直方图、控制图、过程决策程序图及调查表、抽样检验等工具。

A 阶段：处理。根据检查结果，把成功的经验纳入标准，以巩固成绩；分析失败的教训或不足之处，找出差距，转入下一次循环，以利改进。具体可分为以下两个方面：

（1）根据检查结果进行总结，把成功的经验和失败的教训都纳入标准、制度或规定以巩固已取得的成绩。

（2）提出这一循环尚未解决的问题，将其纳入下一次 PDCA 循环。

上述四个阶段中会有八个方面的具体工作活动，如图 7-3 所示。

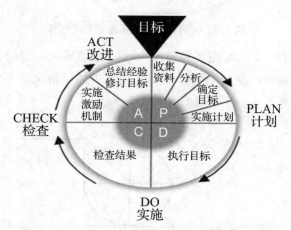

**图 7-3 PDCA 循环的四个阶段八项活动示意图**

（二）PDCA 循环的特点

（1）科学性。PDCA 循环符合管理过程的运转规律，是在准确可靠的数据资料基础上，采用数理统计方法，通过分析和处理工作过程中的问题而运转的。

（2）系统性。在 PDCA 循环过程中，大环套小环，环环紧扣，把前后各项工作紧密结合起来，形成一个系统。在质量保证体系及 OHSMS 中，整个企业的管理构成一个大环，而各部门都有自己的控制循环，直至落实到生产班组及个人。上一级循环是下一级循环的依据，下一级循环是上一级循环的组成和保证。于是，在管理体系中就出现了大环套小环、小环保大环、一环扣一环，都朝着管理的目标方向转动的情形，形成相互促进、共同提高的良性循环，如图 7-4 所示。

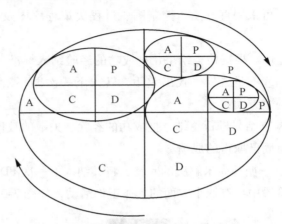

**图 7-4　戴明管理模式不断循环的过程**

（3）彻底性。PDCA 循环每转动一次，必须解决一定的问题，提高一步；遗留问题和新出现的问题在下一次循环中加以解决，再转动一次，再提高一步。循环不止，不断提高，如图 7-5 所示。

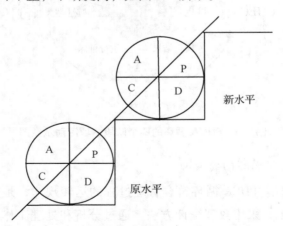

**图 7-5　戴明管理模式持续改进和不断提高的过程**

## 二、HSE 管理体系

HSE 管理体系是健康、安全、环境管理体系的简称，起源于以壳牌石油公司为代表的国际石油行业。为了有效地推动我国石油天然气行业的职业安全卫生管理体系工作，使健康、安全、环境管理体系符合国际通行的惯例，提高石油天然气行业生产与健康、安全、环境管理水平，提高国内石油企业在国际上的竞争力，1997年6月27日，中国石油天然气总公司发布了《石油天然气工业健康、安全与环境管理体系》（SY/T 6276—1997），使HSE管理体系在我国的石油天然气行业得到推广，同时也对我国各行业的工业安全管理产生影响。

HSE管理体系标准是一项关于企业内部职业安全卫生管理体系的建立、实施与审核的通用性标准。主要是为了使各种组织通过经常化和规范化的管理活动实现健康、安全、环境管理的目标，目的在于指导、组织、建立和维护一个符合要求的职业安全卫生管理体系，再通过不断地评价、评审和审核活动，推动这个体系的有效运行，使职业安全卫生管理水平不断提高。

HSE管理体系标准既是组织建立和维护职业安全卫生管理体系的指南，又是进行职业安全卫生管理体系审核的规范及标准。HSE管理体系由7个一级要素和26个二级要素构成（表7-1）。

表 7-1　HSE 管理体系要素

| 一级要素 | 二级要素 |
|---|---|
| 领导和承诺 | — |
| 方针和战略目标 | — |
| 组织结构、资源和文件 | 组织结构和职责；管理代表；资源；能力；承包方；信息交流；文件及其控制 |
| 评价和风险管理 | 危害和影响的确定；建立判别准则；评价；建立说明危害和影响的文件；具体目标和表现准则；风险削减措施 |
| 规划（策划） | 总则；设施的完整性；程序和工作指南；变更管理；应急反应计划 |
| 实施和监测 | 活动和任务；监测；记录；不符合的纠正措施；事故报告；事故调查处理 |
| 审核和评审 | 审核；评审 |

## 三、OHSMS 管理要素

我国相关的OHSMS标准包括《职业安全卫生管理体系试行标准》《石

油天然气工业健康、安全与环境管理体系》《石油地震队健康、安全与环境管理规范》《石油天然气钻井健康、安全与环境管理体系指南》等，尽管其内容表述存在一定差异，但其核心内容都体现了系统安全的基本思想，管理体系的各个要素都围绕着管理方针与目标、管理过程与模式、危险源的辨识、风险评价、风险控制、管理评审等展开。目前，国家经贸委颁布的《职业安全健康管理体系审核规范》（2001 年）和国家标准局发布的《职业健康安全管理体系》系列标准都充分吸收了科学管理的精髓，借鉴了国内外相关标准的长处。

《职业安全卫生管理体系试行标准》主要包括三个部分：第一部分是范围，主要对标准的意义、适用范围和目的做概要性陈述；第二部分是术语和定义，对涉及的主要术语进行定义；第三部分是 OHSMS 要素，具体涉及 21 个基本要素（6 个一级要素，15 个二级要素），这一部分是 OHSMS 试行标准的核心内容。表 7-2 列出了要素的条目。

表 7-2 OHSMS 要素

| 一级要素 | 二级要素 |
|---|---|
| 一般要求 | — |
| 职业安全卫生方针 | — |
| 计划 | 危害辨识、危险评价和危险控制计划；法律及法规要求；目标；职业安全卫生管理方案 |
| 实施与运行 | 机构和职责；培训、意识和能力；协商与交流；文件；文件和资料控制；运行控制；应急预案与响应 |
| 检查与纠正措施 | 绩效测量和监测；事故、事件、不符合、纠正与预防措施；记录和记录管理；审核 |
| 管理评审 | — |

OHSMS 的基本思想是实现体系持续改进，通过周而复始地进行"计划、实施、监测、评审"活动，体系功能得到不断加强。它要求组织在实施 OHSMS 时始终保持持续改进意识，结合自身管理状况对体系进行不断修正和完善，最终实现预防和控制事故、职业病及其他损失事件的目的。

一个企业或组织的职业安全卫生方针体现了该企业或组织开展职业安全卫生管理的基本原则和实现风险控制的总体职业安全卫生目标。

危害辨识、危险评价和危险控制计划，是企业或组织通过职业安全卫生管理体系的运行，实行风险控制的开端。企业或组织应遵守的职业安全卫生法律、法规及其他要求，为企业或组织开展职业安全卫生管理、实现良好的职业安全卫生绩效指明了基本行为方向。职业安全卫生目标旨在实现它的管理方案，是企业或组织降低其职业安全卫生风险、实现职业安全卫生绩效持续改进的途径和保证。

明确企业或组织内部管理机构和成员的职业安全卫生职责，是企业或组织成功运行职业安全卫生管理体系的根本保证。搞好职业安全卫生工作，需要企业或组织内部全体人员具备充分的认识和能力，而这种认识和能力需要通过适当的教育、培训和经历来获得及判定。企业或组织保持与内部员工和相关方的职业安全卫生信息交流，是确保职业安全卫生管理体系持续适用性、充分性和有效性的重要方面。对职业安全卫生管理体系实行必要的文件化及对文件进行控制，也是保证体系有效运行的必要条件。对于企业或组织存在的危险源所带来的风险，除了通过目标、管理方案进行持续改进外，还要通过文件化的运行控制程序或应急准备与响应程序来进行控制，以保证企业或组织全面的风险控制和取得良好的职业安全卫生绩效。

对企业或组织的职业安全卫生行为要保持经常化的监测，这其中包括组织遵守法规情况的监测，以及职业安全卫生绩效方面的监测。对于所产生的事故、不符合要求的事件，企业或组织要及时纠正，并采取预防措施。良好的职业安全卫生记录和记录管理，也是企业或组织职业安全卫生管理体系有效运行的必要条件。职业安全卫生管理体系审核的目的是检查职业安全卫生管理体系是否得到了正确的实施和保持。它为进一步改进职业安全卫生管理体系提供了依据。管理评审是组织的最高管理者对职业安全卫生管理体系所做的定期评审，其目的是确保体系的持续适用性、充分性和有效性，最终达到持续改进的目的。

OHSMS 的特征是：系统性特征；先进性特征；动态性特征；预防性特征；全过程控制特征。

OHSMS 的运行特点是：体系实施的起点是领导的承诺和重视；体系实施的核心是持续改进；体系实施的重点是作业风险防范；体系实施的准绳是法律、法规、标准和相关要求；体系实施的关键是过程控制；体系实施的依据是程序化、文件化管理；综合管理与一体化特征；功能特征。

# 第三节　职业健康安全管理体系的审核与认证

## 一、OHSMS 审核

OHSMS 审核是指依据 OHSMS 标准及其他审核准则，对用人单位 OHSMS的符合性和有效性进行评价的活动，以便找出受审核方 OHSMS 存在的不足，使受审核方完善其 OHSMS，从而实现职业安全与健康绩效的不断改进，达到对工伤事故及职业病进行有效控制的目的，以保护员工及相关方的安全与健康。

OHSMS 审核的目的通常有以下几种：确定受审核方建立的体系是否符合 OHSMS 审核准则（即文件化的体系是否正确）；判定受审核方建立的 OHSMS 是否得到了正确的实施与保持；确定体系的充分性、适应性和有效性；发现受审核方 OHSMS 中可予以改进的领域；实施第三方认证。

OHSMS 审核的准则可以归纳为以下三条：①根据 OHSMS 标准规定的审核准则之一进行；②根据职业健康安全管理手册、程序文件及其他相关 OHSMS 文件要求进行；③根据适用于组织的职业安全与健康法律、法规和其他要求进行。

OHSMS 审核的分类方法有两种：一种是按侧重的主题事项划分，可包括符合性审核、应负的责任审核和 OHSMS 审核等；另一种是按审核方与受审核方的关系划分，可分为内部审核和外部审核两种基本类型，内部审核又称第一方审核，外部审核又分为第二方审核和第三方审核。

OHSMS 审核的一般顺序：确定任务；审核准备；现场审核；编写审核报告；纠正措施的跟踪；审核结果的汇总分析。审核前需要做如下准备工作：制订计划；组成审核组；编制检查表；通知受审核部门并约定具体的审核时间。审核实施的基本程序：召开首次会议；现场审核；确定不符合项和编写不符合报告；审核结果的汇总分析；召开末次会议；编写审核报告；审核工作方法。

## 二、OHSMS 认证

OHSMS 认证是认证机构依据规定的标准及程序，对受审核方的 OHSMS

实施审核，确认其符合标准要求而授予其证书的活动。认证的对象是用人单位的 OHSMS，认证的方法是 OHSMS 审核，认证的过程需要遵循规定的程序，认证的结果是用人单位取得认证机构的 OHSMS 认证证书和认证标志。

OHSMS 认证的意义在于促进企业建立现代企业制度，保障国家经济可持续发展；规范企业或组织 OHSMS，提高全社会的职业安全与健康保障水平；预防和控制事故的发生，保持社会稳定；保障从业人员生命安全与健康，提高人民生存质量。对于企业或组织，获得 OHSMS 认证，具有如下意义：表明企业或组织建立了适应现代社会要求的 OHSMS 和机制；证明企业或组织在安全生产保障和事故预防的能力方面达到了较好的水平；作为国际社会的通行惯例，在职业健康安全管理方面，企业获得了进入国际市场的"通行证"；随着持续的改进和提高，职业健康安全管理进入了一种良性的轨道；在遵守国家法律、行业规程、技术标准、从业人员需求的符合性方面，达到应有的层次；为保障企业安全生产、促进企业经济效益创造了良好的管理条件；在合作信誉、市场机会、信贷信誉、商业可信度等方面，都有实际的意义和价值。

OHSMS 认证的实施程序包括认证的申请与受理、审核的策划与准备、审核的实施、纠正措施的跟踪与验证，以及审批发证及认证后的监督与复评。

（一）OHSMS 认证的申请与受理

1. OHSMS 认证的申请

符合体系认证基本条件的用人单位如果需要通过认证，则应以书面形式向认证机构提出申请，并向认证机构递交以下材料：

（1）申请认证的范围。

（2）申请方同意遵守认证要求，提供审核所必要的信息。

（3）申请方一般简况。

（4）申请方安全情况简介，包括近两年中的事故发生情况。

（5）申请方 OHSMS 的运行情况。

（6）申请方对拟认证体系所适用标准或其他引用文件的说明。

（7）申请方 OHSMS 文件。

2. OHSMS 认证的受理

认证机构在接收到申请认证单位的有效文件后，对其申请进行受理，申请受理的一般条件是：

（1）申请方具有法人资格，持有有关登记注册证明，具备二级或委托方法人资格也可。

（2）申请方应按 OHSMS 标准建立了文件化的 OHSMS。

（3）申请方的 OHSMS 已按文件的要求有效运行，并至少已做过一次完整的内审及管理评审。

（4）申请方的 OHSMS 有效运行，一般应将全部要素运行一遍，并至少有 3 个月的运行记录。

3. OHSMS 认证的合同评审

在申请方具备以上条件后，认证机构应就申请方提出的条件和要求进行评审，确保：

（1）认证机构的各项要求规定明确，形成文件并得到理解。

（2）认证机构与申请方之间在理解上的差异得到充分的理解。

（3）针对申请方申请的认证范围、运作场所及某些特点来要求（如申请方使用的语言、申请方认证范围内所涉及的专业等），对本机构的认可业务是否包含申请方的专业领域进行自我评审，若认证机构有能力实施对申请方的认证，双方则可签订认证合同。

（二）OHSMS 审核的策划与准备

OHSMS 审核的策划与准备是现场审核前必不可少的重要环节，它主要包括确定审核范围、指定审核组长并组成审核组、制订审核计划及准备审核工作文件等工作内容。

1. 确定审核范围

审核范围是指受审核 OHSMS 所覆盖的活动、产品和服务的范围。确定审核范围实质上就是明确受审核方做出持续改进及遵守相关法律法规和其他要求的承诺，保证其 OHSMS 实施和正常运行的责任范围。因此，准确地界定和描述审核范围，对认证机构、审核员、受审核方、委托方及相关方都是极其重要的问题。在 OHSMS 认证的过程中，从申请的提出和受理、合同评审、确定审核组的成员和规模、制订审核计划、实施认证到认证证书的表达无不涉及审核范围。

2. 组建审核组

组建审核组是审核策划与准备中的重要工作，也是确保 OHSMS 审核工作质量的关键。认证机构在对申请方的 OHSMS 进行现场审核前，应根据申请方的各种考虑因素，指派审核组长和成员，确定审核组的规模。

3. 制订审核计划

审核计划是指现场审核人员和日程安排及审核路线的确定（一般应至少提前 1 周由审核组长通知受审核方，以便其有充分的时间准备和提出异议）。审核计划应经受审核方确认，包括在首次会议上的确认，如受审核方有特殊情况，审核组可适当加以调整。

OHSMS 审核一般分为两个阶段，即第一阶段审核和第二阶段现场审核，由于这两个阶段审核工作的侧重点有所不同，因此需要分别制订审核计划。

4. 编制审核工作文件

OHSMS 审核是依据审核准则对用人单位的 OHSMS 进行判定和验证的过程。它强调审核的文件化和系统化，即审核过程要以文件的形式加以记录，因此，审核过程中需要用到大量的审核工作文件，实施审核前应认真进行编制，以此作为现场审核时的指南。

现场审核中需要用到的审核工作文件主要包括：审核计划、审核检查表、首末次会议签到表、审核记录、不符合报告、审核报告。

（三）OHSMS 审核的实施

OHSMS 审核通常分为两个阶段，即第一阶段审核和第二阶段现场审核。第一阶段审核又由文件审核和第一阶段现场审核两部分组成。

1. 文件审核

文件审核的目的是了解受审核方的 OHSMS 文件（主要是管理手册和程序文件）是否符合 OHSMS 审核标准的要求，从而确定是否进行现场审核，同时通过文件审核，了解受审核方的 OHSMS 运行情况，以便为现场审核做准备。

2. 第一阶段现场审核

第一阶段现场审核的目的主要有三个方面：一是在文件审核的基础上通过了解现场情况收集充分的信息，确认体系实施和运行的基本情况和存在的问题，并确定第二阶段现场审核的重点；二是确定进行第二阶段现场审核的可行性和条件，即通过第一阶段审核，审核组提出体系存在的问题，受审核方应按期进行整改，只有在整改完成之后，方可进行第二阶段现场审核；三是现场对用人单位的管理权限、活动领域和限产区域等各个方面加以明确，以便确认前期双方商定的审核范围是否合理。

3. 第二阶段现场审核

OHSMS 认证审核的主要内容是进行第二阶段现场审核，其主要目的是：证实受审核方实施了其职业健康安全方针、目标，并遵守了体系的各项相应程序；证实受审核方的 OHSMS 符合相应审核标准的要求，并能够实现其方针和目标。通过第二阶段现场审核，审核组要对受审核方的 OHSMS 能否通过审核做出结论。

（四）纠正措施的跟踪与验证

现场审核的一个重要结果是发现受审核方 OHSMS 存在一定数量的不符合事项。对这些不符合事项，受审核方应根据审核方的要求采取有效的纠正措施，制订纠正措施计划，并在规定时间加以实施和完成。审核方应对其纠正措施的落实和有效性进行跟踪与验证。

（五）认证后的监督与复评

证后监督包括监督审核和管理，对监督审核和管理过程中发现的问题应及时处理，并在特殊情况下组织临时性监督审核。认证证书有效期为 3 年，有效期届满时，可通过复评，获得再次认证。

1. 监督审核

监督审核是指认证机构对获得认证的单位在证书有效期限内所进行的定期或不定期的审核。其目的是通过对获证单位的 OHSMS 的验证，确保获证单位的 OHSMS 持续地符合 OHSMS 审核标准、体系文件及法律、法规和其他要求，确保获证单位的 OHSMS 持续有效地实现既定的职业健康安全方针和目标，并有效运行，从而确认获证单位能否继续持有和使用认证机构颁发的认证证书和认证标志。

2. 复评

获证单位在认证证书有效期届满时，应重新提出认证申请，认证机构受理后，对用人单位进行的重新审核称为复评。

复评的目的是证实用人单位的 OHSMS 持续满足 OHSMS 审核标准的要求，且得到了很好的实施和保持。

## 第四节　我国安全生产管理机制的建立与发展

### 一、国家安全生产管理机制

"机制"一词来源于希腊，开始是用于机械工程学，意指机械、机械装置、机械结构及其制动原理和运行规则等；后用于生物学、生理学、医学等，用于说明有机体的构造、功能和相互关系。随着概念内涵的延伸，在宏观经济学领域，人们把社会经济体系比作一架大机器或动物机体，用"机制"说明经济机体内部各构成要素间的相互关系、协调方式和原理。因此，管理机制从系统论的观点来看，应是指管理系统的构成要素（主体）、管理要素（客体）间的相互协调和作用方式，以及运行规则。

职业健康安全管理是一个全人类共同面临的问题，世界各国对此所采取的措施都具有一些共同的规律和属性。由于各国政治制度、经济体制和发展历史的不同，其职业健康安全管理体制也存在一些差异。但随着国际经济一体化和全球化的发展，各国的职业健康安全管理体制之间出现了相互影响和渗透的趋势。在职业健康安全管理体制方面，世界上很多国家推行的是"三方原则"的管理体制或模式，即国家—雇主—雇员三方利益协调的原则。这一原则必然建立起国家为了社会和整体的利益，通过立法、执法、监督的手段；行业代表雇主或企业的利益，通过协调、综合管理的手段；工会代表雇员的利益，通过监督的手段来实现职业健康安全管理的相互督促、牵制和协调、配合的机制。

### 二、我国安全生产管理机制的建立

在我国，安全生产监督管理是督促企业落实各项安全法规、治理事故隐患、降低伤亡事故发生的有效手段。中华人民共和国成立以来，我国的安全生产监督管理制度从无到有，不断发展完善。在中华人民共和国成立前夕，中国人民政治协商会议通过的《共同纲领》中就提出了人民政府"实行工矿检查制度，以改进工矿的安全和卫生设备"。1950年5月，政务院批准的《中央人民政府劳动部试行组织条例》和《省、市劳动局暂行组织通则》规定：各级劳动部门自建立伊始，即担负起监督、指导各产业部门和工矿企业劳动保护工作的任务。1956 年 5 月，中共中央批示：劳动部门必须早日制定必要的法规制度，同时迅速将国家监督机构建立起来，对各产业部门及其所属企业劳动保护工作实行监督检查。同年 5 月 25 日，国务院在颁布"三大规程"（《工厂安全卫生规程》《建筑安装工程安全技术规程》《工人职员伤亡事故报告规程》）的决议中指出：各级劳动部门必须加强经常性的监督检查工作。

1979 年 4 月，经国务院批准，国家劳动总局会同有关部门，从伤亡事故和职业病最严重的采掘工业入手，研究加强安全立法和国家监督问题。1979 年 5 月，国家劳动总局召开全国劳动保护座谈会，重新肯定加强安全生产立法和建立安全生产监督制度的重要性和迫切性。1982 年 2 月，国务院颁布《矿山安全条例》《矿山安全监察条例》《锅炉压力容器安全监察暂行条例》，宣布在各级劳动部门设立矿山和锅炉、压力容器安全监察机构，同时，相应设立了安全生产监察机构，以执行安全生产国家监察制度。1983 年 5 月，国务院批准劳动人事部、国家经委、全国总工会《关于加强安全生产和劳动安全监察工作的报告》，要求劳动部门要尽快建立健全劳动安全监察制度，加强安全监察机构，充实安全监察干部，监督检查生产部门和企业对各项安全法规的执行情况，认真履行职责，充分发挥应有的监察作用，从而全面确立安全生产国家监察制度。1982—1995 年，由四川、湖北、天津等地区带头，相继有 28 个省、自治区、直辖市和一些城市通过了地方立法，规定了劳动行政部门（劳动局、劳动厅）是主管安全监察工作的机关，行使国家监察的职能，在本地区实行安全生产监察制度。同时，下级职业安全健康监察机构在业务上接受上级安全生产监察机构的指导。1993 年 8 月，劳动部颁布了《劳动监察规定》，对劳动监察的内容进行了明确。1994 年 7 月，全国人大常委会通过了《中华人民共和国劳动法》，进一步明确了安全生产国家监察体制。1995 年 6 月，劳动部颁布了《劳动安全卫生监察员管理办法》。上述法律法规的制定，对于建立安全生产国家监察体制和一支政治觉悟高、业务能力强的安全生产监督队伍，有着很大的推动作用。

进入 20 世纪 90 年代，随着社会主义市场经济的发展，以及企业管理制度的改革和安全管理实践的不断深入，我国逐步发现"三结合"的安全管理体制并不完善，其中主要是"行政管理"和"行业管理"的功能已不能与新的经济体制下所要求的安全管理相适应。因此，我国对安全生产管理体制进行了调整。20 世纪 90 年代以前，我国的安全生产管理解决了安全与生产"两张皮"的问题。但随着我国经济体制改革的深化和社会主义市场经济体制的逐步建立，国有企业走向市场，企业形式多样化，并成为自主经营、自负盈亏、自我发展、自我约束的主体，一些经济管理部门的行政管理职能逐步削弱。在这种情况下，为了使安全生产管理体制更加符合实际工作的需要，1993 年国务院在《关于加强安全生产工作的通知》中正式提出：实行企业负责、行业管理、国家监察和群众监督的安全生产管理体制。强调了各个经济管理部门"管理生产必须管理安全"的思想，调动了各方面的积极性。"企业负责、行业管理、国家监察、群众监督"的"四结合"的安全生产管理体制，进一步明确了企业是安全生产工作的主体，为建立"政府、企业、工会"三方协调管理机制打下了基础。在全国范围内建立起了以政府、部门、企业主要领导为第一责任人的安全生产责任制，安全生产工作责任到人、重大问题有专门领导负责解决的局面基本形成。

（一）企业负责

企业负责就是企业在其经营活动中必须对本企业的职业安全与健康负全面的责任，企业法定代表人是职业安全与健康的第一责任人。各企业应该建立安全生产责任制，在管生产的同时，必须搞好安全健康工作。这样才能实现责权的相互统一。职业安全与健康管理作为企业经营管理的重要组成部分，发挥着极大的保障作用。不能将职业安全与健康同企业效益对立起来，片面理解扩大企业经营自主权。具体地说，企业应该自觉贯彻"安全第一、预防为主、综合治理"的方针，遵守职业安全与健康的法律、法规和标准，根据国家有关规定，制定本企业职业安全与健康规章制度；必须设置安全机构，配备安全管理人员，对企业的职业安全与健康工作进行有效管理。企业还应该负责提供符合国家安全生产要求的工作场所、生产设施，加强对有毒有害、易燃易爆等危险品和特种设备的管理，对从事危险物品管理和操作的人员进行严格培训。

（二）行业管理

行业管理就是行业主管部门根据国家有关的方针、政策、法律、法规和标准，对行业职业安全与健康工作进行管理，通过计划、组织、协调、指导、监督和检查，加强对行业所属企业及归口管理的各单位的职业安全与健康工作的管理，防止和控制伤亡事故与职业病的发生。行业的安全管理不能放松。在某种程度上，一些特殊行业的主管部门还应加强对本行业安全生产工作的监管力度，如我国的煤炭系统就专门设立了煤矿安全监察局。

（三）国家监察

国家监察就是国家根据法律法规要求对职业安全与健康工作进行监察，具有相对的独立性、公正性和权威性。职业安全与健康监察部门对企业履行安全生产职责和安全健康法律、法规情况依法进行监督检查，对不遵守国家职业安全与健康法律、法规和标准的企业，要下达监察通知书，做出限期整改和停顿整改的决定，必要时可以提请当地人民政府或行业主管部门关闭企业。劳动行政主管部门要建立健全职业安全与健康监察机构，设置专职监察员。监察员要经常深入企业查隐患，查职业安全与健康法律、法规和标准的落实情况，把事故消灭在萌芽状态。

（四）群众监督

群众监督是职业安全与健康工作不可或缺的重要环节。随着新的经济体制的建立，群众监督的内涵也在扩大。除了各级工会以外，社会团体、民主党派、新闻单位等也应该共同对职业安全与健康起监督作用。这是保护员工的合法权益，保护员工生命安全与健康和国家财产不受损失的重要保证。工会监督是群众监督的主体，是工会依据《中华人民共和国工会法》和其他有关法律法规对职业安全与健康工作进行的监督。在社会主义市场经济体制不断完善的过程中，更要加大群众监督的力度，全心全意依靠职工群众搞好职业安全与健康工作，支持工会依法维护员工的安全与健康，维护员工的合法权益。工会应该充分发挥自身优势和群众监督检查网络作用，履行群众监督检查职责，发动职工群众查隐患、堵漏洞、保安全，教育职工遵章守纪，使国家的职业安全与健康方针、政策、法律、法规落实到企业、班组和个人。

总之，我国安全生产管理体制体现了全面管理的原则，即在管理的体系中要做到"纵向到底"（从各级政府到生产企业，从工厂到生产岗位），"横向到边"（政府部门综合协调，企业职能机构全面参与）。

（五）我国安全生产管理体制的层次

我国的安全生产管理体制分为四个层次，从各层次的职能来看，它们既单独发挥作用，又层层紧扣，如图 7-6 所示。企业自身的管理，是对企业本身的负责。企业应有一个较为完整的安全管理体系，同时还要接受行业管理、国家监察和群众监督。行业管理部门对本行业所属的企业及归口管理的各单位行使行业安全管理的职能，同时接受国家监察和群众监督。国家安全监察机构对企业和行业管理部门的安全工作实施国家安全检查，同时接受群众监督。群众监督的对象包括企业、行业管理部门及国家安全监察机构，对政府及有关行政部门的安全生产工作也具有监督职能。

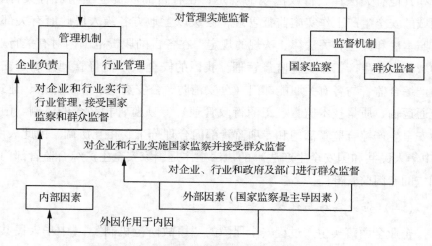

**图 7-6 我国安全生产管理体制各个方面的联系**

### 三、我国安全生产管理机制的发展

随着国家经济体制和政府管理职能的转变，以及为了与国际接轨，我国的国家安全生产管理机制向着如下模式发展：遵循"国家—企业—员工"三方需要的原则，建立"五方结构"的国家安全生产管理模式，即政府（行业）、企业（法人或雇主）、员工、社会（工会、媒体、社区或公民）、中介的"五方结构"，其管理模式为政府（行业）监管、企业负责、员工自律、社会监督、中介服务。"五方结构"的科学原则是：国家利益与社会责任相结合的原则；国际惯例与中国国情相结合的原则；系统化分层管理与全面分类管理相结合的原则。这些原则在《中华人民共和国安全生产法》中得到了基本的体现。现将《中华人民共和国安全生产法》所明确的国家安全生产总体运行机制的内容归纳如下。

（一）政府监管与指导

各级政府实施安全生产监督管理与协调指导的"监督运行机制"。《中华人民共和国安全生产法》第九条明确了政府的安全生产监督管理职能，即国务院安全生产监督管理部门依照本法，对全国安全生产工作实施综合监督管理；县级以上地方各级人民政府安全生产监督管理部门依照本法，对本行政区域内安全生产工作实施综合监督管理。国务院有关部门依照本法和其他有关法律、行政法规的规定，在各自的职责范围内对有关行业、领域的安全生产工作实施监督管理；县级以上地方各级人民政府有关部门依照本法和其他有关法律、法规的规定，在各自的职责范围内对有关行业、领域的安全生产工作实施监督管理。我国的安全生产监督管理体制是安全生产综合监管与各有关职能部门（公安消防、公安交通、煤矿监察、建筑、交通运输、质量技术监督、工商行政管理）专项监管相结合的体制。国家的安全生产综合监管部门和专项监管部门合理分工、相互协调。由此表明，《中华人民共和国安全生产法》的执法主体是国家安全生产综合监管部门和相应的专门监管部门。

（二）企业实施与保障

企业全面落实生产过程安全保障的"事故防范机制"。《中华人民共和国安全生产法》第四条规定：生产经营单位必须遵守本法和其他有关安全生产的法律、法规，加强安全生产管理，建立、健全安全生产责任制和安全生产规章制度，改善安全生产条件，推进安全生产标准化建设，提高安全生产水平，确保安全生产。第五条规定：生产经营单位的主要负责人对本单位的安全生产工作全面负责。

（三）员工权益与自律

从业人员的权益保障和实现生产过程安全作业的"自我约束机制"。《中华人民共和国安全生产法》第六条规定：生产经营单位的从业人员有依法获得安全生产保障的权利，并应当依法履行安全生产方面的义务。

（四）社会监督与参与

工会、媒体、社区和公民广泛参与的"社会监督机制"。《中华人民共和国安全生产法》第七条规定：工会依法对安全生产工作进行监督。生产经营单位的工会依法组织职工参加本单位安全生产工作的民主管理和民主监督，维护职工在安全生产方面的合法权益。第七十一条规定：任何单位或者个人对事故隐患或者安全生产违法行为，均有权向负有安全生产监督管理职责的部门报告或者举报。第七十二条规定：居民委员会、村民委员会发现其所在区域内的生产经营单位存在事故隐患或者安全生产违法行为时，应当向当地人民政府或者有关部门报告。第七十四条规定：新闻、出版、广播、电影、电视等单位有进行安全生产公益宣传教育的义务，有对违反安全生产法律、法规的行为进行舆论监督的权利。这些规定规范了我国的安全生产，发动了工会、媒体、社区和公民四方社会监督力量。

（五）中介支持与服务

建立国家认证、社会咨询、第三方审核、技术服务、安全评价等功能的"中介支持与服务机制"。《中华人民共和国安全生产法》第十三条规定：依法设立的为安全生产提供技术、管理服务的机构，依照法律、行政法规和执业准则，接受生产经营单位的委托为其安全生产工作提供技术、管理服务。中介机构凭借自身的专业优势为生产经营单位提供安全生产技术、管理服务，提高企业的安全生产保障水平和能力。

在安全生产管理模式中，企业责任是最基本的，企业安全生产的实现既是企业的归宿也是出发点。因此，企业自我管理和遵守国家法律法规是落实"五方结构"的关键；强化从业人员监督意识和维护自身职业安全与健康的权益是"五方结构"的基础；政府科学建规、立法，并依法客观、公正地进行监督，则是"五方结构"的保障。

## GB/T 45001—2020 中的部分术语和定义理解

在 GB/T 45001—2020《职业健康安全管理体系 要求及使用指南》的第三章中，共列出了 37 条术语和相应的定义。这些术语和定义是学习和理解该标准的基础，也是今后广大企业建立、保持职业健康安全管理体系及认证机构和认证人员进行职业健康安全管理体系认证的基础。

### 3.24 文件化信息（documented information）组织（3.1）需要控制并保持的信息及其载体。

注1：文件化信息可以任何形式和载体存在，并可来自任何来源。

注2：文件化信息可涉及：

（1）管理体系（3.10），包括相关过程（3.25）；

（2）为组织运行而创建的信息（文件）；

（3）结果实现的证据（记录）。

注3：该术语和定义是《"ISO/IEC 导则 第1部分"的 ISO 补充合并本》附录 SL 所给出的 ISO 管理体系标准的通用术语和核心定义之一。

**3.32 审核（audit）为获得审核证据并对其进行客观评价，以确定满足审核准则的程度所进行的系统的、独立的和文件化的过程（3.25）。**

注1：审核可以是内部（第一方）审核或外部（第二方或第三方）审核，也可以是一种结合（结合两个或多个领域）的审核。

注2：内部审核由组织（3.1）自行实施或由外部方代表其实施。

注3："审核证据"和"审核准则"的定义见 GB/T 19011。

注4：该术语和定义是《"ISO/IEC 导则 第1部分"的 ISO 补充合并本》附录 SL 所给出的 ISO 管理体系标准的通用术语和核心定义之一。

**3.36 纠正措施（corrective action）为消除不符合（3.34）或事件（3.35）的原因并防止再次发生而采取的措施。**

注：该术语和定义是《"ISO/IEC 导则 第1部分"的 ISO 补充合并本》附录 SL 所给出的 ISO 管理体系标准的通用术语和核心定义之一。由于"事件"是职业健康安全的关键因素，通过纠正措施来应对事件所需的活动与应对不符合所需的活动相同，因此，该术语和定义被改写为包括对"事件"的引用。

**3.37 持续改进（continual improvement）提高绩效（3.27）的循环活动。**

注1：提高绩效涉及使用职业健康安全管理体系（3.11），以实现与职业健康安全方针（3.15）和职业健康安全目标（3.17）相一致的整体职业健康安全绩效（3.28）的改进。

注2：持续并不意味着不间断，因此活动不必同时在所有领域发生。

注3：该术语和定义是《"ISO/IEC 导则 第1部分"的 ISO 补充合并本》附录 SL 所给出的 ISO 管理体系标准的通用术语和核心定义之一。为了澄清在职业健康安全管理体系背景下"绩效"的含义，增加了注1。为了澄清"持续"的含义，增加了注2。

# 第八章

## 职业安全与健康管理的技术、方法与测评

1. 了解职业安全与健康管理的控制技术
2. 掌握职业安全与健康管理的方法
3. 逐步认识安全生产管理的综合测评技术
4. 宏观认识职业安全与健康管理的多种手段

　　职业安全与健康问题，一方面是由于生产条件落后造成的，另一方面是由于管理不善造成的。前者可以通过技术手段改善生产条件来解决，后者只能通过加强管理予以解决。为保证企业的安全生产与健康管理工作落到实处，采用现代安全管理的方法和控制技术非常重要。

## 第一节　职业安全与健康管理的控制技术

　　安全人机工程学是运用人机工程学的理论和方法研究"人—机—环境"系统，并使三者从安全的角度上达到最佳匹配，以确保系统高效、经济运行的一门综合性的边缘科学。本章沿用安全人机工程学、行为科学的主要观点，从物的不安全状态、人的不安全行为及环境因素三方面来探讨事故控制技术和方法。

### 一、物的不安全状态的控制

　　一般企业是从设计、施工、采购、监测、维修几个方面控制物的不安

全状态。

（一）设计

一般企业在设计实践中为了控制物的不安全状态，经常会进行以下几方面的设计：基本安全功能设计，增加安全系数，减低负荷，冗余设计，故障—安全设计，耐故障设计，选用高质量的材料、元件、部件，等等。

1. 基本安全功能设计

基本安全功能设计是基于控制系统中能量物质或能量载体的基本技术措施要求，来设计系统的结构、部件等元素。生产实践中通过以下两种方式实现基本安全功能设计：依据已经指出的有关系统安全性的规范、标准实施设计；依据工程学的方法，分析事故的性状及控制事故性状的安全要求，并根据分析结果实施设计。例如，按照建筑设计防火规范的要求进行防火间距的设计就是前者的运用。

2. 增加安全系数

安全系数（safety factors）可能是最古老的通过设计减少事故的手段，该方法最早是在防止结构（机械零部件、建筑结构、岩土工程结构等）发生故障中被运用。其基本思想是把结构、部件的强度设计到超出可能承受应力的若干倍，这样就可以减少因设计计算误差、制造缺陷、老化及未知因素等造成的破坏或故障。一般来说，安全系数越大，结构、部件的可靠性越高，故障率越低。但是，增加安全系数可能增加结构、部件尺寸，增加成本。合理确定结构、部件的安全系数是一个很重要的问题，目前主要是根据经验选取。对于一旦发生故障就可能导致事故、造成严重后果的结构、部件应该选用较大的安全系数。

3. 减低负荷

减低结构、部件的运行压力会降低它们的故障率，提高它们的可靠性。例如，电气设备运行过程中的发热问题，随着温度升高，电气设备出现故障会增多，这时降低温度就能提高电气设备的寿命。因此，一种减低负荷的方法是冷却，甚至在部件处于正常状态下也需要进行冷却。有时，减低负荷也通过使用能力大于实际要求的部件来实现。例如，重要的警告信号灯选用低于灯泡额定电压的电压供电，可以减少故障，增加使用寿命。

4. 冗余设计

采用冗余（redundancy）设计构成冗余系统，可以大大提高可靠性，减少故障的发生。在各种冗余方式中，并联冗余和备用冗余最常用。当使用并联冗余时，冗余元素与原有元素同时工作，冗余元素越多，可靠性越高。但增加第 N 个元素只能取得 1/N 的效果，并联元素越多，最后并联上去的元素所起的作用越小。考虑到体积和成本问题，实际设计中只会将有限的元素并联起来构成并联冗余系统。

5. 故障—安全设计

故障—安全设计是在系统、设备、结构的一部分发生故障或破坏的情况下，在一定时间内也能保证安全的设计。按照不同部分发生故障后的状态，故障—安全设计方案可以分为以下三种：

（1）故障—正常方案：即系统、设备、结构在其一部分发生故障后，采取校正措施仍能发挥正常功能。

（2）故障—消极方案：即系统、设备、结构在其一部分发生故障后，处于最低的能量状态，直到采取校正措施之前不能工作。例如，电路中的保险丝在过载时熔断而断开电路。

（3）故障—积极方案：即系统、设备、结构在其一部分发生故障后，在采取校正措施前，处于安全的能量状态下，或者能维持基本功能，但是性能下降。因此，该方法也称"故障—缓和"方案。

6. 耐故障设计

耐故障（fault tolerance）设计也称容错设计，是在系统、设备、结构的一部分发生故障或破坏的情况下，仍能维持其功能的设计。在防止故障设计中，耐故障设计得到了广泛的应用。例如，在飞机的结构设计中，为了防止疲劳断裂而采用的耐破坏设计，达到结构即使出现裂纹扩展，其剩余强度也足以保证飞机安全返回地面的效果。随着计算机在系统控制中的普及，由于计算机软件一旦发生故障就引起事故、造成损失的情况越来越受到重视，耐故障设计也是防止计算机软件故障的重要措施之一。常用的方法是由两个不同版本的软件同时运行，如果其运行结果相同则有效，反之则发出报警信号（图 8-1）。

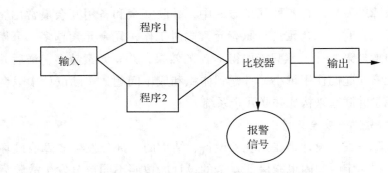

**图 8-1　两个不同版本的软件同时运行的耐故障设计**

7. 选用高质量的材料、元件、部件

设备、结构等是由若干元件、部件组成的系统。由高可靠性的元素组成的系统，其可靠性也高。选用高质量的材料、元件、部件可以保证系统元素有较高的可靠性。为此，一些重要的元件、部件要经过严格的筛选后才能使用。

（二）施工

系统的结构、部件等元素经过了安全设计后，还需要按设计的结果精确地去施工。精确地施工可以使设计中的安全意图得以实施。

（三）采购

对于具体的企业而言，在采购工艺设备和服务时，针对采购的工艺设备和服务中的危险源，要对供方和分包方进行控制管理。控制管理包括供方和分包方的选择、控制要求的传递、协议的签订、过程的检查等。

（四）监测

在生产过程中经常利用安全监控系统监测与安全有关的状态参数，如温度、压力等，确保这些参数保持正确的水平，发现故障时及时采取控制措施使这些参数达不到危险水平，从而消除故障、异常，以防止事故发生。

（五）维修

为了维持或恢复系统、设备、结构正常状态，可在故障发生前、后时期进行预防性维修和修复性维修，这样做可以有效降低故障发生率及尽快修复故障。

## 二、人的不安全行为的控制

### （一）安全行为产生的心理因素

行为科学是研究企业中的人的行为规律，用科学的观点和方法改善对人的管理，充分调动人的劳动生产积极性的一门科学。该学科起源于20世纪20年代，一般将著名的霍桑实验作为最早在工业领域中研究人的行为的标志。行为科学认为，人的行为是受动机支配的。动机是引起个体行为、维持该行为、并将此行为导向某一目标的念头，是产生行为的直接原因。引起行为的动机可以是一个，也可以是若干个。当存在多个动机时，这些动机的强度不尽相同，且随时发生变动，在任何时候，一个人的行为都受其全部动机中最强有力的动机，即优势动机的支配。激发人的动机的心理过程叫激励，通过激励可以使个体保持兴奋状态。在事故的预防工作中，激励能够激发人的正确动机，调动人的积极性，搞好安全生产。

行为科学中关于人的行为的理论很多，从马斯洛的五层次需求理论、赫兹伯格的双因素理论、弗洛姆的期望理论，到劳勒和波特的激励模式，我们能够看到员工的行为与需求、期望之间的原因诠释，由此逐步深入地剖析人的内在要素的运作和相互联系。

除此之外，激发和维持员工对安全工作的兴趣，能够鼓舞员工去积极追求其个人的满足，成为活动的最有力动机。海因里希提出，防止伤亡事故的第一原则是激发和维持员工对安全工作的兴趣。个体的兴趣可以由针对性强的一种或多种强烈感受、情感或意志引起，以下列举若干种个人或群体的个性，可以利用人们的个性心理特征引起其对安全工作的兴趣，从而激发人们做好安全生产的动机。

（1）人具有自卫感。害怕被伤害是个性心理特征中最强烈、最普遍的一种特性，如果能利用这一点以引起一个下意识怕被伤害的工人对安全的关注，则其就会站在安全的位置上通过适当的防护来进行机器操作，从而减少事故的发生。

（2）人具有荣誉感。荣誉感是希望与人合作，关心个人和集体荣誉的心理特征。工作中应及时告知员工，如果发生工伤事故就会导致伤亡事故，影响班组、车间的安全纪录，同时还会减少产品数量、降低产品质量和增加成本，那么，那些有荣誉感的职工就会充分调动自身的积极性，为了避免伤亡事故、保持本单位的安全纪录而杜绝不安全行为的发生。

（3）人具有责任感。责任感是一种认清自己义务的心理特征。大多数人都有某种程度的责任感，在安全管理工作中可以增加有责任感的人在安全工作中所负的责任；也可以指派其承担某项安全工作以发展其在安全生产方面的兴趣。例如，选派其充当兼职安全员或指令其负责安全宣传报道等。

（4）人具有从众性。从众性是害怕被人认为与众不同的心理特征。有从众性的人不愿标新立异，总是极力遵守安全规程。一般可以通过制定大多数人都能遵守的规程、指出违反劳动纪律和安全规程为大家所不齿、强调组织纪律性等方法，调动具有从众性的职工的安全生产积极性。

（5）人具有竞争性。拥有竞争心理特征的人，在工作时往往为了证明自己比别人优越，会比自身单独工作更加专心。因此，在安全生产过程中，提供各种具有竞争性的活动机会，可以引起具有竞争心理特征的人对安全生产的兴趣。例如，鼓励参与安全竞赛，提出有竞争性的安全目标，等等。

（6）人有希望出头露面或当领袖的欲望。利用这种"领袖欲"的心理特征，可以增强具有这种心理特征的人对安全工作的使命感和责任感，比如指派其做兼职的安全员、负责安全监督岗或担任安全小组长等，就能充分调动其从事安全工作的积极性。

（7）人希望得到奖励。几乎所有人都希望得到物质的或精神的奖励，可以利用各种奖励来调动员工从事安全生产的积极性。

在分析职工的心理特征时，要认真调查以下情况：经济地位、家庭情况、健康状态、年龄、嗜好、习惯、性情、气质、心情，以及对不同事物的心理反应。究竟采用何种方法调动职工的安全生产积极性，应视职工的个人情况而定。例如，一个家庭人口众多、负担重的职工，毫无疑问地较一个单身职工有更强烈的经济要求；家中富裕、生活无负担的青年职工，对安全奖不一定有兴趣。在进行安全态度教育、开展安全活动时，可以利用这些个性心理特征来激发和维持职工对安全生产的兴趣，但不主张发展这些特征。

（二）防止人的不安全行为的措施

防止人的不安全行为主要可以从物的角度和人的角度两方面来考虑。从物的角度来考虑，常用的防止人的不安全行为的措施有用机器代替人、采用冗余系统、耐失误设计、警告及良好的人—机—环境匹配等。从人的角度来考虑，主要从以下几方面入手：根据工作任务的要求选择合适的人员；通过教育、培训提高员工的意识、知识和技能水平；合理安排工作任务，防止人员疲劳，使人员的心理紧张度最优；树立良好的企业风气，建立和谐的人际关系，激励员工安全生产的积极性。

1. 机器代替人

用机器代替人是防止人的不安全行为发生的最可靠的措施。随着科学技术的进步，人类的生产、生活方面的劳动越来越多地为各种机器所代替。例如，各类机器代替了人的四肢，检查仪表代替了人的感官，计算机部分代替了人的大脑，等等。由于机器是在人们规定的约束条件下运转，自由度较小，不像人的行为那样自由，因此很容易实现人们的意图，且与人相比，机器运转的可靠性较高。机器的故障率一般在 $10^{-4} \sim 10^{-6}$ 之间，而人的不安全行为率一般是在 $10^{-2} \sim 10^{-3}$ 之间。所以，用机器代替人操作，不仅可以减轻人的劳动强度，提高工作效率，而且可以有效地避免或减少人的不安全行为。机器与人的特性对比如表 8-1 所示。

表 8-1　机器与人的特性的对比

| 特性 | 机器 | 人 |
|---|---|---|
| 感知能力 | 可感知非常复杂的、能以一定方式被发现的信息；较人的感知范围大；在干扰下会偏离目标 | 可以从各种信息中发现不常出现的信息；在良好的条件下可以感知各种形式的物理量；可以从各种信息中选择必要的信息；在干扰下很少偏离目标 |
| 信息处理能力 | 有较强的识别时空的能力；成本越高可靠性越高；可以快速、准确地运算；处理信息量大；记忆信息量大；没有推理和创造能力；过负荷会发生故障、事故 | 将复杂的信息简化后处理；采取不同的方法提高可靠性；有推理、创造能力；可承受暂时过负荷；计算能力差；处理信息量小；记忆容量小 |
| 输出能力 | 功率大、持续性好；同时进行多种输出；滞后时间短；需要经常维修保养 | 力气小、耐力差；模仿能力差；持续作业能力随时间下降，休息后恢复；滞后时间长 |

概括地说，在进行人、机功能分配时，应考虑到人的准确度、体力、动作的速度及知觉能力四个方面的基本界限，以及机器的性能、维持能力、正常动作能力、判断能力及成本五个方面的基本界限。人员适合从事对智力、视力、听力、综合判断能力、应变能力及反应能力有要求的工作；机

器适合承担功率大、速度快、重复性作业及持续作业的任务。当然，需要注意的是，即便是高度自动化的机器，也需要人员来监视其运行情况。

2. 冗余系统

冗余系统可以提高系统的可靠性，也可以提高人的可靠性、防止人的不安全行为。冗余是把若干元素附加于系统基本元素上来提高系统可靠性的方法，附加上去的元素叫作冗余元素。其特征是只有一个或几个而不是所有的元素发生故障或失误时，系统仍然能够正常工作。

用于防止人的不安全行为的冗余系统主要是以并联的方式工作。例如，本来一个人就可以完成的操作，安排两个人来完成，形成两人操作。一般是一个人操作，另一个人监视，这样监视的人可以纠正操作的人的失误。根据可靠性工程原理，并联冗余系统中发生人的不安全行为的概率等于各元素失误的乘积。假设一个人操作发生人的不安全行为的概率为 $10^{-3}$，则两个人同时发生人的不安全行为的概率为 $10^{-6}$，相应地，系统发生失误的概率就非常小了。

由人员和机器共同组成的人机并联系统中，人的缺点由机器来弥补，机器发生故障时由人员对故障采取适当措施。由于机器操作时其可靠性较人的可靠性高，因此这样的系统也比两人操作系统可靠性高。目前，许多重要系统的运转都采用了自动控制系统与人员共同操作的方式。例如，民航客机上装有自动驾驶系统，高铁列车上装有自动行车装置等，这些与驾驶员构成人机并行系统。当人员操作失误时，由自动控制系统来纠正；当自动控制系统发生故障时，由人员来控制，从而使系统安全性大大提高。各种审查也是防止人的不安全行为的重要措施，在时间比较宽裕时，可以通过审查发现失误并采取措施纠正失误。例如，通过设计审查可以发现设计过程中的失误等。

3. 警告

在生产操作过程中，人们需要经常注意到危险因素的存在，以及必须注意的问题。警告是提醒人们注意的主要方法，它让人们把注意力集中于可能被遗漏的信息。由于提醒人们注意的各种信息都是经过人的感官传达到大脑的，因此可以通过人的各种感官来实现警告。根据所利用的感官的不同，警告分为视觉警告、听觉警告、气味警告、触觉警告。

视觉警告可以依靠亮度、颜色、信号灯（旗）、标记、标志等方式引起人们的感官注意，提醒人们危险的存在。例如，红、黄、绿三色信号灯，闪动的灯光，设备、车辆、建筑物上明亮的色彩，等等。让具有危险因素的地方比没有危险因素的地方更加明亮，可以使人的注意力集中在有危险的地方。

当人们非常繁忙时，即使有视觉警告也顾不上看，或者人们可能挪到看不见视觉警告的地方去工作时，可以借助在听觉范围内更容易唤起人们注意的听觉警告。例如，喇叭、电铃、闹钟等可以成为听觉警报器。根据工作环境中存在物质的状态，利用一些带有特殊气味的气体进行警告的方式称为气味警告。

4．人—机—环境匹配

工程生产作业是由人员、机械设备、工作环境组成的人—机—环境系统。合理匹配作为系统元素的人员、机械设备、工作环境，使机械设备、工作环境适应人的生理、心理特征，才能使人员操作简便准确、失误少、工作效率高。三者匹配问题主要包括人机功能的合理分配、机器的人机学设计及生产作业环境的人机学要求等。

机器的人机学设计主要是指机器的显示器和操纵器的人机学设计，因为机器的显示器和操纵器是人与机器的交换面，人员通过显示器获得有关机器运转情况的信息，通过操纵器控制机器的运转。设计良好的人机交换面可以有效地减少人员在接受信息及实现行为过程中的不安全行为。所以，在机械设备的显示器设计上要考虑到符合人的视觉特性。具体地讲，应该符合准确、简单、一致及排列合理的原则。而在操纵器的设计上则需要根据人的肢体活动极限范围和极限能力来确定操纵器的位置、尺寸、驱动力等参数。

5．职业适合性

职业适合性是指人们从事某种职业应该具备的基本条件，着重于职业对人员的能力要求。严格地讲，任何种类的职业都存在职业适合性，即对从事该种职业的人有一定的要求。不同的职业其职业适合性不尽相同，需要具有不同能力的人员来从事。

一般来讲，特种作业的职业适合性要求比较严格，要求特种作业人员较一般作业人员有更高的素质。根据职业适合性选择、安排人员，使人员胜任所从事的工作，可以有效地防止人的失误和人的不安全行为的发生。

首先，根据人机学的基本原理，考虑人的生理和心理极限，客观、合理地提出职业适合性的具体要求。一方面通过某种职业的任务、责任、性质等特征，确定其对人员的具体要求；另一方面分析人的生理、心理特征，确定人员适合什么职业。在此基础上，再测试人员的能力，看其是否符合该种职业的要求。因为以上分析和测试需要花费较多的时间和费用，在工业生产操作危险性不高、人员失误或不安全行为不至于导致严重事故的单位，不必按照职业适合性进行人员选择。即使在国外，根据职业适合性进行人员选择也只限于少数要求严格的职业。

另外，采用行为抽样技术，定量研究人的不安全行为的状况和水平，也是一种高效、省时、经济，又具有一定定量精确及合理性的行为研究方法。这种方法可以确切地测定职工的失误率，了解这种失误或差错的状况，能够帮助我们有效地控制人的失误率。其抽样技术的主要步骤如下：

（1）将要调查或研究的车间、部门的不安全行为定义出来，列出清单。

（2）根据已有的抽样结果，初步观察抽样样本的不安全行为比例 P 值，确定抽样调查的总观测样本数 N（有数学公式），其样本数取决于不安全行为比例水平，调查分析的精度。

（3）根据调查对象的工作规律，确定抽样时间，即确定每小时的观测次数和具体的观测时间。

（4）根据随机原则，确定观测的对象。一般根据调查的目的、要求，以及行业特点，采用正规的随机抽样法或者分层随机抽样法。

（5）通过进行所需次数的随机观测，将观测到的生产操作行为结果进行分类记录。

（6）每月第一周重复以上步骤的抽样调查。

（7）根据每次抽样调查获得的不安全行为比例数值，进行控制图管理。

（8）通过控制图技术，分析一线生产工人的安全行为规范，并提出改进安全生产状况、预防不安全行为的对策、措施和办法。

### 三、环境因素的安全管理及控制

#### （一）厂区环境卫生管理

为创造舒适的工作环境，养成良好的文明施工作风，保证员工身体健康，生产区域和生活区域应有明确界限。把厂区和生活区分成若干片，分片包干，建立责任区，从道路交通、消防器材、材料堆放到垃圾、厕所、厨房、宿舍、火炉、吸烟等都有专人负责，做到责任落实到人（名单上墙），使文明施工、环境卫生工作保持经常化、制度化。

（二）有害作业分级管理

对有害作业进行分级管理是我国 20 世纪 80 年代初提出的，其理论基础主要来源于 1879 年意大利经济学家巴雷特的 ABC 分类法，后在国外演变为 ABC 分类管理法。该方法重点突出、考虑全面、抓住关键、顾及一般，使管理工作主次分明。一般来说，我国的劳动条件分级标准将作业岗位按危害程度分为五个等级，即零级危害岗位、一级危害岗位、二级危害岗位、三级危害岗位、四级危害岗位。职业危害分级管理，对当前企业安全控制来说是非常有效的方式。

（三）建设项目（工程）职业安全健康管理

为确保建设项目符合国家的职业安全健康标准，保障从业人员在生产过程中的安全与健康，企业在新建、改建、扩建基本建设项目、技术改造项目和引进技术项目时，项目中的安全健康设施必须与主体工程实现"三同时"，以此指导设计、施工、竣工验收三个环节。建设项目立项后，首先编写建设项目的可行性报告，应有安全健康的论证内容和专篇。在设计审查和竣工验收时，应有安全生产监督管理部门参加，建设单位要提供有关建设项目的文件、资料、设计施工方案图纸等。

（四）作业环境防止中毒窒息规定

开采矿山、生产化工、建材等作业环境，或是在密闭式空间工作，由于存在有毒有害气体，常常发生中毒窒息事故，为了防止这类事故的发生，在作业环境安全管理中需要遵循以下十条规定：

（1）对从事有毒作业、有窒息危险作业的人员，必须进行防毒急救安全知识教育。

（2）只有工作环境（设备、容器、井下、地沟等）氧含量达到 20% 以上，且有毒物质浓度符合国家规定时，才能进行作业。

（3）在有毒场所作业时，必须佩戴防护用具，并有人监护。

（4）进入缺氧或有毒气体设备内作业时，应将与其相通的管道加盲板隔绝。

（5）对有毒或有窒息危险的岗位，要制定防护措施和设置相应的防护器具。

（6）对有毒场所的有毒物浓度要进行定期检测，使之符合国家标准。

（7）对各类有毒物品和防毒器具必须有专人管理，并定期检查。

（8）涉及和监测有毒物质的设备、仪器要定期检查，保持完好。

（9）发生人员中毒、窒息时，处理和救护要及时、正确。

（10）健全有毒物质管理制度，并严格执行，长期达不到规定卫生标准的作业场所，应停止作业。

# 第二节　职业安全与健康管理的方法

纵观国内外职业安全事故及健康管理实践，可以看到绝大多数事故原本可以通过实行合理有效的管理而得以规避，或者使事故的危害降低到最低程度。而纯粹由技术因素引发的事故所占比例很小。因此，政府和企业都要致力于探索行之有效的科学的管理方法。

## 一、安全检查表法

安全检查表是为了检查某一系统的安全状况而事先制定的问题清单。可以根据安全检查的需要、目的、被检查的对象，编制多种类型的相对通用的安全检查表。例如，项目工程审查用的安全检查表；项目工程竣工验收用的安全检查表；企业在线综合安全管理状况检查表；企业在线主要危险设备、设施安全检查表；不同专业类型的安全检查表；面向车间、工段、岗位不同层次的安全检查表。按照安全检查表进行安全检查，可以提高检查质量，防止漏掉主要的不安全因素。

## 二、安全"巡检挂牌制"

面向安全装置现场、重点设备部位、火灾易发部位等实行巡检挂牌制，操作工定期到现场按照一定的巡检路线进行安全检查。

## 三、手指口述法

手指口述法是指通过心想、眼看、手指、口述等一系列行为，对工作过程中的每一道工序都进行确认，使人的注意力和物的可靠性实现高度统一，从而达到避免违章、消除隐患、杜绝事故的一种科学管理方法。手指口述法使安全管理有了形式上的依托，风格独特，在我国企业得到普遍推广。

手指口述法是一项行之有效的安全管理措施，主要是通过"手指"和"口述"相结合的方法来改善人们在生产活动过程中易发生的遗忘、错觉、精神不集中、先入为主和判断失误等问题。据统计，在仅用"手指"时，错误率为 1/2，在仅用"口述"时，错误率也为 1/2，而两者并用时，错误率降为

图8-2 手指口述法

1/3,有效减少了操作失误，保证了工作质量，实现了安全生产。

### 四、检修"ABC"管理法

在企业定期大、小检修时，由于检修期间人员多、杂，检修项目多，交叉作业多等情况给检修工作带来较大的难度。为了确保安全检修，利用检修"ABC"管理法，把企业各层次控制的项目分别设为 A、B、C 三大类。企业总厂控制的大修项目列为 A 类，厂控项目列为 B 类，车间控制项目列为 C 类，实行三级管理控制。A 类要制定出每个项目的安全对策表，由项目负责人、安全负责人、公司安全执法队进行"三把关"；B 类要制定出每个项目的安全检查表，由厂安全执法队把关；C 类要制定出每个项目的安全承包确认书，由车间安全执法队把关。

### 五、无隐患管理法

其主要核心是通过对生产过程中的隐患源及时辨识、分析、管理和控制，以达到及时消除事故隐患，实现预防事故的目的。

### 六、"四全"安全管理法

"四全"就是全员、全面、全过程、全天候。全员即从企业领导到每个干部、职工都要管安全；全面即从生产、经营、基建、科研到后勤服务的各单位、各部门都要抓安全；全过程即每一个工作的各个环节都要自始至终地做安全工作；全天候是一年 365 天，一天 24 小时，不管什么天气、什么环境，每时每刻都要注意安全。

### 七、"5S"管理活动

生产现场的"5S"管理活动指整理、整顿、清扫、清洁、态度五个方面。因为这五项的日语罗马拼音以"S"开头，所以被称为"5S"。通过开展"5S"管理活动，人们努力工作，从而改变环境，形成良好的工作习惯和生活习惯，达到提高工作效率、提高职工素质、确保安全生产的目标。

# 第三节　安全生产管理综合测评技术

安全生产管理综合测评是指对企业特定时期的安全生产管理综合状况进行综合测评。基于综合测评技术，实现对企业安全生产管理综合状况进行科学、系统、全面的评价和考核，从而为企业的安全生产管理提供科学、合理的决策依据。

目前，对安全生产的评价主要有两种方式：一是对技术系统的安全评价，如我国目前对高危行业的安全生产认证审核许可，以及对危险源和重大工程项目的系统安全分析与安全评价；二是从业绩考核和管理的需要出发，以企业特定时期的事故指标来进行安全生产状况考评。前者满足的是系统安全设计和静态管理的需要，后者是用事故指标进行安全生产业绩的考评，但都无法全面综合地反映一个企业或单位特定时期的安全生产管理综合状况。因此，安全生产管理综合测评技术要满足以下要求：全面反映企业安全生产的综合能力；对安全生产状况起到促进作用；充分体现科学性、全面性和系统性。

### 一、指标体系

安全生产管理综合测评体系要遵循定性和定量相结合的原则，根据评价对象和因素的特性，进行合理运用。对于不易定量的因子和指标，采用定性的方法来评价；对于易于定量的因子和指标，可采用定量方法评价；对于定性的因子和指标，可通过半定量打分的方法和技术进行量化分析和评价。

指标体系的设计原则包括以下几点。

（一）系统性和科学性原则

首先，在工业安全原理和事故预防原理的指导下，研究企业安全生产管理系统涉及的人员、设备、环境、管理等基本要素，设计的测评体系能够全面反映企业安全要素。其次，在应用管理学、文化学的理论，以及安全管理体系、企业安全文化理论的基础上，建立企业安全生产管理综合测评体系。在设计测评方法时，坚持注重建设、注重实效、注重特色，确保在测评内容、测评指标、测评标准、测评程序及方法、测评结果等方面准确合理，力求指标少而精。

（二）定性和定量相结合原则

企业安全生产管理系统既涉及技术、设备、环境、事故频率等可以进行定量研究的要素，同时也包括人员、管理、文化等只能进行定性分析的要素。因此，设计企业安全生产管理综合测评体系时要遵循定性和定量相结合的原则。

（三）实用性和可操作性原则

任何考评工作最终都是由人来完成，人的工作能力及投入的物力和财力都是有限的。设计指标体系时，在考虑测评指标的科学性的同时，还应该考虑到该指标的考评成本和可行性。

（四）比较性原则

在设计安全生产管理综合测评体系过程中，不仅要引进和吸收国内外先进的安全管理体系和安全评价模式及方法，同时还要以相关行业和企业现有的安全生产业绩测评技术为参照，在对行业自身特点分析的基础上，结合企业实际，考虑建设方案的可行性和现实性。

（五）持续改进原则

作为企业安全管理体系中的一部分，安全生产管理的综合测评要坚持PDCA循环，面对新的事物，必定会面临新的问题，指标设计时应坚持持续改进的原则。

（六）以发现问题为目的原则

发现问题、改进问题是企业安全管理体系的主要目的。相较于通过测评进行考核、奖惩、评比，发现问题、改进问题可以减少员工压力。

总之，在确定设计原则和思路的基础上，可以建立测评指标体系。指标体系通常分为人员素质、安全管理、安全文化、设备设施、环境条件及事故状况六大测评系统，如图8-3所示。

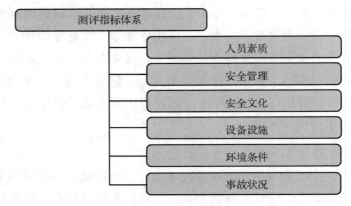

**图8-3 安全综合测评指标体系框图**

设计完成的指标体系要能够全面、客观地反映企业的安全生产管理综合状况，为有效地开展安全生产监督管理和实施安全生产责任制提供决策依据。指标根据得分方式的不同，具体可分为问卷调查型、抽样调查型、统计型、检查型、查阅型。

**二、指标权重**

权重是指在评价目标体系层次结构中，下层目标对上层目标相对重要程度的数量描述，一般用［0，1］中的数值表示其大小。确定各级评估项目的权重需要遵循客观性、导向性及可测性原则。权重的最终分配将结合多方面因素，其中包括对事故统计分析和组合分析的结果。通常的指标设计方法是对一些有代表性或发生频次多的事故总结引申出的指标应适当加大权重，最后再利用层次分析法和德尔菲法确定各指标最终权重。

**三、测评工具**

测评工具就是将指标符合程度进行量化的工具。根据指标的不同类型设计测评工具，通常问卷调查型指标、个人测试型指标和设备设施系统中的检查型指标需要设计测评工具，而其他类型指标可以直接得出分值。而问卷调查、个人测试和设备设施系统检查的总体操作思路是将指标转化为问题的形式，问题的答案对应不同的分值，最后根据问题答案转化为指标得分，从而得到测评结果。

## 四、职业安全与健康管理的手段

### （一）行政手段

**1. 建立合理的国家安全管理运行机制**

改革开放以来，我国逐步建立和完善"政府监管与指导，企业实施与保障，员工权益与自律，社会监督与参与，中介支持与服务"的五方面参与式安全管理运行机制，取得了比较好的效果。

**2. 坚持实用有效的管理原则**

生产与安全统一原则："谁主管，谁负责"原则；安全生产管理中落实"管生产必须管安全"原则；高技术必须高安全原则。

"三同时"原则：生产经营单位在新建、改建、扩建、技术改造和引进工程项目时，必须落实安全设施与主体工程同时设计、同时施工、同时投入生产和使用。安全设施投资应当纳入建设项目预算。

"五同时"原则：企业领导在计划、布置、检查、总结、评比生产工作的同时，必须计划、布置、检查、总结、评比安全工作。

"三同步"原则：企业的安全生产发展、深化改革、技术改造要实现同步规划、同步发展、同步实施。

"四不放过"原则：即事故发生后，事故原因不查清楚不放过；事故责任不查清楚不放过；事故责任者不处理不放过；防范措施不落实不放过。

安全否决权原则：安全工作是衡量企业经营管理工作好坏的一项基本内容。在对企业各项指标考核及评选先进时，必须首先考虑企业安全指标的完成情况。安全生产指标具有一票否决的作用。

**3. 实施科学的安全检查**

安全检查的内容和作用主要包括以下几个方面：一查领导思想，提高企业领导的安全意识；二查规章，提高职工遵守纪律、克服"三违"的自觉性；三查现场隐患，提高设备设施的安全程度；四查易燃易爆危险点，提高危险作业的安全保障水平；五查危险品保管，提高防盗防爆的保障措施；六查防火管理，提高全员消防意识和灭火技能；七查事故处理，提高防范类似事故的能力；八查安全生产宣传教育和培训工作是否经常化和制度化，提高全员安全意识和自我保护意识。

安全检查有日常检查、定期检查、专业性检查和不定期检查四种。不同种检查可针对具体情况单独进行，亦可混合进行。

（1）日常检查：以职工为主体的检查形式，不仅是进行安全检查，而且是职工结合生产实际接受安全教育的好机会。一般来说，日常检查由各基层班组长或安全检查员督促做好交接班，巡回检查纪律工作、岗位责任制度、安全操作规程的执行情况。其中，各级主管人员在各自业务范围内，经常深入现场，进行安全检查，发现不安全问题，及时督促有关部门解决。

（2）定期检查：主要包括周检查、月检查、季度检查、年度大检查和节日前检查等多种类型。各种定期检查工作侧重点不同。周检查是各部门负责人深入班组，对设备保养、器材放置、设备运行和交换班纪律遵守、个人防护用品穿戴等进行检查，并了解是否存在不安全因素和隐患。月检查是由安全管理委员会负责组织，主要目的是对安全工作是否存在隐患进行检查，以便能发现问题，把具体整改措施落实到部门、具体人。季度检查是根据本季度的气候、环境特点，有重点地检查生产。年度大检查是一年一度的自上而下的安全评比大检查，我国把每年 6 月定为安全月，每年一个主题（图 8-4），对全国性的安全工作进行大检查。节日前检查是节日前对安全、保卫、消防和生产准备、备用设备进行检查，以保证节日期间的安全。

图 8-4　2020 年全国安全月主题挂图之一

[资料来源：安全挂图网（www.safe-pic.com）]

（3）专业性检查：又分为专业安全检查和专题安全检查。它是对某一项危险性大的安全专业或某一个安全生产薄弱环节进行专门检查和专题单项检查。两者都是不定期的，根据上级部门的要求、安全工作的安排和生产中暴露出来的问题，本着预测预防的目的而确定，因此有较大的针对性和专业要求。

（4）不定期检查：不在规定时间内，检查前不通知受检查单位或部门而进行的检查。一般不定期检查是由上级部门组织进行，带有突击性，可以发现受检查单位或部门安全生产的持续性程度，以弥补定期检查的不足。不定期检查主要作为主管部门对下属单位或部门进行抽查的方法。

4. 规范的制度化管理

主要包括严密的安全生产责任制、全面的安全生产委员会制度、动态的安全审核制度、及时的事故报告制度、安全生产奖惩制度、危险工作申请及审批制度等。

（二）经济手段

1. 合理的安全经济手段

充分、合理地确定安全投资强度，重视安全投资结构的关系。例如，安全措施费与个人防护品费的比例应从 1∶2 过渡到 2∶1；安全技术费与工业卫生费的比例应从 1.5∶1 过渡到 1∶1。

2. 参与保险

保险作为一种风险转移手段，对事故损失风险起到分散和化解的作用。例如，社会保险中的工伤保险及商业保险中的财产保险、工程保险、伤亡保险等。

3. 安全措施项目优选和可行性论证制度

企业需要合理应用安全经济机制，如进行安全项目经济技术的可行性论证。

4. 经济惩罚制度

制定违章、事故罚款制度，并采取连带制、复利制的措施，即惩罚连带相关人员，且惩罚度应随次数增加。

5. 风险抵押制度

推行安全生产抵押金制度，即在年初或项目之初交纳一定的安全抵押金，年底或项目完成后进行评估。

6. 安全经济激励（奖励）制度

采取与工资挂钩、设立承包奖等安全奖励制度，以激励和促进安全生产工作。

7. 积分制

将各类事故、违章行为等管理事件，进行分级、分类，并确定一定的分值，年底进行测评、考核。

（三）法制手段

1. 建立系统、全面的法律法规体系

职业安全与健康的法制管理即通过法制的手段，对企业安全生产的建设、实施、环境、组织、个人防护及目标、过程、结果等进行监督监察管理。

2. 实施国家强制的安全生产许可制度

通过立法、监察、建立政府执法机构等方式，实施国家安全监督或行为监察、技术监察，落实国家安全生产法律法规。

3. 建立"两结合"的政府监管体制

《中华人民共和国安全生产法》明确了我国现阶段实行的国家安全生产监管体制，即安全生产综合监管与各有关职能部门（公安消防、公安交通、煤矿监察、建筑、交通运输、质量技术监督、工商行政管理）专项监管相结合的体制。国家的安全生产综合监管部门与专项监管部门合理分工、相互协调。由此表明，《中华人民共和国安全生产法》的执法主体是国家安全生产综合监管部门和相应的专门监管部门。

4. 推行四种监督方式

《中华人民共和国安全生产法》中明确规定了我国安全生产的多种监督方式：工会民主监督、社会舆论监督、公众举报监督、社区报告监督。其中，因监督主体的参与方式不同，其发挥的效用也不同：工会民主监督是指工会有权对建设项目的安全设施与主体工程同时设计、同时施工、同时投入生产和使用进行监督，提出意见；社会舆论监督是指新闻、出版、广播、电影、电视等单位对违反安全生产法律、法规的行为进行舆论监督；公众举报监督则泛指任何单位或个人所拥有的检举权；社区报告监督则指居民委员会、村民委员会等组织发现所在区域内的生产经营单位存在事故隐患或安全生产违法行为时，有权向当地人民政府或者相关部门报告。

5. 专业人员认证制度

国家对特种作业人员、高危行业的厂长和经理（负责人）及安全生产的专管人员实行许可证制度和职业资格制度。

6. 女职工和未成年工的特殊保护制度

女职工和未成年工在身体和生理方面与男职工和成年工相比，有着不同的特征。为此，必须对他们实行特殊的劳动保护。这关系到民族素质的提高，也与实现企业义务及提高社会的文明程度紧密联系。劳动部门、卫生部门、工会和妇联，应该密切合作，加强监督，使女职工和未成年工的特殊劳动保护得到真正落实。

7. 企业内部监督制度

在企业内部实施专门机构监督专门事务的管理体制，即通过设置安全总监和安全监察部门，对特种设备、重大危险源、职业卫生、防护用品、化学危险品、扶助设施、厂内运输等政府实施的国家监察项目进行内部监控和管理。

8. 三维负责制

企业各级生产领导要"向上级负责、向职工负责、向自己负责"。

（四）文化手段

从狭义的角度来看，文化手段主要指宣传、教育、文艺等文教手段。从广义上理解，对于建立和改善职工安全与健康意识、行为发挥作用的精神和物质文化手段都是职业安全与健康管理的文化手段，大力倡导这些文化手段，以便形成企业安全文化的浓厚氛围。采用职业安全与健康管理的文化手段可以提高员工的职业安全意识，规范员工的安全行为。除传统的电视广告、电视专栏、板报、定期报刊以外，还可以开展安全知识竞赛、文艺晚会、文明班组建设、安全警告会活动等。

## 企业安全文化建设实例

1. 安全核心理念范例

中石油 HSE 核心理念：

健康至上：在油田工作生活活动过程中，每一个职工最基本的需求，每一个员工最大的福利。

安全第一：在油田生产作业岗位上，时时处处必须坚守的行为原则。

环保优先：在石油勘探开发经营活动过程中，不断努力和追求的目标。

2. 领导安全承诺范例

北方中油董事长承诺书内容：

（1）严格遵守安全生产准则。

（2）进入油区，牢记安全注意事项。

（3）把安全贯穿于一切活动之中。

### 3. 企业先进安全文化形象图腾设计范例

"零点"安全文化

寓意：倡导安全生产"永远零起点"意识，全员树立"安全没有最好，只有更好""安全没有终点，只有起点"的安全意识和观念。

内涵：全员"三警"意识（警觉、警报、警惕）。

干部"三忧"观念（忧患、忧虑、忧情）。

员工"三情"态度（忧情、亲情、警情）。

企业"六预"体系（预想、预见、预测、预警、预防、预控）。

# 第九章

# 企业安全文化的建设与职业安全健康培训

1. 了解企业安全文化的发展及特点
2. 掌握企业安全文化建设的理论及内容
3. 熟悉职业安全健康培训的法律法规要求及管理

　　企业安全文化是安全文化中最为重要的组成部分。从文化形态来看，企业安全文化与社会公共安全文化相互联系、相互作用，企业安全文化的范畴包含企业安全观念文化、企业安全行为文化、企业安全管理文化和企业安全物态文化。任何企业在长期生产实践和管理过程中，都在无意识地形成或者创造着自己的安全文化。企业安全文化的建设过程，是弘扬和发展传统优秀的公共安全文化、摒弃和淘汰传统不良的公共安全文化的过程。

## 第一节　企业安全文化的发展及特点

### 一、安全文化的起源与发展

　　安全文化是伴随着人类的产生而产生、伴随着人类社会的进步而发展的。安全文化概念的明确提出并引起人们重视的时间并不长，最早提出安全文化的是 20 世纪 80 年代的国际核工业领域。1986 年，国际原子能机构召开"切尔诺贝利核电站事故后评审会"，与会专家们认识到"核安全文化"对核工业事故的影响。国际原子能机构在 1991 年编写的名为《安全文化》（No. 75-IN-SAG-4）的总结报告中，首次定义了安全文化的概念，并建立了一套核安全文化建设的思想和策略。

从历史的角度来看，人类的安全文化可以分为四大发展阶段。17 世纪前，人类安全观念是宿命论，行为特征是被动承受型。17 世纪末至 20 世纪初，人类的安全观念提高到经验论的水平，行为上则有了"事后弥补"的特征，这种由被动式的行为方式变为主动式的行为方式、由无意识变为有意识的安全观念，是人类的一种进步。20 世纪 50 年代，随着工业社会的发展和技术的不断进步，人类对安全的认识进入了系统论阶段，在方法论上推行安全生产与生活的综合对策。20 世纪 50 年代以来，人类对安全的认识进入了本质论阶段，超前预防型成为现代安全文化的主要特征。从核安全文化、航空航天安全文化等企业文化，拓展到全民安全文化，安全文化走过了自身的发展历程。

20 世纪 90 年代中期，安全文化在我国开始被重视并推广。1994 年，国家劳动部最先提出了"把安全工作提高到安全文化的高度来认识"。此后的十年，国家安全生产监督管理局成立之后，把安全文化作为安全生产五大要素之首予以重视。目前，企业安全文化建设领域空前活跃，全国范围的、有组织的系统安全文化建设规模正逐步形成，并取得一定成效。特别是通过实践过程，人们进一步认识到，现代的安全系统工程、企业的事故预防，不仅要充分依靠安全技术、安全工程设施等硬件手段，更需要安全管理、安全法制、安全宣传教育等软性技术。因此，重视人文因素、人文背景，正视人的安全观念、态度、品行、伦理道德和素质提高，从而形成客观的物态和环境的安全质量，即建立安全文化建设的系统工程，是保证企业生产经营和社会生活安全健康不可替代的根本要素和长效机制。从这个意义上来讲，进行全方位、立体式有效协调、管理和建设，是安全文化建设的重要目标，是企业安全生产的立命之本。而建设良好的安全文化理念和氛围，保障企业安全生产，是安全文化建设的基本目的。

## 二、安全文化的范畴理解

安全文化的建设是全社会的，具有"大安全"的意思。企业安全文化是安全文化中最为重要的组成部分。安全文化的范畴可以从以下角度进行划分。

（一）安全文化的形态体系

包含安全观念文化、安全行为文化、安全管理文化和安全物态文化。其中，企业生产过程中的安全物态文化体现在：人类技术、生活方式与生产工艺的本质安全性；生产和生活中所使用的技术、工具等人造物及与自然性适应的有关安全装置、工具等物态本身的安全条件和安全可靠性。

（二）安全文化的对象体系

围绕企业的安全文化建设，一般有五种安全文化的对象，即法人代表或企业决策者、企业生产各级领导、企业安全专职人员、企业职工、职工家属。

（三）安全文化的领域体系

从安全文化建设的空间来看，不同行业、地区、企业在生产方式、作业特点、人员素质、区域环境等方面存在差异，决定了安全文化内涵和特点的差异性及典型性。从企业的安全文化建设的需要出发，安全文化所涉及的领域体系主要分为企业外部的社会安全文化领域（家庭、社区、生活娱乐场所等）与企业内部的安全文化领域（厂区、车间、岗位等）。

## 三、企业安全文化的特点

建设企业安全文化是人们对安全管理方式与制度的创新，是一种新型的安全管理科学。因此，具有重要的导向功能、激励功能、凝聚功能、规范功能，同时还有很强的实践性、目的性、人本性和系统性。

（一）实践性

每一个企业的安全文化都是企业自身安全生产管理经验的结晶，是在安全生产实践中有目的地培养和建设而成的；同时，企业安全文化又反过来指导、影响企业安全生产实践，离开了实践过程，企业安全文化只是空中楼阁。

（二）目的性

从企业安全文化本身内容来看，它不是一般性的文化，而是和企业安全生产经营活动密切相关的、带有明确的目标指向性的文化，即企业安全文化是为了保证企业的安全生产，保持企业长周期的安全稳定运行，保障职工的身体健康，实现人、机、环境系统的本质安全，并实现其利益的最大化。

### （三）人本性

企业安全文化的核心是人，它是一种以"人因"为主体，建立在尊重人、关心人、保障人和实现人的价值之上的文化。因此，"以人为本"，维护人的生命、珍惜生命价值、提高人的安全文化素养是企业安全文化建设的根本。

### （四）系统性

企业安全文化建设是一个庞大的系统工程。企业安全文化包含物态安全文化、制度安全文化、精神安全文化、价值和规范安全文化，并有着深刻的内涵；同时，在外延形态上，企业安全文化又有其独特的范畴和结构模式。所以，一定要在不断深化对安全文化的认识过程中，用系统思维的科学方法建设好企业安全文化。

# 第二节　企业安全文化建设的理论及内容

企业安全文化建设的理论是企业安全文化建设的基础和指导，其所涉及的主要理论来源是"人本安全原理"和"球体斜坡力学原理"。

## 一、企业安全文化建设的主要理论

### （一）人本安全原理

企业安全生产不仅需要物的本质安全，更需要人的本质安全。"人本"和"物本"的结合，才能构筑起生产安全事故防线。

如图9-1所示，安全文化的建设目标即塑造核心部位的"本质安全型"员工，而这一类型员工的标准是"时时想安全的安全意识、处处要安全的安全态度、自觉学安全的安全认知、全面会安全的安全能力、现实做安全的安全行动、事事成安全的安全目的"。塑造和培养这一类型的员工，需要从安全观念文化和安全行为文化入手，需要营造良好的物态和环境。

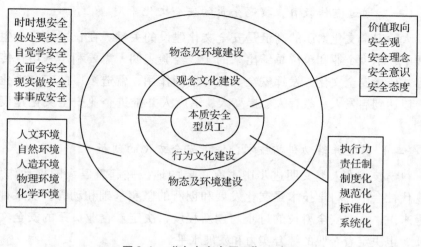

图 9-1　"人本安全原理"示意图

（二）球体斜坡力学原理

安全文化建设的"球体斜坡力学原理"的含义可以通过消防的事例来清楚地表明：消防安全状态像一个停在斜坡上的"球"，物的固有安全、现场的消防设施和人的消防装备，以及各单位和社会的消防制度和管理，是"球"的基本"支撑力"，对消防安全的保证发挥基本的作用。仅有这一支撑力是不能使消防安全这个"球"稳定和保持在应有的标准和水平上的，这是因为在社会的系统中存在一种"下滑力"。这种"下滑力"是由如下原因造成的：一是火灾的特殊性和复杂性，如火灾的偶然性、突发性，违章不一定引发火灾等客观因素；二是人的趋利主义，即安全需要投入，增加成本，反之可以将安全成本变为利润；三是人的惰性和习惯，如人在初期的"师傅"指导下形成的习惯性违章、长期的"投机取巧"行为形成等。这种不良的惰性和习惯是由安全规范需要付出力气和时间，而违章可带来暂时的舒适和短期的"利益"等导致的。要克服这种"下滑力"就需要"文化力"，就是正确的认识论形成的驱动力、价值观和科学观的引领力、强意识和正态度的执行力。

**二、企业安全文化建设的主要途径**

企业安全文化建设的途径很多，归纳起来大体有以下五个方面。

（一）通过宣传教育，提高全员的安全文化素质

人的安全文化素质的高低是安全文化建设的关键。在长期的安全生产实践中，不少企业和单位总结出来的实践经验表明，需要利用一切宣传教育形式传播安全文化，发挥安全文化环境的作用，营造浓厚的安全文化氛围，以达到启发人、教育人、提高人、造就人并推进企业安全文化建设的目的。

（二）引进并借助科学技术，促进安全文化的创新

科学技术在人类文明进步中占有重要的地位并起着巨大的推动作用。在现代社会中，科学技术是文化发展和创新的坚实基础和动力。从某种意义上来讲，企业安全科技的进步与创新程度，决定着企业员工的安全文化素质，也决定着企业的综合实力和发展水平。

（三）加强法制建设，促进安全文化的健康发展

安全文化是一种社会意识和观念，其发展必须要有相应的法律、法规、制度做保障。实践证明，当人们没有意识到安全的规律和重要性时，安全法律法规作为强制推行和规范安全文化的手段，更显得十分重要。因此，安全方面的法律法规是安全文化的重要组成部分，也是保障安全文化健康发展的主要手段。安全方面的法律法规的生命深藏于安全文化中，而加强安全法制建设，依法行政，依法安全生产和管理，是国家、社会的需要，更是企业安全文化建设的需要。

（四）引进先进的管理机制，推动安全文化建设的进步

多年来，国内外许多知名企业在传承本国、本企业的安全文化的同时，也不断吸收和借鉴他国或其他企业先进安全文化的建设经验，从而推动了本企业的安全文化建设和发展。例如，美国的杜邦、英国的华杜、中国的海尔等。这些优秀的企业将企业安全文化作为职业安全工作的基础，视其为安全管理的文化理念和员工的行为准则。企业在进行安全文化建设时，不仅需要探索和积累自己的文化底蕴，也要与时俱进，大胆学习和引进优秀的安全文化和先进的管理机制，结合自己企业的实践情况，建立一套科学、规范的自我约束、自我发展的管理机制，从而推动企业安全文化建设的不断进步。

（五）利用多种形式，加快安全文化产业的发展

安全文化产品和安全文化产业是安全文化的物态表现形式，也是安全

文化舆论氛围的主要载体。两者相互依存，相互促进。随着企业安全文化的发展和人们对精神安全文化的需求，安全文化产业体系不断完善，安全文化产业投入不断加大，安全文化产品开发不断加强，逐步形成了多元发展的格局。音像、影视、网络、报纸、杂志和招贴画等媒体宣传手段不断涌现，一些以安全生产新技术、新材料、新工艺、新设备为基础的劳动保护用品、职业病防治和保健服务的出现丰富了安全文化产品矩阵。

### 三、企业安全文化建设的主要内容

（一）企业安全观念文化

观念是认识的表现、思想的基础、行为的准则。只有当人类对自身的安全态度和观念有正确的理解和认识，并有高明的安全行动艺术和技巧时，人类的安全活动才算走入了文明的时代。现代企业的安全观念文化包含以下具体内容。

1. 安全发展的科学观

党的十六大提出了全面建设小康社会的宏伟目标，明确了要坚持节约发展、清洁发展、安全发展，实现可持续发展。其中的安全发展体现了"三个代表"重要思想和科学发展观的本质特征，体现了"立党为公、执政为民"的施政理念，反映了最广大人民群众的迫切愿望。党的十七大提出了构建和谐社会的战略目标，而和谐社会的实现需要"人人共创安全、人人享有安全"。党的十八大又在十六大、十七大确立的全面建设小康社会目标的基础上提出了努力实现的更高的要求：转变经济发展方式取得重大进展，实现国内生产总值和城乡居民人均收入比 2010 年翻一番。而在实现经济成长目标的同时，小康社会的建立更需要和谐、安全的科学观做指导。党的十九大提出把坚持总体国家安全观作为新时代中国特色社会主义的基本方略，要树立安全发展理念，弘扬生命至上、安全第一的思想，健全公共安全体系，完善安全生产责任制，坚决遏制重特大安全事故。

2. 安全第一的哲学观

安全第一的原则按照以下方式体现：在思想认识上，安全工作要高于其他工作；在组织结构上，安全权威要大于其他组织或部门权力；在资金安排上，安全投入重视程度要高于其他工作所需资金；在知识更新上，安全知识学习要先于其他知识培训和学习；在检查考评上，安全检查评比要严于其他考核工作；当安全与生产、安全与经济、安全与效益发生矛盾时，安全优先。科学、辩证的安全哲学观要求处理好安全与生产、安全与效益的关系，这样才能更好地完成企业的安全工作。

### 3. 重视生命的情感观

"生命只有一次""健康是人生之本"，充分显示了安全联系着人的生命与健康。充分认识人的生命与健康的重要价值，是社会中每一个人必须建立的情感观。珍惜生命、重视健康在不同层面的社会人身上有着不同的具体体现。员工的安全情感主要表现为"爱人、爱己、有德、无违"，而对于企业的管理层来说，"以人为本、尊重和爱护职工"是其应有的情感。

### 4. 安全效益的经济观

安全生产与经济效益是既对立又统一的辩证关系。企业法人代表应具备"实现安全生产，不仅能够'减损'还能够'增值'的安全经济观"。对安全的投入不仅能给企业带来间接的经济效益，而且能够产生直接的经济效益。

### 5. 预防为主的科学观

现代工业生产系统是人造系统，这种客观实际给事故预防提供了基本前提，即任何事故从理论和客观上讲都是可预防的。因此，人类应该通过各种合理的对策和努力，从根本上消除事故发生的隐患，把工业事故的发生降低到最小限度。应采用现代的安全管理技术，变纵向的单因素管理为横向的综合管理，变事后处理为预先分析，变事故管理为隐患消除，变管理的对象为管理的动力，变静态被动管理为动态主动管理，从而实现本质安全化，这也就是我们应当建立的安全生产科学观。

### 6. 人—机—环—管的系统观

在事故的预防体系中，涉及两个系统、四大要素。一个是通过打破事故系统来保障人类安全，具有事后型色彩的事故系统。其中，人的不安全行为是事故发生的最直接原因之一、机器的不安全状态也是事故发生的最直接原因之一、不良的生产环境影响着人的行为和机器的状态、管理上的缺陷会让以上各要素效用加剧或减弱。另一个是安全系统，具有超前和预防效用。其中，人的安全素质、设备与环境的安全可靠性、生产过程中能量的有效控制、充分可靠的安全信息流等是必不可少的。从安全系统的角度来认识安全原理更具有理性的意义。

（二）企业安全行为文化

安全的价值观反映在人的外在行为上，形成公认的安全价值愿望，反馈于心，融于思想、引导思维、制约行为，形成了社会化的安全行为标准或原则，并进一步演化为社会及大众公认的安全行为规范和安全价值标准。所谓安全行为文化，是指在安全观念文化的指导下，人们在生活和生产过程中的安全行为准则、思维方式、行为模式的表现。根据海因里希法则，想要消灭1起事故，必须从细节上将1 000起不安全的行为控制住。通过安全活动、预案演练、安全教育、技能培训等，并将危害识别和风险评价列入日常安全管理和生产运行中，以提高危害识别与风险评价能力，使员工熟练掌握本岗位安全操作技能，树立责任感和使命感，使员工自觉规范自己的操作行为。

一般来说，从个体、群体、领导三个方面开展安全行为文化建设。

任何企业或组织是由众多的个体的人组合而成。先天的遗传素质、教育、社会经历等差异导致个体在安全行为上表现出了明显的差异，而企业应积极认识并消除这种差异。通过抓好员工安全理念的建立和渗透，关注员工安全意识的培养和提高，以及坚持以法律法规来规范企业领导和员工的安全行为，将安全责任落实到个人，并与员工的绩效考核直接挂钩，约束个人以遵守安全行为。

企业员工的安全行为主要是在生产过程的群体中发生的，职工个体的安全行为必然受到其所在群体的群体行为和群体动力的制约和影响。建设企业群体安全行为文化，有助于群体成员产生一致的安全行为，有助于实现群体的安全目标。正因为如此，我们需要建设以安全绩效为导向的、有社会标准化倾向的群体安全行为文化。

领导行为是影响人的积极性因素中的关键性因素。企业领导对安全生产的重视程度直接决定了企业的安全物态文化水平，一个重视安全生产的领导集体会加大对安全生产的投入，及时消除各种安全隐患，为职工提供安全可靠的生产设备。企业领导对安全观念文化和安全行为文化的影响，主要体现在他们的行为导向作用上。企业各级领导具备的良好的安全生产意识、安全信念和安全价值观，只有通过他们自身的行为传播到企业员工的心里，才能有效地加快企业安全文化建设的速度和提高建设的质量。

（三）企业安全制度文化

企业安全制度文化是指企业在生产经营活动中长期执行的较为完善的

为保障人和物安全而形成的安全规章制度、操作规程、防范措施、安全教育培训制度、安全管理责任制度及各种有关安全生产的厂纪厂规等，国家安全生产的法律、法规及有关的安全卫生技术标准也包含在内。作为企业安全生产运行保障机制的重要组成部分，企业安全制度是企业安全精神文化物化的结果，主要包括安全管理制度、安全培训教育制度、安全生产责任制度、安全检查制度、安全激励制度等。

加强对员工进行安全教育与培训，是保证安全生产的基础，是提高员工安全技术素质、搞好安全生产的前提。历史经验和客观事实表明，有80%的工伤事故和生产事故是由职工自身的"三违"原因造成的。在构成事故的人—机—环境的关系分析中，"机器设备"和"环境"相对稳定，唯有"人"是最活跃的要素。只有科学的管理、有效的培训和教育、正确的宣传和引导，才能提高员工的安全素质。安全教育能够提高各级生产管理人员和广大员工对安全生产工作的责任性和自觉性。需要强调的是，安全教育的开展不仅仅要面向基层员工，企业的决策层和管理层的安全教育同样不能忽视。

## 第三节　职业安全健康培训的法律法规要求及管理

### 一、职业安全健康培训的法律法规要求

（一）《中华人民共和国安全生产法》（2014年修订）关于职业安全健康培训的要求

1. 从业人员

第二十五条规定：生产经营单位应当对从业人员进行安全生产教育和培训，保证从业人员具备必要的安全生产知识，熟悉有关的安全生产规章制度和安全操作规定，掌握本岗位的安全操作技能，了解事故应急处理措施，知悉自身在安全生产方面的权利和义务。未经安全生产教育和培训合格的从业人员，不得上岗作业。

2. 特种作业人员

第二十七条规定：生产经营单位的特种作业人员必须按照国家有关规

定经专门的安全作业培训，取得相应资格，方可上岗作业。

3. 新技术培训

第二十六条规定：生产经营单位采用新工艺、新技术、新材料或者使用新设备，必须了解、掌握其安全技术特性，采取有效的安全防护措施，并对从业人员进行专门的安全生产教育和培训。

4. 劳动保护培训

第四十二条规定：生产经营单位必须为从业人员提供符合国家标准或者行业标准的劳动防护用品，并监督、教育从业人员按照使用规则佩戴、使用。

5. 经费

第四十四条规定：生产经营单位应当安排用于配备劳动防护用品、进行安全生产培训的经费。

6. 员工义务方面

第五十五条规定：从业人员应当接受安全生产教育和培训，掌握本职工作所需的安全生产知识，提高安全生产技能，增强事故预防和应急处理能力。

（二）《中华人民共和国职业病防治法》（2018 年修订）关于职业安全健康培训的要求

1. 职业病危害的公示要求

第二十四条规定：产生职业病危害的用人单位，应当在醒目位置设置公告栏，公布有关职业病防治的规章制度、操作规程、职业病危害事故应急救援措施和工作场所职业病危害因素检测结果。对产生严重职业病危害的作业岗位，应当在其醒目位置，设置警示标识和中文警示说明。警示说明应当载明产生职业病危害的种类、后果、预防及应急救治措施等内容。

第三十三条规定：用人单位与劳动者订立劳动合同（含聘用合同）时，应当将工作过程中可能产生的职业病危害及其后果、职业病防护措施和待遇等如实告知劳动者，并在劳动合同中写明，不得隐瞒或者欺骗。

2. 职业病危害物质的公示要求

第二十九条规定：向用人单位提供可能产生职业病危害的化学品、放射性同位素和含有放射性物质的材料的，应当提供中文说明书。说明书应当载明产品特性、主要成分、存在的有害因素、可能产生的危害后果、安全使用注意事项、职业病防护及应急救治措施等内容。产品包装应当有醒目的警示标识和中文警示说明。贮存上述材料的场所应当在规定的部位设置危险物品标识或者放射性警示标识。

3. 对用人单位主要负责人和职业卫生管理人员、劳动者培训的要求

第三十四条规定：用人单位的主要负责人和职业卫生管理人员应当接受职业卫生培训，遵守职业病防治法律、法规，依法组织本单位的职业病防治工作。用人单位应当对劳动者进行上岗前的职业卫生培训和在岗期间的定期职业卫生培训，普及职业卫生知识，督促劳动者遵守职业病防治法律、法规、规章和操作规程，指导劳动者正确使用职业病防护设备和个人使用的职业病防护用品。劳动者应当学习和掌握相关的职业卫生知识，增强职业病防范意识，遵守职业病防治法律、法规、规章和操作规程，正确使用、维护职业病防护设备和个人使用的职业病防护用品，发现职业病危害事故隐患应当及时报告。劳动者不履行前款规定义务的，用人单位应当对其进行教育。

4. 劳动者享有获得职业健康培训的权利

第三十九条规定：劳动者享有获得职业卫生教育、培训的权利；享有获得职业健康检查、职业病诊疗、康复等职业病防治服务的权利；享有了解工作场所产生或者可能产生的职业病危害因素、危害后果和应当采取的职业病防护措施的权利。

5. 对工会组织培训监督的要求

第四十条规定：工会组织应当督促并协助用人单位开展职业卫生宣传教育和培训，有权对用人单位的职业病防治工作提出意见和建议，依法代表劳动者与用人单位签订劳动安全卫生专项集体合同，与用人单位就劳动者反映的有关职业病防治的问题进行协调并督促解决。工会组织对用人单位违反职业病防治法律、法规，侵犯劳动者合法权益的行为，有权要求纠正；产生严重职业病危害时，有权要求采取防护措施，或者向政府有关部门建议采取强制性措施；发生职业病危害事故时，有权参与事故调查处理；发现危及劳动者生命健康的情形时，有权向用人单位建议组织劳动者撤离危险现场，用人单位应当立即做出处理。

6. 培训费用方面

第四十一条规定：用人单位按照职业病防治要求，用于预防和治理职业病危害、工作场所卫生检测、健康监护和职业卫生培训等费用，按照国

家有关规定，在生产成本中据实列支。

（三）《使用有毒物品作业场所劳动保护条例》（2002 年）关于职业安全健康培训的要求

1. 对工会组织培训监督的要求

第八条规定：工会组织应当督促并协助用人单位开展职业卫生宣传教育和培训，对用人单位的职业卫生工作提出意见和建议，与用人单位就劳动者反映的职业病防治问题进行协调并督促解决。

2. 对管理人员和劳动者培训的要求

第十九条规定：用人单位有关管理人员应当熟悉有关职业病防治的法律、法规及确保劳动者安全使用有毒物品作业的知识。用人单位应当对劳动者进行上岗前的职业卫生培训和在岗期间的定期职业卫生培训，普及有关职业卫生知识，督促劳动者遵守有关法律、法规和操作规程，指导劳动者正确使用职业中毒危害防护设备和个人使用的职业中毒危害防护用品。劳动者经培训考核合格，方可上岗作业。

3. 对劳动者职业卫生培训权利的要求

第三十八条规定：劳动者享有获得职业卫生教育、培训的权利；享有获得职业健康检查、职业病诊疗、康复等职业病防治服务的权利；享有了解工作场所产生或者可能产生的职业中毒危害因素、危害后果和应当采取的职业中毒危害防护措施的权利。

4. 对劳动者职业卫生培训义务的要求

第四十六条规定：劳动者应当学习和掌握相关职业卫生知识，遵守有关劳动保护的法律、法规和操作规程，正确使用和维护职业中毒危害防护设施及其用品；发现职业中毒事故隐患时，应当及时报告。

（四）《生产经营单位安全培训规定》（2015 年修订）关于职业安全健康培训的要求

1. 生产经营单位主要负责人安全培训应当包括的内容

（1）国家安全生产方针、政策和有关安全生产的法律、法规、规章及标准。

（2）安全生产管理基本知识、安全生产技术、安全生产专业知识。

（3）重大危险源管理、重大事故防范、应急管理和救援组织及事故调查处理的有关规定。

（4）职业危害及其预防措施。

（5）国内外先进的安全生产管理经验。

（6）典型事故和应急救援案例分析。

（7）其他需要培训的内容。

2. 生产经营单位安全生产管理人员安全培训应当包括的内容

（1）国家安全生产方针、政策和有关安全生产的法律、法规、规章及标准。

（2）安全生产管理、安全生产技术、职业卫生等知识。

（3）伤亡事故统计、报告及职业危害的调查处理方法。

（4）应急管理、应急预案编制及应急处置的内容和要求。

（5）国内外先进的安全生产管理经验。

（6）典型事故和应急救援案例分析。

（7）其他需要培训的内容。

生产经营单位主要负责人和安全生产管理人员初次安全培训时间不得少于32学时。每年再培训时间不得少于12学时。煤矿、非煤矿山、危险化学品、烟花爆竹、金属冶炼等生产经营单位主要负责人和安全生产管理人员初次安全培训时间不得少于48学时，每年再培训时间不得少于16学时。

3. 厂（矿）级岗前安全培训应当包括的内容

（1）本单位安全生产情况及安全生产基本知识。

（2）本单位安全生产规章制度和劳动纪律。

（3）从业人员安全生产权利和义务。

（4）有关事故案例等。

煤矿、非煤矿山、危险化学品、烟花爆竹、金属冶炼等生产经营单位厂（矿）级安全培训除包括上述内容外，应当增加事故应急救援、事故应急预案演练及防范措施等内容。

4. 车间（工段、区、队）级岗前安全培训应当包括的内容

（1）工作环境及危险因素。

（2）所从事工种可能遭受的职业伤害和伤亡事故。

（3）所从事工种的安全职责、操作技能及强制性标准。

（4）自救互救、急救方法、疏散和现场紧急情况的处理。

（5）安全设备设施、个人防护用品的使用和维护。

（6）本车间（工段、区、队）安全生产状况及规章制度。

（7）预防事故和职业危害的措施及应注意的安全事项。

（8）有关事故案例。

（9）其他需要培训的内容。

5. 班组级岗前安全培训应当包括的内容

（1）岗位安全操作规程。

（2）岗位之间工作衔接配合的安全与职业卫生事项。

（3）有关事故案例。

（4）其他需要培训的内容。

此外，从业人员在本生产经营单位内调整工作岗位或离岗一年以上重新上岗时，应当重新接受车间（工段、区、队）和班组级的安全培训。生产经营单位的特种作业人员，必须按照国家有关法律、法规的规定接受专门的安全培训，经考核合格，取得特种作业操作资格证书后，方可上岗作业。

## 二、职业安全健康培训的管理

企业需要按照培训要求，通过调查来制订符合其实际情况的职业安全健康培训计划。按照计划实施培训，对培训效果实施评价，对不足之处进行完善。通过培训，使员工的职业安全健康意识、技能得到提升，才可能达到安全健康生产的目的。

### （一）培训需求的调查

制订年度培训计划前应当进行培训需求的调查，目的是了解员工现状，使培训计划的制订更有针对性。培训需求的调查内容应该包括培训内容、培训形式、培训时间等。具体内容可以参照表9-1。

表 9-1　部门年度培训需求调查表

| 需求部门 | | |
|---|---|---|
| 培训课时 | | 负责人签字审批 |
| 培训理由 | | |
| 培训内容 | | |
| 培训目标 | | |
| 拟参加培训的人员 | | |
| 备注 | | |

（二）培训计划的制订

企业应根据培训需求的调查结果，并结合自身的实际情况（资源、时间安排、经费、相关方的要求等）制订年度培训计划。培训计划主要包括培训课程、培训时间、培训地点、培训方式、参训人员、培训资料等内容。

**案例介绍：**

## 某公司2007年度职业安全健康培训计划

为加强公司安全管理，不断提高职工的安全意识和安全素质，深入贯彻公司"质量、环境、职业安全健康"方针，确保管理体系的高效运转，根据公司2007年度培训计划，制订安全生产培训计划。培训内容主要涉及新法规、新规程及规范、继续教育、特种作业等。

1. 培训内容

（1）法律法规培训

为了进一步加强全公司的法律意识，定期组织管理人员进行新法规及现行法律法规培训。

（2）新规程及规范培训

为进一步贯彻执行有关建筑工程质量的新的安全规程、规范及各项管理规定，以便使各工程的施工按照新规程、规范及各项管理规定进行，拟定对在岗的部分专业技术人员进行以新规程、规范为内容的培训。

（3）继续教育培训

根据公司发展的需要，对专业技术人员进行知识更新培训。

（4）新招大中专生培训

本年度新招大中专毕业生，为了使他们对公司有一个全面的了解，能够尽快达到上岗要求，拟定对新进的员工进行以企业规章制度、安全知识为内容的入厂教育培训。

（5）特种作业人员培训

根据上级下发文件中"在特殊岗位作业人员必须持证上岗，并定期进行复检"的要求，组织在特种作业岗位工作已到复检期的员工到指定的培训点进行复检培训。复检培训时间根据培训点开课时间而定。

（6）特殊工种培训

根据上级下发文件中的要求，对本年度所有新开工程中的架子工、混凝土工、防水工、电气焊工及小型机械操作工进行特殊工种培训，培训安排根据各项目部新开工程而定，培训由工程部组织实施。

（7）应急知识培训

根据公司文件的要求，对全体职工进行应急知识培训，主要培训内容包括公司各级应急救援预案、应急器材的使用。

2. 实施措施

（1）充分发挥各部室及项目部的作用

员工培训工作是一项综合性的工作，它涉及各部室、各项目部。充分发挥各部室及项目部的作用就可以保证员工培训工作按计划实施，可以对员工培训工作进行综合管理，可以使员工培训工作更紧密地与公司生产实际需要相结合。

（2）建立培训、考核与使用相结合的制度

凡上级行政机关要求持证上岗的岗位，员工未经培训合格不准上岗；对企业提供培训机会未按要求接受培训的员工，按照公司有关培训管理规定进行处罚。逐步形成人才培训、考核与使用相结合的管理模式。

3. 要求

各部室、各项目部的主管领导要重视员工培训工作，要指定专人负责此项工作的日常管理，并根据公司的员工培训计划制订出实施计划，对所在单位的员工培训工作开展情况进行监控。

外送员工参加培训，经主管领导或所属项目经理批准后，报公司工程部审批组织实施。

对已经参加培训或培训结束后未办理审批手续的员工，视为不符合培训管理规定。

4. 培训计划的实施

培训实施过程包括：下发培训通知；确定培训教师及教材；组织参训人员及时参加培训并签到（配备培训签到表）；确保培训效果；等等。

5. 培训效果的评估

培训结束后，组织有关人员对培训效果实施评估。其中，评估的方法可以采用口试、笔试、问卷调查等。

# 第十章

## 国外职业安全与健康管理的经验

1. 了解国际劳工组织和职业安全与健康管理的相关规定
2. 逐步掌握世界发达国家职业安全与健康管理的有关经验

随着国际社会对职业安全与健康问题的日益关注，以及 ISO 9000 和 ISO 14000 系列标准在各国得到广泛认可与成功实施，考虑到质量管理、环境管理和职业安全与健康管理的相关性，国际标准化组织（ISO）在 1995 年上半年，成立了由中、美、英、法、德、日、澳、加、瑞士、瑞典，以及国际劳工组织（ILO）和世界卫生组织（WHO）代表组成的特别工作组，并于 1995 年 6 月 15 日召开了第一次特别工作组会议。此后，一些发达国家率先开展了实施 OHSMS 的活动。本章重点介绍国际劳工组织、美国、德国、英国和日本等国际组织和发达国家职业安全与健康管理的发展现状及经验借鉴。

## 第一节　国际劳工组织和职业安全与健康管理

### 一、国际劳工组织及其目标

1919 年，国际劳工组织根据《凡尔赛和约》，作为国际联盟的附属机构成立。1946 年，国际劳工组织正式成为联合国主管劳动和社会事务的专门机构。国际劳工组织由国际劳工大会、理事会和国际劳工局（秘书处）构成。此外，还有其他附属机构，如国际劳动科学研究所、国际社会保障协会、国际职业安全卫生信息中心等。国际劳工大会是国际劳工组织成员代表大会，是国际劳工组织的最高权力机构，每年在日内瓦举行一次。理事会是国际劳工大会闭会期间的执行机构，它决定国际劳工组织的各项重要问题，监督国际劳工局行使其职责。理事会由政府理事 28 人、工人理事 14 人和雇主理事 14 人组成，均由国际劳工大会选举产生，任期为 3 年。理事会每年召开三次会议。国际劳工局是国际劳工组织的常设工作机关，是国际劳工大会、理事会会议的秘书处，负责处理国际劳工组织的日常事务，其总部设在瑞士日内瓦。国际劳工组织的一个重要特点是它的"三方结构"，即该组织的各种活动都有各成员国的政府、工人和雇主代表参加，所有代表都以平等的身份商议问题。三者在国际劳工组织推动下开展的活动，是该组织取得权力的来源。它使该组织有可能解释每个国家的目标和愿望，反映它们所致力解决的问题，并根据有关各国的社会和经济形势做出切合实际的决定。国际劳工组织为了完成它的各项任务，还与国际社会的其他组织进行密切的合作。

国际劳工组织的活动方式主要是制定国际劳工公约和建议书，用公约的形式来约束成员国劳动立法的一致性，用建议书的形式来指导成员国劳动立法的统一性。我国于 1983 年正式恢复在国际劳工组织的活动，多年来与国际劳工组织有着全面的合作，其中，在职业安全与健康领域，双方一直保持着积极的、良好的合作关系。1985 年，国际劳工组织在北京设立北京局。

截止到 2013 年，国际劳工组织已通过了职业安全与健康方面的公约 30 个、建议书 28 个和实施规程 25 个。国际劳工组织成员国一旦签署了国际劳工公约，就应通过立法等方式，确保该公约在本国得到有效贯彻实施。早期的国际劳工组织的目标，可以说是狭小的，主要集中于对妇女和儿童的保护。20 世纪 30 年代以来，职业安全与健康活动已经进入一个新的阶段。国际劳工组织不仅关心如何消除显而易见的疾病和事故，而且注意到物理和化学方面的危险及从事工作的人的心理和社会问题，同时日益谋求全面的预防和改进方法。国际劳工组织认为，工伤和职业病除了使工人遭受痛苦外，还将造成个人、家庭及整个社会相当大的经济损失和社会危害。虽然生产方面的发展和技术的进步正逐步使某些伤害减少，但是，由于大规模地使用了一些新的物质，造成工作场所的污染，给工人的安全、健康带来了新的危害。国际劳工组织的目标是促使工作条件尽可能地适应工人的体力和脑力、生理和心理所能承受的负荷，创造一种安全和有益于健康的工作环境。

## 二、国际劳工组织的任务及特点

国际劳工大会的主要任务：首先是制定和通过以公约和建议书形式存在的国际劳工标准。国际劳工组织制定标准的工作对全世界许多国家的劳工立法都起了规范化的作用，它还经常直接派遣技术专家为那些提出要求的国家提供意见，以帮助它们制定或改进工作保障、工作和生活条件、安全保健等方面的法律。

目前，国际社会已认识到，国际劳工组织具有国家政府或其他团体不可替代的作用。它的"三方结构"，使所有代表都以平等的身份商议问题。国际劳工组织协助制定发展政策，努力确保工人的基本权利得到保护，从其成立至今，它在支持国际社会和各国争取充分就业、提高社会成员的生活水平、确保社会成员公平分享进步的成果、保护工人的生命和健康、促进工人和雇主的合作以改善生产和工作条件等方面进行着不懈的努力。

## 三、国际劳工组织的职业安全卫生国际监察

监察是人类进行行为管理和控制的重要手段。事故的有效预防及安全卫生规程的有效实施，在很大程度上取决于是否建立职业安全卫生监察机构及该机构的工作成效如何。1947年，国际劳工组织通过了《1947年劳动监察公约》和《1947年劳动监察建议书》，这是保护工人安全卫生的两个重要文件。1981年1月1日以前，认可该公约的已有98个成员国。这些国家一致同意，至少在工业工作场所要建立劳动监察制度。该公约规定了劳动监察员的职责和权力，还规定了各国政府应保证能有相当资格的专家和技术人员进行配合，其中包括医学、工程学、电学和化学等方面的专门人才。为了在劳动监察方面与国际法，特别是与国际劳工组织的公约和建议书的原则保持一致，各国的法律大多赋予了监察员可以进入并视察各企业的权力，并规定了视察的条件和限制（接触文件资料、产品抽样分析、测定工作场所的大气等），以及授权监察员采取措施纠正在车间、布局或工作方法中发现的他们可能有正当理由认为会对工人健康和安全构成威胁的缺

陷。因此，对监察员的水平和能力的要求是比较高的。一般来说，需要具有高等学校毕业的学历，且具有在工业部门工作的经验，以在中级管理部门工作过为宜。有时则要求在工会任过职。由于安全卫生活动日趋复杂化，许多国家已采取对监察人员先进行专门的初步培训，然后再做进一步正式培训的做法，使他们熟悉新的技术和生产方法的最新发展情况。为了向各国的劳动管理部门提供各企业劳动监察员所采用的方法和具体做法方面的信息，1972 年成立了国际劳动监察协会。

### 四、世界安全生产与健康日

1989 年，美国和加拿大工人在为因工作受伤或死亡的工人举行悼念活动时，最早萌生了设立纪念日的想法。为让严重的职业安全卫生问题引起国际社会的关注、弘扬工作安全与健康文化、促进工伤死亡人数逐渐下降，1996 年国际自由工会联合会和国际工会联盟协作发起了世界安全生产与健康日活动，以纪念因为工作而受伤或死亡的工人。国际劳工组织认为体面的工作应该是安全的，从不接受"工作必然产生工伤与职业病"的理论。2001 年 4 月，国际劳工组织将 4 月 28 日定为世界安全生产与健康日。国际劳工组织每年将关注并支持各国开展纪念活动，为各国提供张贴画（可以网上下载）、活动日程表、世界安全生产与健康日的象征图案、别针（可邮寄）、粘纸（可邮寄）、新闻（可通过电子邮件发送）和简报等服务。边框为黄黑相间的图案作为全体劳动者预防、安全和健康的象征。从 2001 年起，国际劳工组织将该活动作为三方活动之一。国际劳工组织还响应国际自由工会联合会的号召，将 4 月 28 日作为联合国官方纪念日。

# 第二节　美国的职业安全与健康管理

美国职业安全与健康管理局（Occupational Safety and Health Administration，简称 OSHA），是美国为保障工作场所中雇员处于安全及健康的工作环境和工作条件中，监察与鼓励雇主和职工减少工作场所的危害，落实有效的安全与健康措施，依据《职业安全与健康法》（1970 年）的规定，于1971 年成立的联邦政府监察管理机构。自职业安全与健康管理局成立以来，美国的职业安全与健康工作发生了很大的变化。

### 一、美国职业安全与健康管理的发展历程

美国的职业安全与健康管理的发展历程大致可分为以下五个阶段。

**（一）20 世纪 70 年代以前的管理薄弱阶段**

在美国工业化开始后的 100～150 年里，随着机械化大工业的发展，工伤事故发生率显著上升，其损害的严重性也与日俱增，但同时人们的生活水平得到了可观的提高。因此，在很长时间里，无论是雇主、雇员还是政府有关部门都认为，产业事故不可避免。这种情况直到 20 世纪初才出现转机。1906 年，美国钢铁公司根据实践和经验提出了"安全第一、质量第二、生产第三"的口号，率先实施确保安全的措施。

随着社会化大生产的出现，新设备、新材料、新工艺等提高了生产效率，也不可避免地增加了危险和各种危害，工人的生命与健康受到极大的威胁和伤害，来自社会的抱怨与日俱增。在社会各界和政治家的共同推动下，美国于 1970 年通过了《职业安全与健康法》，成为劳动安全与公共健康立法的一个里程碑。一年后，美国基于该法案成立了职业安全与健康管理局，隶属美国劳工部。

**（二）20 世纪 70 年代对工作场所实行强制性管理**

20 世纪 70 年代以来，美国加强了对工作场所的强制性安全与健康管理，从事工作场所安全与健康管理的机构主要有综合性机构如美国职业安全与健康管理局和美国工业卫生协会（AIHA）等和专门性机构如美国矿山安全与健康管理局（MSHA）等。

《职业安全与健康法》使 OSHA 具有制定标准的权威性，并通过保护工人安全与健康的方式来执行。OSHA 开始运作后不久，便制定了四千多个一般产业的安全与健康标准，其中以安全标准占据优势。在这个过程中，OSHA 将一系列对工作场所任意设计的导向转变为强制性指令。

矿山安全管理是工作场所管理的一项重要内容。在美国，从事矿山安全管理的专门性机构是矿山安全与健康管理局，它是 1978 年根据《联邦矿山安全与健康法》的有关规定成立的，其主要职责是强化安全标准制定、监督安全生产、加强检查、调查处理事故和进行安全生产方面的研究等。

**（三）20 世纪 80 年代 OSHA 管理发生变革**

20 世纪 80 年代，美国卡特政府对安全标准进行检查并开始了 OSHA 管

理改革，其重点是剔除了一些不合理的标准。从卡特政府到里根政府，OSHA的管理政策中最重要的结构性变化在化学标签管理方面。里根政府开始实施的新安全标准，为OSHA的管理打下了变革的烙印。1984年，OSHA还企图通过降低谷物升降机中的尘土来进一步降低风险，这一举措意在降低与谷物买卖相关的风险，因为谷物操作设备的爆炸可能导致许多工人死亡。20世纪80年代OSHA管理改革的两个成效——化学标签标准和谷物操作标准，表明了OSHA管理方法的显著进步。

（四）20世纪90年代OSHA管理政策由安全管理向健康管理转移

在以往二十多年的管理中，OSHA管理政策的重点一直不在健康领域，但是由市场和工人补偿机制来处理健康危险并不有效。此外，将实际的不确定事件和低发事件可能涉及的灾难结果结合起来考虑，那么这将使健康风险成为政府管理的目标。因此，OSHA管理政策开始向健康领域转移。比如，企业为雇员购置锻炼设施、建立运动场地、由健康专家对企业雇员进行定期的身体检查等。

（五）21世纪OSHA的管理改革计划

进入21世纪，OSHA的管理改革仍在继续，主要表现在三个方面：一是关注重点领域，即从职业安全转移到职业健康，关注雇员的健康；二是在成本增加的同时，尽可能地提高安全与健康；三是要在健康的改进和社会投入的成本之间达到一个新的均衡。

## 二、美国职业安全与健康管理的措施及其变革

美国职业安全与健康管理措施主要包括强制性措施、引导支持性措施、合作措施，这三大类措施相互补充，并在时间上呈现演进态势，体现了安全与健康管理从控制命令型的比较僵化形式向灵活的非传统管理方式转化，体现了公共治理的理念，并要求以公共部门与私人部门的合作模式代替公共部门的排他性模式。

（一）强制性措施

强制性措施具有命令控制的特点，主要包括制定标准、监督检查和实施处罚三种类型。

《职业安全与健康法》赋予OSHA制定安全标准和健康标准的权力。一般来说，安全标准旨在保护工人免受人身伤害，而健康标准涉及有毒有害

物质，保护工人免受职业病的侵害。另外，按照标准签署的程序过程，OS-HA 的安全与健康标准可分为启动标准、永久性标准、紧急临时性标准。OSHA 的安全与健康标准按涉及的领域可分为一般工业标准、海事标准、建筑业标准和农业标准。这些标准对涉及领域的工作条件、采取或使用必要恰当的预防措施和程序提出明确的要求。

制定标准以后，OSHA 需要对这些标准的执行和落实情况进行监督检查。

2018 年，美国有 800 多万个工作场所，负责职业安全与健康监察的 OSHA 官员有 2 000 多名，人均监察场所多达 4 000 个。一方面，美国联邦政府鼓励各州政府制定和实施职业安全与健康监察计划，以落实联邦法规，目前 OSHA 已授权 28 个州自行实施职业安全与健康监察工作；另一方面，OSHA 还推行了"自愿保护计划"，实行雇主和雇员自主管理。

（二）引导支持性措施

强制性措施在安全与健康管理的实践中发挥了巨大作用，但众多研究表明这类政策存在成本有效性问题。因此，OSHA 在采取强制性措施的同时，采取许多支持引导性措施，包括提供咨询服务、进行安全与健康方面的教育和培训，以及提供安全与健康方面的信息服务。

咨询服务由 OSHA 驻各州的机构雇用专业安全与健康顾问提供。服务内容包括帮助雇主确认和消除具体的危险、开展工作地点的危险调查、评估现有的安全与健康管理制度，以及协助雇主开发和推行有效的职业安全与健康管理制度。

OSHA 设立培训学院，为联邦和州安全官员、州咨询师、其他联邦机构的人员、私营部门的雇主与雇员及他们的代表提供培训和教育课程。为了满足私人部门和其他联邦行政机构日益增长的对安全与健康课程的需求，OSHA 培训学院除了自己提供培训课程外，也通过在社区非营利学院和大学建立自己的教育培训中心，提供课程和组织研讨会。

目前，OSHA 通过网络提供信息服务，包括 OSHA 颁布的安全与健康法规、管理措施、遵守规则的指导、联邦注册告示及其他资料、电子工具（如专家建议的软件、电子遵从协助软件工具、电子刊物、VCD 等）、网上投诉等。2003 年，OSHA 在其网站上还增加了小雇主改进、伙伴关系、工人等主页。

（三）合作措施

20 世纪 80 年代中期以来，西方许多发达国家在公共管理部门发起了一系列变革，主张建立弹性的、以市场为基础的，甚至是"企业化"的政府，注重发挥社区、社会中介组织和非营利组织的作用。由此，OSHA 越来越重视与雇主、雇员、工会及其他组织等建立自愿合作的关系。在合作中，OSHA 和相关组织处于平等地位，相互合作，共享资源，共同为实现职业安全与健康而努力。这些自愿性合作措施包括自愿保护计划、战略伙伴关系计划和联盟计划等。

自愿保护计划（Voluntary Protection Program，简称 VPP）是自愿计划的一种，由 OSHA 于 1982 年宣布实施。VPP 除了要求企业履行法律法规和安全与健康标准规定的最低限度的义务之外，还鼓励其在法定义务之上自愿地保护工人的安全与健康。VPP 在减少伤亡和疾病方面一直是有效的途径。2003 年，OSHA 庆祝 VPP 实施 20 周年，有超过 800 家企业参加了联邦或州政府的 VPP，这些企业的伤亡或疾病率是同行业平均水平的一半，并且它们的安全与健康管理水平已超过 OSHA 所要求的标准。另一项自愿计划是安全与健康业绩认可计划（Safety and Health Achievement Recognition Program，简称 SHARP），自愿接受由州政府顾问委员会所派出的专家到实地巡视的企业可以申请开展 SHARP。为了参与这一计划，雇主必须同意消除任何由专家发现的不符合规定的行为，并且建立一个安全与健康管理机制。作为补偿，OSHA 将豁免该企业一年内的常规检查。

战略伙伴关系计划（OSHA Strategic Partnership Program，简称 OSPP）于 1998 年开始实施。OSPP 摆脱了以单个工作地点为对象，以惩罚违反标准的雇主为主要手段的传统做法，而代之以 OSHA 与雇主及雇员组织齐心协力，共同确认严重的工作地点危险，建立有效的安全与健康管理制度，寻找减少工人受伤、疾病和死亡的有效途径，从而实现从传统的管理者和被管理者对抗性的关系向旨在通过资源共享实现职业安全与健康的合作关系转变。

联盟计划于 2002 年 3 月由 OSHA 推出。它是 OSHA 与致力于职业安全与健康的组织通过签订正式的协议，基于整个行业或行业中特定的风险，进行密切合作，从而预防工作场所中的伤亡和疾病的一种合作措施。联盟计划几乎向所有的组织开放，包括行业协会、专业组织、企业组织、劳工组织、教育机构和其他政府机构等。

### 三、美国职业安全与健康管理的绩效

（一）发展理念发生巨变

OSHA 管理最大的绩效是人们对职业安全与健康管理的理念发生变化，认识到职业安全与健康管理对企业管理的重要性。

其一，可以提高企业的获利能力。因为如果雇员由于事故和健康原因不能上岗，雇主就要雇用新人，那就必须增加招聘和培训开支；同时，还必须忍受新雇员的低效率。因此，建立一个比较好的工作环境，从获利角度来讲，对雇主也是有利的。

其二，可以改善劳动关系。一个具有良好的安全与健康管理的企业，在劳动力市场上是具有吸引力的；而对已在企业工作的雇员来说，良好的安全与健康管理是留住他们的重要因素。

其三，可以减少责任。一项有效的安全与健康管理方案可以减少企业及管理者在雇员受到事故和疾病伤害时的法律责任。因为雇主和管理者如果在本企业内没有推行过相应的培训和教育项目，没有采取过相应的安全和卫生措施，那么，在事故发生后，雇主自己就将负主要责任。

其四，可以提升市场竞争力。在发达国家，已形成了一种市场导向机制——保持良好的安全与健康纪录的企业，在市场上能获得比较好的订单，尤其是能获得政府订单，从而使其在市场上保持比较强的竞争力。

其五，可以提高生产率。一项有效的安全与健康管理方案可以提高雇员的士气和干劲，同时可以控制费用的上升。合理的安全与健康管理计划会得到回报：在具有完善的安全与健康管理方案的企业中，预计将会损失的工作日的水平仅为整个行业的 $1/5 \sim 1/3$。

（二）工伤事故与职业病发病率下降

美国实施系统的职业安全与健康管理后，工伤事故与职业病发病率有了明显下降。据统计，美国在 1937 年死于工伤事故的人数是 19 万人，1970 年死于工伤事故的人数约为 14 000 人。自 1971 年 OSHA 成立以来，美国工作场所的事故率降低了 60%，职业伤害率降低了 40%。

据美国劳工部统计局的报告显示，2010 年美国死于工伤事故的人数降到约 4 500 人，同期美国的就业人数几乎翻了一番，超过 1.3 亿名工人在超

过 720 万个工作场所中工作。有统计的严重工伤和疾病率也明显下降，从 1972 年的 11% 降到 2010 年的 3.5%。

### 四、美国职业安全与健康管理的经验

美国职业安全与健康管理经历了深刻的变革，并带来巨大的经济绩效，这对我国的职业安全与健康管理改革与绩效提升来说，具有借鉴意义。

#### （一）建立相对完善的法律体系

美国通过联邦和州管理职业安全与健康，构筑防范体系。联邦法律规定总的思想和原则及详细的技术规范，而各州拥有自己的专门法令、机构或人员，在地方层面上保障工人安全。这种扁平化组织效率高，减少了上下级之间在信息沟通方面的困难，减少了信息不对称和信息传递中的扭曲；同时，可以充分利用分散在各州级政府的管理信息，让地方政府充分发挥其积极性、主动性和创造性，最大限度地促进职业安全与健康管理工作。

#### （二）建立权力制衡机构

美国国会赋予 OSHA 制定职业安全与健康标准、进行监察和实施处罚的权力，但这种权力受到一定的约束。在美国的职业安全与健康管理体系中，还存在职业安全与健康复议委员会。当受到 OSHA 执法的企业不服时，它可以向该委员会提出复议。这是对 OSHA 的权力进行制衡的一种设置。因为既当执法者又当裁判员，可能无法保证执法的公正性和客观性，而由另一个机构来对 OSHA 做出的判决进行复议，做到了权力分散，有利于法令执行中的公平，有利于被监督者积极配合执法者的行动，也有利于减少被管理者对管理者的对立行为。

#### （三）采用多样化的管理措施

在中央政府、地方政府、非政府组织、雇主及雇员之间构建系统的安全与健康管理体系。美国职业安全与健康管理并不是依赖单一的方法去实现其规制使命和目标的，而是强制性措施、引导支持性措施及合作措施等多种手段并用，多管齐下，尤其是在 OSHA 管理的范围越来越大、对象越来越复杂时，OSHA 意识到，单靠一种方法、一个机构很难顺利实现自己的战略任务与目标。因此，OSHA 充分发挥相关主体与客体，包括各级政府、雇主与雇员及相关组织如行业协会、商会、专业组织、企业组织、劳工组织，以及保险公司、教育机构和其他政府机构的参与作用，以引导本

国的雇主和雇员积极参与和推进职业安全与健康。

（四）联合使用政府管理和法律诉讼

OSHA 成立之前，美国在州的层面上通过工人赔偿法来推动职业安全与健康工作。OSHA 成立之后，工人赔偿制度也并没有被废止，一样在发挥作用。实际上，政府管理是主动性的、预防性的，而事后对工人的赔偿是法律上的民事诉讼，二者各有优缺点。政府管理可以做到预防为主，减少事故发生的概率；而事后对工人进行赔偿，可以从法律上保障工人得到一定的赔偿，保护工人利益。这对于企业来说，也是一种制约。因为来自诉讼和赔偿的威胁，可以起到震慑的作用，具有政府管理所没有的一些优点。

（五）注重市场机制的作用

即使美国职业安全与健康管理处在不断的变迁之中，但它不是影响雇员安全的主要力量。在决定安全问题上，市场的力量仍是具有建设性的。因为通过差别补偿和其他相关机制，市场处理安全风险显得更有基础，特别是工人补偿津贴激发了企业追求安全的内在动力。但在健康管理方面，市场机制的作用目前还较小。

# 第三节　德国的职业安全与健康管理

德国是发达国家中职业安全水平较高的国家之一。德国在安全科学的推进方面所取得的成就世界瞩目，是世界安全科学联合会的创办国。德国在职业安全与健康管理方面的做法得到了许多国家的赞同。近年来的一些经验更值得其他国家借鉴。

## 一、德国的职业安全与健康管理体系

德国职业安全与健康管理立法可以追溯到 1947 年 7 月 11 日在日内瓦签订、自 1950 年开始实施的《1947 年劳动监察公约》（第 81 号）。从那时开始，德国就全面、系统地开展了职业安全与健康管理工作，并且建立了较为完善的联邦立法、各州执法的工作运转模式，至今已经历时 70 余年。

（一）"双元制"劳动保障体系

德国依照欧盟的相关规定建立了"双元制"劳动保障体系，即通过国家立法和工伤保险部门立法对职业安全与健康工作进行约束和调整。前者是建立国家法律后，各州在此基础上建立州的法律，由各劳动保护部门进行国家监督；后者是由工伤保险部门自主立法，建立相应的法规，并进行自主监督。二者互相配合，通过合作成立联邦职业保护战略联盟。

联邦设有专门的劳动社会部，各州设有劳动局，有州级执法专员 3 500 人，专门负责职业安全与健康相关工作。法定工伤保险经办机构包括 9 个农业系统、27 个公共系统、13 个工商业系统，2007 年 6 月 1 日起，它们合并为目前的法定工伤保险机构（DGUV），共有约 6 000 名工伤保险监管专员、2 000 余名心理专家和众多的人体工程学专家。长期以来，德国的职业安全与健康管理一直处于良好状态。2012 年，德国工商业经济部门共发生各类工伤事故 88.5 万起（在德国，雇员在工作事故中受到的伤害经医生诊断 3 天以上不能上班即为有义务向上报告的工伤事故），受伤人数为 1 5344 人，比 2010 年减少 6.945 万起和 1 220 人，比 2000 年减少 49.528 万起和 9 559 人。工伤事故死亡人数也呈显著下降趋势，2012 年工伤死亡 500 人，比 2010 年减少 19 人，比 2000 年减少 418 人。

（二）良好的职业安全与健康监管体系

德国政府对企业的监督管理主要来自两个方面：一是企业依照《劳动保护法》缴纳工伤保险费。2009 年，德国工伤保险平均缴费金额为工资总额的 1.31%，最低缴费金额约为工资总额的 0.8%（如行政管理部门），最高缴费金额约为工资总额的 8%（如建筑行业、采矿行业）。二是重罚机制。德国的事故成本非常高，如发生一起死亡事故，经法院判定为责任事故后，企业下一年度的保险费将大大增加；反之，如果企业连续多年不发生工伤事故，则会被减免保险费。这样，就从根本上解决了企业不重视安全生产的问题，所以，德国的企业乃至全社会安全意识都非常强，事故率和死亡率非常低。

## 二、德国职业安全与健康管理的主要手段和措施

（一）工伤保险机构的作用

德国工伤保险机构的主要职责：一是使用一切适当的方法，防止工伤事故、职业病及由于工作原因对健康造成的损害；二是查明事故发生的原因；三是保证在事故发生时采取有效的急救措施；四是减轻工伤事故和职

业病导致的后果。工伤保险的原则是"先预防后康复，先康复后赔偿"。为了保证工作中的安全与健康，它们采取的措施主要是咨询和监督、培训和进修、工作场所检测、工作危害调查、科学研究、定期体检、制定规章制度、工作危害评估等。

（二）企业内部的安全管理

德国的《劳动保护法》对雇主的安全责任进行了明确的规定，雇主有保证员工安全与健康的责任和义务。雇主在组织生产时，首先要考虑提供先进、安全可靠的技术措施来保护劳动者的安全与健康；要对各岗位的危险性进行安全评估，分析可能产生的事故隐患，并制定相应的措施加以防范。企业（雇主）设有安全保护机构，必须设置安全工程师、企业医生、安全员和工会人员、急救抢险队伍（由消防队和企业医生组成），安全工程师和企业医生必须取得国家认可的资格证书。企业内部安全管理分工详细，培训、监督到位。

（三）注重咨询与安全科学研究

无论是政府管理机构还是保险机构，咨询和研究都是其一项非常重要的工作。例如，各州劳动保护部门和各行业工伤保险部门，都将50%以上的工作精力用于向各有关部门和人员咨询，了解安全防护，特别是职业病防治方面的现状、存在的问题；在此基础上，用25%的精力对咨询所获信息进行分析研究，从技术、设备及管理上找出解决问题的方法，不断推动技术进步，提高安全防范能力。各行业公会都有自己的科研人员，咨询和研究对事故的防范起到了积极的作用。

（四）将教育培训作为预防事故的根本性措施

在德国，由政府出资设立职业学校，以培养技术工人和专业人员。学生在校期间除学习理论外，还参加实地训练。由于国家在教育上的高投入，德国拥有了一支高素质的产业队伍，这从根本上提高了从业人员的安全自我防护意识和防护能力，较好地解决了人的不安全因素。

**三、德国职业安全与健康管理的经验**

（一）积极推进职业安全健康管理体系发展

德国最新《职业安全健康法》的实施，建立了职业安全健康管理系统的新内容。大多数企业工伤事故的统计表明，在过去几年事故呈下降趋势。但是，仍可以从不同的角度提些优化建议，尤其是对职业安全与健康组织和管理的优化问题，它能促使企业实施职业安全健康管理体系。

早年在德国，由于职业安全与健康预防措施不力造成的损失非常严重。为此，基于欧共体制定的对各成员国均有约束力的劳动保护总则，即 1989 年 6 月 12 日委员会通过的 89/391 EWG 欧洲总则《关于改善劳动者劳动期间安全与健康保护的实施措施》（ABL EGNr. L183S. I）（这一总则对各国并没有直接效力，它必须转化成一国的法律），德国推进了修订当时的职业安全健康管理体系，使《职业安全健康法》得以通过，并于 1996 年 8 月 21 日生效。除全面贯彻劳动保护总则外，该《职业安全健康法》还适用于保障和改善劳动场所的安全与健康。德国同业公会也认识到采取预防性措施能进一步改进当前的职业安全与健康工作。出于这种原因，工商业同业公会总会召开全体大会通过了一个纲领，即《同业公会预防纲领》。在德国，人们普遍认识到，一个现代企业由于涉及履行对消费者、对员工、对环境的责任包括遵守商业道德、生产安全、职业健康、保护环境等，故在企业中必须建立这样的认识，即系统管理的思想必然是现代企业管理中不可缺少的因素，系统管理始终是组织关注的问题。德国目前实施的职业安全健康管理体系是依据有关质量管理的 DIN EN ISO 9000ff 系列标准制定的。德国由于缺少专门的职业安全健康管理体系的原则规定，所以在制定职业安全健康管理体系时，参照使用了质量管理标准。

（二）建立综合的职业安全健康管理体系

在越来越多的德国企业中，各种管理系统被合并成一种综合性的管理体系。建立何种形式的职业安全健康管理体系必将考虑到对标准的极大限制。

德国职业安全健康管理体系的构成如下：企业领导机关希望职工在高效的工作目标安排下，进行有效的工作。为此，企业领导机关委托系统管理部门制定相应的体系，随后企业领导机关组织予以实施，职工按体系规定操作，系统管理部门受委托对体系实施监督。

（三）强化实施职业安全健康管理系统

职业安全健康管理系统能够保证在岗的全体职工，明确各自在职业安全与健康领域中的职责、权限和义务。由职业安全与健康组织在企业内广泛宣传"预防为主"的思想，对某些重要环节进行风险分析，目的是防患于未然，取代事后承担责任。重要的是，大力提倡预防措施可以节省社会巨额开支。只有在企业工伤事故发生率低的情况下，职工才会有安全感，才能高效完成工作，形成良性生产环境；否则，将危及企业自身的生存。有了健全的职业安全与健康组织，就能在企业内有目标地进行所需的信息交流，不论是横向（对应某一级层，如厂级领导）还是纵向（对应各级领导，如负责安全的各级负责人）。这些信息交流使企业的职业安全与健康管理工作的效果能得到进一步提升，即从防范事故向管理系统和劳动安全全面过渡。管理的"软件因素"对职业安全与健康的作用变得越来越重要，包括职业安全与健康管理者对自身责任的认识与相应权限的形成；员工接受安全教育与信息情况；职工或所有员工的心理变化；等等。

### （四）明确职业安全健康管理系统负责人的职责

综观涉及职业安全与健康司法裁决的案例，多为赔偿或刑罚处理，即案件涉及的多是违反指示、选择和监督的规定。这一结果令人震惊，因为企业的每一位领导都清楚由高等法院裁定的某些代理与组织原则，这些原则具有法定性。这就要求从企业领导机关做起，实行逐级委托制，领导及职工均负有相应的职责并享有相应的权限。由于是领导而不是负责劳动安全的专家对劳动安全负责，所以必须由董事会或企业的经营管理部门逐一指定：谁承担什么职责，哪些职责可以委托给第三者，哪些职责不能委托给第三者。关于被委托的任务，要做出详细的规定，必须保证每个被委托人都根据相同的原则进行下一级委托。每一项被委托的任务需要由委托人对其执行情况进行监督。

通过这种链接式委托就避免了处罚时责任的累加。此外，这种组织义务的委托并不仅仅存在于上下级组织中。在职业安全健康法的范围内，对于被委托人（如负责劳动安全的专家）再次进行委托时，亦要明确委托任务，必要时要明确任务范围，并对其实施监督。

最后，还需要保障上下级组织和被委托人及组织间的合作关系，并对其合作给予协调。

出于对组织过失给予制裁的考虑，根据德国《公民法》（BGB）第三十一条、第八百二十三条、第八百三十一条的规定，每次由一级向另一级委托任务时都要明确指示、选择和监督。因此，每个委托人都应明确，经委托参与的职工应如何进行工作，并根据这一规定选择职工，其技能资格必须符合具体任务。有外来企业参与时，委托人必须确信参与工作的职工均经过相应的技能培训，能承担相应的任务。

在此背景下，在职业安全与健康方面却不断发生涉及对职工的指示不清或监督不够的判决，"法定"组织的要求同现实相距甚远。为了做好这方面的工作，企业必须首先通过劳动安全专家为其负责的专业领域制订一份职业安全与健康"法定"的组织计划，把了解到的现有实际情况与当前法律和技术规定加以对照，并在计划中对参与者加以描述，注明企业内的职业安全与健康哪些组织得好，哪些还需要做进一步的组织工作，然后将需要建立的措施与企业已存在的措施合并形成职业安全健康管理系统。可以将该职业安全健康管理系统作为标准和法规看待，但必须注意"法定"组织的设计原则。高等法院对此提出的要求是每个人都能像处理自己的事一样理解并立即执行。

计划制订完成后，各级领导明确了在职业安全与健康工作的领导中各自的主要职责，负责劳动安全的安全工程师及专家对职业安全与健康措施并不承担任何贯彻始终的责任。经营管理部门和理事会作为企业领导机关，将在一定情况下成为制裁的承受者。所以，一个好的职业安全与健康组织意义重大。认识到与己相关就会促使某些领导产生认真管理好企业的职业安全与健康的想法。

（五）发挥劳动安全专家的作用

劳动安全专家应是领导的"良师"。在"预防为主"思想的前提下，劳动安全专家向各级组织的负责人提供及时的咨询和建议，并敦促企业领导建立职业安全健康管理系统。只有通过管理系统才能做到既符合法律规定，又有效地承担义务，从而进行高效率的生产活动。

（六）重视未来的发展研究

系统的思想得到越来越多人的认同，职业安全与健康也应该作为系统加以管理。把环境保护、职业安全与健康管理、生产管理这些各自独立的管理系统合并以建立起综合管理系统的认识也得到不断的加强。同时，要使系统能够经济、有效地运作，人员配备尽可能少，但要符合法律规定。根据目前的经验，与用于各系统的费用相比，综合管理系统的费用大约缩减到总体的60%。这是一项真正的面向管理，并对所有参与者的工序合作和企业职业安全与健康事业的发展带有预见性的计划。

# 第四节　英国的职业安全与健康管理

## 一、英国职业安全与健康管理的法律体系

### （一）立法背景

英国职业安全与健康管理法律体系的发展与其产业发展紧密联系。工业革命的兴起，纺织业雇用了大批来自英国南部的廉价童工，工作环境与条件十分恶劣。为此，英国政府于 1802 年出台了第一部健康与安全法，即《学徒健康与道德法》。该法的主要目的是保护纺织行业的妇女和儿童。

随着蒸汽动力代替水力，大型纺织工厂不断建立，工人被迫在狭窄肮脏的环境中进行超长时间的工作。1833 年，英国皇家童工就业委员会制定并颁布了《工厂法》。英国政府首次任命四位监察员，他们可以在任何时候进入工厂和作坊；他们有权制定规则制度、做出判决和发布命令，以确保法律的实施。随后，英国先后对不同产业颁布了一系列法律，然而每次颁布的法律只涉及某一类对象，且前后不连贯，各个法律之间相互孤立并在细节上存在差异。1937 年，英国政府制定的新法成为一种协调措施，把所有工厂的安全、健康和福利整合到一起，适用对象更加广泛，不仅包括工人，还包括职员和技术人员。

20 世纪 70 年代，英国职业安全与健康管理法律及管理部门持续出现内容重叠、监管缺失的局面。据统计，有 500 万雇员没有受到成文法的保护，劳动保护变得不均衡，政府部门交叉管理，法律实施力量不足。当时，英国工会对此提出了疑问。为了应对这种状况，1970 年，罗本斯委员会受命评估职业安全与健康管理法律体系是否需要变革。该委员会在 1972 年提交的报告中指出："我们经过调查得出一个最基本的结论，那就是在实践中存在严重阻碍实现劳动健康与安全的束缚。我们需要一个更加有效的自我调节机制。"委员会建议，要从根本上改变职业安全与健康管理法律系统，其关注点应该是风险制造者和处于风险中的人们。以此为标志，1974 年英国政府颁布了《职业安全与健康法》，该法的出台意味着英国开始建立保障职

业安全与健康的法律体系。

（二）基本理念

1970 年，罗本斯委员会的基本观点是：尽管责任水平不同，对工作场所安全负主要责任的应该是那些制造风险的人，无论是管理者还是地板清洁工。因此，该委员会做出以下建议：

（1）企业内部应明确安全与健康目标。

（2）工人应更多地参与工作场所的安全与健康工作。

（3）雇主有义务确保员工的安全与健康。

（4）应当建立有关安全与健康的政府机构。

（5）新法的规定应取代现有行政法规的规定。

（6）应引入自愿守则。

（7）立法范围应扩大至包括所有员工（有少数例外）和个体户。

（8）现有的安全与健康监察应当合并。

（9）应采用新的行政处罚手段。

（10）地方当局的工作应与新权力协调。

（11）公众的利益应当在新的立法中予以考虑。

（12）新的监管机构应设立健康咨询部门并发挥作用。

罗本斯委员会建议，在新法中将监管人员的数量提高到 1 000 人，覆盖所有的工作场所。继而《职业安全与健康法》改变了以往的做法，确立了一个一般的、非规定型的原则，即"谁制造风险，谁就要对风险负责"。

（三）主要特点

英国职业安全与健康的立法呈现以下特点：

一是利益相关方合作。与以往带有官僚主义的单方监管模式相比，目标设定型立法更强调企业雇主、雇员、政府机构、社会组织及其他利益相关方的参与和合作。因其绝大部分人员具备相关行业的专门知识，最清楚工作场所的危险所在，雇主和雇员之间的合作是职业安全与健康立法的核心。在科技进步和社会发展的同时，工作场所环境发生了重大变化，利益相关方加强合作能有效对工作组织和生产过程进行动态控制，从而确保企业安全、雇员健康，有利于工作效率持续稳定的提升。

二是自我规范。英国职业安全与健康立法最显著的特征就是对雇主"一般义务"的设置。1974 年《职业安全与健康法》原则性规定了雇主必须履行的总体义务，即雇主有义务采取合适的措施为雇员提供合理可行的工作系统、环境和设备等，使雇员的生命安全与健康不受损害且必须与雇员交换意见，为雇员提供充分的信息、指导和培训，并将特定的事故报告给相关管理部门。

三是风险评估。雇主应对雇员工作时面临的安全与健康风险做出适当的评估，如工作场所的布局，接触物理、生物和化学制剂的性质、程度和持续时间，工作装备的形式、范围和使用，处理方式及活动和工序的组织等，并应把发生人员伤害事故的风险控制在社会可接受范围内。雇主对风险管理负有主体责任，即制造风险者负责控制风险并对风险产生的后果负责。

四是平衡责任。目标设定型立法确立了总体的关爱义务，明确了职业安全与健康实行无过错责任，细化了雇主责任的类型及构成要件，强调雇员对职业安全与健康工作有知情权、参与权和同意权，并将雇主责任延伸到所有与工作场所有关的人员。同时，通过规定雇员和相关方的工作安全与健康义务，在雇主、雇员和相关方的责任体系方面维持了一种相对合理的均衡。在罚则设定方面，民事责任、行政责任、刑事责任等责任形式同时存在且相互之间衔接协调，这有利于法律的贯彻和适用。

### （四）统计体系

英国非常重视职业安全与健康统计体系的建设，自1974年起先后经历了三次主要变革，建立了比较完善的统计法规、体制和数据收集体系。目前执行的是由英国安全与健康执行局颁布的《1995年伤害、职业病和危险事件统计条例》。该条例规定雇主、个体经营者，或作业场所的实际经营人员有法律义务对作业场所发生的事故以电话和网上直接上传表格的方式向英国安全与健康执行局报告。作业场所发生的事故包括死亡和非死亡伤害、职业病、危害事件及天然气爆炸事故等。一般事故和职业病损失3个工作日以上的先电话报告，10天内补报书面材料；重伤、死亡和损失7个工作日以上的立即电话上报，3天内补报书面材料。

英国安全与健康执行局负责职业病和伤害统计、流行病数据及相关咨询服务。其颁布的《1995年伤害、职业病和危险事件统计条例》设置的统计指标主要有4类8项指标。

（1）工亡人数和工亡率。工亡人数是指由于工作原因而死亡的人数

（不包括因职业病导致的死亡人数）；工亡率是指 10 万员工工亡率。

（2）伤害人次和发生率。伤害人次是指重大伤害和损工超过 3 天的伤害人次。伤害发生率是指每 10 万员工中发生的重大伤害和超过 3 天的损工伤害的人数所占的比例。

（3）职业病死亡人数和职业病发生人次。职业病死亡人数是指因患职业病死亡的人数；职业病发生人次是指发生职业病的人次。还使用员工职业病死亡率和 10 万员工职业病患病率的表达方式。

（4）未遂事件和气体事故。英国统计数据来源有死亡证书、法律规定的报告、劳动力调查、地方医生的记录、工伤抚恤金索赔等渠道。

（五）培训体系

1. 重视安全培训

英国把安全培训当作安全生产最基础的工作，工地上一切人员都要经过安全培训。不同人员有不同的培训内容和要求，培训后考试合格发给相应的证书和胸牌。

英国建筑工会专设培训中心，有专兼职的各类专家，培训工作常年不断进行。为避免讲课枯燥乏味不易被学员接受，英国建筑工会对学员的培训极富趣味性和艺术性。例如，使用生动的卡通片、富有幽默感的电视动画片等。

HSE 培训工作分为两个层次，公司层 HSE 培训由区域 HSE 经理负责，统筹规划通用的培训项目和强制要求培训的内容；项目层 HSE 培训由项目HSE 经理负责，重点结合项目特点进行针对性的培训。职业健康与安全环境培训涵盖了上自总裁下至新募员工的所有工作场所相关人员，其中一些课程是强制参加的，多数课程是推荐性的或可选择的，少数是为特殊项目培训准备的。以课程为横轴，以培训岗位为纵轴，形成了 HSE 培训矩阵，每个人找到自己岗位后沿横向即可查找到自己需要的培训内容，核心课程中专门设计了针对公司总裁和分公司经理的培训课程。

2. 设立等级考试制度

英国是推行国家职业安全健康考试制度较早及较为系统和先进的国家，等级考试制度在英国的推行，使 10 余万人通过了不同等级和专业的职业安全健康考试，为英国的职业安全与健康有关专业人员的素质保障做出了重大贡献。

（1）考试组织机构。"职业安全健康国家考试中心"创建于 1979 年，是英国最高层次的职业安全健康考试组织。它的主要任务是设置培训课程大纲和授予职业安全健康专业培训机构资格，主要职能是制定专业课程培训大纲、实施规范的统一标准的考试、发放统一的等级证书。英国职业安全健康专业领域的资格证书，因其高质量的资格保证而被广泛认可。中心由英国的职业安全健康机构、教育机构、英国政府的安全健康官员、英国雇员国家培训组织和英国政府教育与组织部门提名的人员组成的理事会来管理。

中心本身并不培训学生，它为各种教育机构提供资格培训程序，让它们培训想获得资格的学员。课程大纲为那些渴望在职业安全健康方面得到资格认证的人提供了机会和条件，即通过一个适当的结构化的程序学习，能够学到所需的各种职业安全健康专业知识，并获得认证。通过丰富的出版物能够很好地引导教员和学生取得资格和证书。在英国，大约有 150 名安全健康专业人员担任主考人员，这既是一项专业活动，也是工业、商业、教育和咨询业安全健康从业者的工作。英国的中心城市莱彻斯特城，雇用了大约 20 人进行专职的行政管理。

（2）考试性质与等级。在通用职业安全健康方面授予两个等级资格证书：专业证书和基本资格证书。这就对应两个阶段的学习，第一个阶段是"专业一级"的培训程序，要求从事职业安全健康工作的人员掌握书面资料所提供的处理常规风险的控制措施，这个阶段是培训学员成为一个职业安全健康组织的技术型安全工作人员。第一个阶段也是第二个阶段的学习基础，第二个阶段是"专业二级"的培训程序，"专业二级"证书是一个达到学术方面要求的完整的专业认证，"专业二级"证书的持有者可成为职业安全健康机构的成员。两级证书由以下五个专业模块组成：风险管理模块、法规和组织模块、现场施工安全模块、作业设备安全模块、工业卫生模块。另外，"专业一级"证书还包括第六个模块，即日常技术模块。满足考试要求其他相应条件的报考者将被授予"专业一级"或"专业二级"证书。

另外，还有一种国家通用资格考试，这类考试是为一些人员提供职业安全健康方面的基本资格证明。这些人员主要包括企业的一般管理人员、监督人员、雇员代表和其他非安全健康专业人员等（如我国的生产经营单位的负责人和管理人员等的资格培训），他们虽然不是专门的职业安全健康工作人员，但是他们对生产过程中的职业安全健康负有职责。在英国，有大约300个组织被允许实施国家通用资格证书培训程序，每年培训大约10 000名学生。

（六）科研体系

1. 机构与研究领域

英国安全与健康执行局每年拥有多项科研项目。该局大部分科研工作由安全与健康研究院承担，同时鼓励社会上其他科研部门与单位参与竞标，凡中标者均能得到执行局的科研经费。

英国从事职业安全与健康科学研究的机构主要有安全与健康研究院、大学、研究理事会、企业及私营公司和欧盟科研项目组。安全与健康研究院作为一个科研实体，划归安全与健康执行局，该研究院在经济上独立，在职业安全与健康研究领域享有盛誉。除了向安全与健康执行局提供科研服务外，还向英国和海外的其他公共和私营组织提供科研服务。

科研领域主要包括：

（1）火灾、爆炸物和工艺安全炸药、可燃、易爆和高能材料瓦斯、粉尘的火灾特点。

（2）人的因素和风险评估。

（3）职业和环境健康生物监测。

（4）安全工程、关键安全设施、冶金和材料设计方法和监察技术、控制系统先进的计算技术。

2. 欧盟科研项目

欧盟一体化进程对英国的职业安全与健康法律体系的发展和完善起了重要作用。英国的职业安全与健康法律法规中大约有70%起源于欧洲。这一变化主要源于1987年欧盟一体化进程法。该法旨在消除贸易壁垒，在成员国之间建立起共同市场的基础。该法也涉及职业健康与生产安全问题，目的是防范成员国借机重新建立贸易壁垒。为了加强成员国之间在职业健康与生产安全方面的交流与合作，欧盟发布了技术协调方案和标准，要求成员国生产的产品必须达到规定的技术标准，方能投放到共同体内的任何地方。同时，欧盟也组织有关职业健康与生产安全的联合研究项目，这些项目被纳入欧盟研究与开发项目框架，成员国各有关单位均有资格申报参加，这也促进了英国在该方面的研究。

（七）职业健康监护体系

1. 职业健康监护的程序

（1）自查：对于接触有毒有害物质的工人，进行一些适当的培训，让他们掌握一些疾病的症状和体征。例如，接触某些物质，可能会引起皮肤损伤或皮肤疼痛、发红和瘙痒症状。

（2）企业负责人对疾病的症状和体征的基本识别：由专职的职业健康医生或护士对企业负责人、监督员、急救员进行职业医学培训，让他们能识别一些疾病的症状和体征，可以实施简单检查和识别工人是否存在由于接触某些物质引起的症状和体征。例如，对接触去污剂、金属加工液和洗发剂的工人，应该注意皮肤检查。

（3）具备资格的人员对相关症状的问诊和检查：通常由专职的职业健康保健护士或具备某方面专业知识的人员进行检查。例如，哮喘体征的检查，听力专家进行听力测试或由经过培训的人员进行肺功能检查。

（4）临床检查：由专职的职业健康保健医生或在其监督下进行临床检查。在健康监护中，雇主或职业健康保健护士发现了可能与工作有关的症状和体征，需要由职业健康保健医生进行进一步的检查、诊断和治疗。有时还需要专科医生（如听力专家）对结果进行解释并提出建议，某些情况下还要进行负有法律职责的检查（如对从事铅作业工人的检查）。

（5）生物监测和生物效应的监测：由专职的职业健康保健医生或在其监督下进行，某些情况下也可以由经过培训的负责人、监督员和急救员直接完成。例如，血铅、汞、一氧化碳和尿镉、氟化物的检测。

2. 结果的处理

职业健康监护的意义是雇主可以根据职业健康监护的结果采取相应的措施及检验相关措施的防护效果。如果职业健康监护的结果表明，从业人员的健康受到目前工作的影响，应采取以下措施：

（1）减少或暂时避免接触有毒有害物质，以防止进一步损害，必要时还需要由有职业卫生专业知识的医生来做进一步的检查或治疗。对于对某些疾病特别敏感或其健康已经受到损害的个体，给予特别的保护。

（2）再次检查作业场所的危险因素，决定是否要采取措施，保护其他员工或加强职业健康监护。

（3）必要时听取专家（如职业卫生学专家）的建议，以进一步改进防护措施。针对职业健康监护的结果，由承担健康监护项目的负责人评估后，根据发现的个体问题或群体问题分别提出不同的解决方法。个体评估目的是加强对个体的保护措施，结合发现的个体问题向从业人员解释他们职业健康监护结果的意义。具体做法：解释个体的职业健康状态和健康风险的相关性；讨论正确使用个人防护用品及使用其他防控措施的重要性；如果检测到异常情况，解释可能的原因；没有个人的书面同意，对工人的检查内容不能泄露。对工人群体职业健康监护的结果进行分析，对发现的群体问题采取有针对性的措施，可以更好地降低危险因素，教育和提高工人的依从性。

（八）危机管理系统

英国的危机管理系统是根据 2004 年《民事紧急状态法》开发的，该法对计划和实际通信系统进行了规范。HSE 的健康和安全专家参与了危机管理系统的各个方面。HSE 和 ONR 还协助对涉及化学和放射性物质的严重事故进行应急计划。

## 二、英国职业安全与健康管理机构

（一）安全与健康委员会（执行局）

在英国，负责职业安全与健康管理的机构是安全与健康委员会和安全与健康执行局，负责官员是国务大臣。国务大臣按法律规定组建安全与健康委员会，并委任安全与健康委员会主席及成员。安全与健康执行局由三位官员组成，其中，一名主席，经国务大臣批准，由安全与健康委员会任命；其他成员由安全与健康委员会和安全与健康执行局主席协商后，经国务大臣批准，由安全与健康委员会任命。安全与健康执行局有职工 4 000 多人，包括政府部门拥有政策制定经验的管理人员和律师、监察员及科学家、技术人员和医学专家。

（二）行业主管部门

英国行业主管部门在矿业安全监管方面发挥着重要作用。以煤炭为例，其政府主管部门是英国煤炭局，主要职责是：①向采矿经营者颁发煤炭勘探和开采许可证；监管煤炭生产企业按经营范围经营，并对生产矿山和露天采场实施年度监察；②处理地面深陷破坏赔偿；③制订矿井污染治理计划，矿井水经治理达标后允许排入河流；④发布采矿信息；⑤资产管理；

⑥提供24小时地面危害报告服务。此外，为矿工的职业健康与安全制定保护政策，通过有效管理保障矿工和公众的安全和健康也是英国煤炭局的重要职责之一。

落实企业安全主体责任和强化职工安全自保意识是英国安全工作的重要理念。在英国，无论是在法律层面还是在管理层面，都突出了企业的安全主体责任。企业在营运前必须进行充分的安全与健康分析认证、制订相关预案、达到规定标准，在运营过程中必须严格执行国家法律法规，一旦有违法违规行为，将受到严厉追究，付出惨痛代价。发生事故，不但企业要承担经济赔偿，企业管理者或违规者也要被追究责任。

（三）英国职业健康研究基金会

英国职业健康研究基金会（BOHRF）成立于1991年。该基金会致力于通过对公共和私营部门的问题进行回答并将其转化为研究项目，为实际问题提供基于证据的指导。该基金会不仅提供与职业医师有关的信息，还提供与初级保健人员、雇主和雇员有关的信息。BOHRF是一家注册慈善机构，受托人易于识别。尽管声明了BOHRF的独立性，但它与职业医学学院（FOM）有着密切的联系。FOM研究委员会对工作进行了独立的同行评审和审查，还提供了广泛的赞助商清单，以供参考。

（四）民间组织与中介机构

英国的一些民间组织和中介机构在促进职业安全与健康中发挥了积极的作用，主要有：

（1）行业协会。在英国，大大小小的行业协会拥有专业知识，可以提供最新信息，并组织研讨会和大会，还可以提供咨询和培训业务。

（2）商会。向公司提供与商业有关的信息、建议和支持。商会通过其拥有的贸易数据库提供联系和机会，还可提供一些培训机会。

（3）培训和企业委员会与地方企业委员会。英格兰和威尔士有79个培训和企业委员会，苏格兰有21个地方企业委员会，其主要职能是确保受训人处于安全与健康的工作场所。这些机构根据认可的标准进行培训，它们与地方培训组织有联系，对培训和雇主的房屋进行安全与健康审计，对商业进行支持，为企业培训提供安全与健康标准所规定的业务服务。

（4）工会。许多工会设有安全与健康部门，向其成员提供信息与指导，许多服务是免费的。提供的服务包括：当工会成员以因工致伤、患病、上下班途中受伤等原因提出赔偿要求时，工会提供法律帮助；回答成员的安全与健康方面的问题；对安全代表提供培训及信息；对噪声和石棉等具体项目提供信息指导；出版杂志；进行调查及研究。

（5）公民指导局。目的是帮助个人履行其权利和义务，同时提供有关服务方面的信息。该局大部分服务是免费的，根据要求提供实际帮助。

### 三、英国职业安全与健康管理简要分析

2004 年以后，英国经济开始下滑，2008—2009 年期间国内生产总值为负增长。英国政府为了缓解压力，减轻企业负担，采取了一系列减税降息措施，以期促进就业，拯救市场。然而，减税给国家财政带来的压力愈发沉重。经济环境变化带来的心理危机与疾病成为劳动者职业安全与健康管理工作的新命题。2013 年以后，英国政府开始着手改进健康安全管理体系，推出了健康安全管理体系策略。精简法律、减轻负担、整合资源成为主线，修订现有法律和做好欧盟相关规定的衔接成为当务之急。

与其他社会制度一样，职业安全与健康管理制度的发展与变革离不开一个国家的经济、政治、社会环境的支撑。政府需要在追求效率、安全与政策的可行性、可及性方面进行判断和抉择。

# 第五节  日本的职业安全与健康管理

日本作为亚洲经济最发达的国家之一，拥有约 38 万平方千米的国土和 1.27 亿人口及高度发达的工业体系。目前，日本的就业人口为 6 700 万左右，由于具有出色的工伤管理系统，日本的工伤发生率非常低。2017 年，日本的工伤死伤人数为 120 460 人（包括死亡及工伤导致休假 4 天以上者），其中，死亡人数 978 人，从统计报表来看，这一数字呈逐年递减趋势，不得不说是与其职业安全与健康管理系统的运行分不开的。

### 一、日本职业安全与健康管理机构

#### （一）政府机构

厚生劳动省是日本职业安全与健康管理中央一级的政府机构，设有医

政局、健康局、劳动基准局等 11 个局，安全卫生部设在劳动基准局。厚生劳动省还有三个直属的具有独立行政法人资格的研究机构：国立劳动安全研究所、国立劳动卫生研究所、国立健康和营养研究所，主要为职业安全与健康管理部门行政决策提供技术支持。

（二）非政府机构

与职业安全与健康有关的非政府组织在政府授权下代行一些检查与监督的职能，这些机构如下：

（1）依据《工业事故预防组织条例》成立了六个协会：日本职业安全卫生协会（JISHA）、日本建筑安全卫生协会（JCSHA）、日本道路运输安全卫生协会、日本港口工伤事故预防协会（PCAPA）、日本森林和木材加工事故预防协会、日本矿山安全卫生协会。

（2）授权具有检验和监察职能的机构：日本锅炉协会、日本起重机协会、锅炉和起重机安全协会、劳动安全技术研究所。

（3）授权具有资格评定的机构：安全卫生资格评定研究所。除此以外，还有一些基金会、促进会等组织。

（4）专家协会和技术机构：作业环境测量协会、安全卫生咨询协会。

## 二、日本职业安全与健康管理的运行机制

（一）政府

厚生劳动省是日本负责医疗卫生和社会保障的主要部门，主要在国民健康、医疗保险、医疗服务提供、药品和食品安全、社会保险和社会保障、劳动就业、弱势群体社会救助等方面负有职责。在职业安全与健康管理中，其主要职责是制定政策、管理地方劳动局。

地方劳动局负责监督执行，地方劳动基准监察办公室负责辖区内安全卫生的监察工作。

（二）职业安全卫生协会（中央劳动灾害防止协会）

职业安全卫生协会的职能主要是：

（1）促进和协助企业预防工伤事故。

（2）提供技术支持，其中包括安全卫生咨询、工作环境检测、特殊医疗检查〔如尘肺、有机溶剂中毒、视屏显示终端（VDT）作业〕等。

（3）提供培训服务，开展企业社会责任培训、职业安全健康管理体系

培训及企业安全健康管理自查课程等。

（4）收集和传播安全与健康方面的信息。

（5）开展研究工作，制定日本职业安全健康标准及中小企业职业安全健康管理条例等。

（6）帮助中小企业进行劳动健康管理，为中小企业培训安全健康管理人员。

（7）建立舒适的工作环境，通过建议、研究，促进舒适工作环境的建立，并对工作环境进行认证。

（8）组织政府认可的其他活动，如开展全国安全周（每年7月1日至7日）、全国职业健康周（每年10月1日至7日）及"零事故"运动等。

（三）企业

（1）建立职业健康管理系统。雇员人数超过50人的企业必须建立健康委员会，每个月召开有职业医师参加的会议，讨论职业健康问题与对策；雇员人数超过50人的企业必须雇用兼职职业医师，雇员人数超过1 000人及雇员人数500人以上的高危行业必须雇用专职职业医师；雇员人数超过50人的企业必须设有卫生工作人员，卫生工作人员需要具有都道府县劳动局颁发的资格证书，负责对健康委员会职业医师的建议进行落实。

（2）作业环境控制。开展作业场所的检测工作，如有机溶剂等化学物质、粉尘、噪声等的检测，并采取措施控制作业场所的危险有害因素。

（3）作业管理。对工作人员的作业方式、操作频率及作息间隔等进行设计与管理，以确保作业的安全与效率。

（4）健康管理。所有工作人员，每年至少进行一次健康体检；凡接触有毒有害物质或粉尘的员工，至少每半年体检一次；新上岗员工接受一般健康检查。

（5）职业健康教育。

**三、日本职业安全与健康监察**

（一）监察体系

日本厚生劳动省、地方劳动局及劳动基准监察办公室都具有职业安全与健康监察职能，日本职业安全与健康监察人员的构成如图10-1所示。

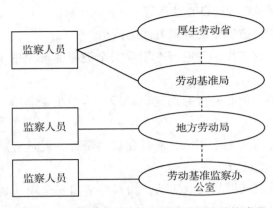

图 10-1　日本职业安全与健康监察人员的构成图

（二）监察内容

日本的职业安全与健康监察的具体内容包括以下几个方面：企业注册；作业条件；事故调查；员工投诉处理；员工胜任情况检查；压力容器及吊装设备的检查和批准；作业时间检查，要求每周工作时间不超过 40 小时，每年不超过 1 800 小时；医师背景的监察人员对身体不适的作业人员实施医学检查；等等。对于违反法律规定的，监察人员具有"犯罪处理法"所赋予执法人员的权利。

**四、日本安全生产监督管理的经验**

（一）安全生产监督管理集中、统一、高效

2001 年之前，日本安全生产监督管理由劳动省负责，机构分三级，第一级是劳动省劳动基准局，第二级是各都道府县劳动局，第三级是厂（矿）区劳动基准监察办公室。安全生产监督机构垂直领导，实行安全生产监察官队伍管理制度，全国共有安全生产监察官 3 000 多名，其主要职责有：一是对企业的安全生产实施监督和指导；二是对企业实施安全检查，有权调阅有关资料，发现事故隐患时，有权提出整改意见，发现危险紧急情况时，有权命令企业停止生产并撤离人员；三是对违法造成重大恶性事故的责任人，有权向司法机关起诉；四是根据群众举报开展调查和处理；五是对事故进行调查处理；六是负责事故统计分析工作；七是负责收缴工伤保险费和工伤鉴定与补偿；八是负责工伤保险费率核定和基本情况调查。另外，为进一步加强安全生产的统一监督管理，日本于 2001 年实施政府机构改革，将厚生省与劳动省合并，还将安全生产与职业病防治紧密结合起来，使安全生产的监督管理更加集中有力。

（二）完善法律法规，注重服务

1947年，日本颁布了《劳动基准法》，相当于我国的《劳动法》，其中对就业、劳动时间、工资和职业健康做了一系列原则规定。20世纪60年代，日本事故多、伤亡大，年死亡人数最高时达6 000多人。为了加强职业安全与健康工作，降低伤亡事故发生率，日本劳动省制定了《劳动安全卫生法》，详细规定了企业应遵守的安全与健康标准，自1972年该法正式颁布后，劳动省加大了执法力度，日本的伤亡事故发生率逐年下降，2017年工伤死亡人数降到978人。

为了保障从业人员劳动作业场所的安全与健康，使从业人员在安全舒适的劳动环境中工作，日本还制定了《作业环境测定法》和《尘肺法》，以及防止粉尘、噪声、电离放射线、振动危害等9个规则，并进一步修订完善了《劳动安全卫生法》，基本上实现了有法可依、有章可循。

日本安全生产法律法规完善，详细规定了企业安全生产的标准和要求，监督人员现场检查发现问题，不做经济处罚，主要是提出整改意见，注意引导企业加强安全生产工作的主动性。同时，注重指导与服务，发挥社团组织的作用，对中小企业在安全生产方面的困难，在政策和财政上明确给予帮助，为中小企业提升安全生产技术，提高安全生产水平创造了条件。

（三）工伤保险与安全监督管理有机结合

日本安全监督管理机构负责工伤保险工作，主要职责是负责制定不同行业年度保险费率、收缴工伤保险费，并负责工伤鉴定和补偿。工伤保险适用于所有企业，包括个体私营者和海外派遣人员等。工伤保险费主要用途：一是促进社会疗养康复事业；二是受伤害人员的援助；三是劳动灾害预防及促进安全与健康；四是保障安全生产，改善劳动条件。据劳动省的统计，1996年日本全国参加工伤保险人数为4 789.65万人，收缴保险费金额为15 730.55亿日元，补偿费用为8 395.73亿日元，占收缴保险费总金额的53.37%，补偿人数为508.417 2万人，占参加工伤保险总人数的10.61%。2016年，日本工伤补偿人数已降到62.652 6万人，其中工作伤害的补偿人数为55.127 5万人，交通伤害的补偿人数为7.525 1万人。

工伤保险是一项社会公益性事业，不以营利为目的，保险费取之于民，用之于民。因此，日本厚生劳动省每年从工伤保险费中提取一部分用于预防劳动灾害和促进安全卫生事业。

（四）充分发挥安全科学技术研究单位和社团组织的作用

对开展安全技术服务的社团组织，政府安全监督管理部门通过资格认可委托其开展宣传、培训教育、特种设备检测检验和信息服务工作。如中央劳动灾害防止协会，设立了 7 个地区安全与健康服务中心和 2 个分支机构，在 2 个地区设立了职业安全与健康教育中心，协会内设 9 个安全管理部门，其中安全卫生情报中心、国际安全卫生培训中心和安全展览馆等都是由厚生劳动省投资援建并委托其经营的。中央劳动灾害防止协会现有一级会员（劳动灾害防止协会）5 个，二级会员（全国事业主团体）60 个，三级会员（地区安全卫生推进团体）48 个，四级会员（其他劳动灾害防止团体）15 个。它们根据厚生劳动省劳动基准局每年的安全工作计划具体组织开展各项有关活动。如每年 10 月举办的安全大会，参加人数近万人，是全国性的政府官员、专家学者、企业安全监督与管理人员的一次盛会。大会期间，设各类专业安全技术研讨会、座谈会、信息交流发布会、安全产品展示会、安全产品洽谈会等，这些为提高全社会安全生产意识起到了很大的作用。

（五）有效的安全监督管理措施

日本厚生劳动省劳动基准局制定的安全生产目标是"安全、健康、舒适"，坚持的原则是"安全第一"。为了有效降低事故发生率，减少伤亡，劳动基准局将工作的重点放在预防性安全监督管理上，即每年根据前一年度安全生产工作的实际情况，编制修订新一年度的安全目标计划和工作指南，有针对性地提出对策措施。其基本做法有以下几个方面。

1. 宣传活动形式多样，常抓不懈

厚生劳动省每年定期开展安全宣传周和卫生宣传周活动，宣传周之前有 1 个月的准备期。为了提高全民安全意识，社团组织、行业协会等平时也开展形式多样的宣传活动，并把活动贯穿全年，安全生产工作真正做到了年年讲、月月讲、天天讲，警钟长鸣。

2. 依法开展安全培训教育，积极推行执业资格管理制度

安全培训教育分三个层次：一是企业自主培训教育，对象是企业新工人和转岗工人；二是院校安全知识普及教育，对象是在校学生和国外有关

人士；三是由政府认可有资格的社团组织、中介服务机构开展社会服务性的培训教育，对象是企业基层的管理干部和执业资格管理制度规定的人员，如安全管理人员、卫生管理人员、产业医生、安全培训教育人员、设备检测检验人员，以及援助发展中国家的安全管理人员等。执业资格管理制度规定的人员，必须通过职业资格培训考核，取得政府部门颁发的执业资格证书后方可持证上岗。

3. 强化劳动灾害统计分析工作，完善技术服务信息网络

日本厚生劳动省十分重视劳动灾害的统计分析工作，配备设备先进、统计数据齐全、分析方法科学。除对事故类别、原因、产业和行业的安全状况与产业和行业的事故类别、年龄段分布进行分析以外，还引入了事故度数率、强度率概念。通过事故分析，重点产业和行业的主要事故类别、事故度数率和强度率一目了然，为指导事故预防，采取有针对性的对策措施，提供了决策依据。同时，为加强国际交流和社会化公共服务，厚生劳动省还投资建造了现代化的国际安全卫生信息情报中心和日本安全卫生技术服务中心，信息查询方便快捷，技术服务领域逐步扩大，向社会和企业提供了良好优质的技术服务。

4. 高年龄劳动者和中小企业安全对策

日本安全生产工作中突出的问题，一是高年龄劳动者伤亡事故所占比例高，占全年伤亡事故的45%；二是中小企业事故多，伤亡大，占全年伤亡事故的80%。为解决高年龄劳动者的安全和中小企业的安全生产问题，日本政府分别制定了高年龄劳动者的安全对策和促进中小企业安全活动的对策，指导高年龄劳动者安全作业和中小企业安全生产。同时，大力发展安全卫生诊断事业，为中小企业防止劳动灾害实施技术指导与服务，帮助中小企业提高安全生产管理水平，促进中小企业安全生产与经济的协调发展。

（六）职业安全与健康管理的特点

（1）日本有中央至地方的、健全的劳动行政管理体系。即厚生劳动省劳动基准局、各都道府县劳动局和厂（矿）区劳动基准监察办公室，全国有3 000多名国家任命的安全生产监察官，他们都是通晓劳动法律、专业法规、特种法规和劳动安全与健康知识的专家，负责对全国企业进行劳动基准执法和监督，极具权威性。

（2）日本有全国性及产业性的防灾团体及安全与健康团体，对全国企

业安全与健康防灾工作实行有力的监督和指导。这些组织具有常设性或半官方性质，对企业执行劳动安全与健康防灾法律、法规起到极为重要的监督和指导作用，比我国的职业安全与健康科学学术性群众团体所起的作用更大些。

（3）日本劳动安全与健康法律法规的完整性和执法力度具有高度发达资本主义经济立法、执法特色。法制的裁决具有严肃性和非随意性，这是我国劳动监察部门需要大力加强的方面。

（4）以企业为中心的日本社会特点和员工以企业为家的向心力。每个企业经营者都十分尊重人的价值、人的尊严和人与生产的协调关系。日本的企业经营者在劳动法制的约束下，把创造一个安全健康和优良舒适的工作环境作为企业建设发展的根本大事；把安全健康活动与经济生产活动统一起来；把安全与健康管理作为生产经营的支柱，把防止劳动灾害作为企业最重要的政策。

企业按劳动法律要求，把全面提高全体劳动者的安全意识放到十分重要的位置，并作为落实企业的社会责任和法律责任的重要义务去履行，这在日本战后已经成为企业经营者（雇主、领导层、决策层和管理层）的自觉社会行动和责任。值得指出的是，2017 年日本有 435.45 万个企业，从业职工总人数超过 5 000 万人，但全国仅 3 000 多名安全生产监察官，这些监察官要经过 11 年才能轮流去企业一次。因此，靠监察官进行全面的监督实际上是不可能的，只能依靠劳动基准法律、法规的强制性约束，让企业自主进行安全与健康管理，从企业设计工作开始就抓好对工程项目安全的审查把关，把提高全体职工的安全意识与现代化、安全化的管理有机结合起来，使安全意识深入民心。

（5）日本企业真正贯彻落实了行之有效的防灾教育对策。日本的安全周、卫生周、防灾周宣传教育、安全卫生培训等安全培训教育活动做得非常出色并持之以恒，有企业特色，同时具有灵活性和群众性。我国相继引进并加以推广了日本的许多防灾教育对策，但这些要符合我国国情，创造性地加以发展，如日本推行"现场安全确认"，一要高声回答，二要配合动作，这对消除错误，克服工作中"犯困"现象极为有效。

## 部分国家职业安全与健康的基本保障制度

### 1. 加拿大的联合健康与安全委员会（JHSC）制度

这是加拿大企业内部责任体系的实现形式之一。该委员会由劳动者代表和管理层代表组成，职能有：参与编制并执行用于保护雇员安全与健康的方案；处理雇员有关安全与健康的投诉与建议；确保维护和监控对伤害和工作致危因素的记录；对致危因素报告进行监控和跟踪，并推荐需要采取的措施；参与所有安全与健康的询问与调查；向管理层提供有关事故预防及安全方案活动的建议；等等。加拿大的法律对该委员会代表的产生、任期、责任与权利、议事规程等都有明确的规定，这一制度在加拿大职业安全与健康方面发挥着重要的作用。

### 2. 美国煤矿安全生产监督机构的"独立执法"制度

美国的煤矿安全生产监督机构强调其独立性，在机制上着眼于防范检查人员、矿主、地方政府形成共同利益同盟。根据1977年的《联邦矿山安全与健康法》的规定，美国在联邦劳工部新设了矿山安全与健康管理局（MSHA）。其下属的办公机构（11个地区办公室和45个矿场办公室）既与矿主无任何利益关系，也与各州、县政府没有从属关系。各地的联邦安全监察员每两年必须对调轮换。任何煤矿只要发生了3人以上死亡事故，当地的安全监察员便不得参与事故的调查，必须由联邦办公室从外地调派监察员进行事故调查，以确保调查的客观性。

### 3. 法国的企业主安全事故追责制

法国政府认为，企业主在很多时候是唯一的责任人。一旦发生事故，不仅要追究企业主的经济责任，还要对之追究刑事责任。法国政府认为，企业主既是产品的生产者，也应当是产品造成事故的责任者，工人不承担责任。一旦工人发生了事故，企业主可能要面临最高达到数十万欧元的罚款或最长刑期为3个月的拘留或牢狱之灾。安全事故责任主体的划分，迫使法国的企业主增加安全投入，改善工作环境，积极防范事故的发生。

# 第十一章

## 港台地区职业安全与健康管理的经验

1. 了解香港特别行政区的职业安全与健康管理的理念及经验
2. 了解台湾地区的职业安全与健康管理的制度及经验

港台地区在实施职业安全与健康管理的过程中，逐渐形成了一些独具特色的管理方法，本章重点介绍香港特别行政区及台湾地区职业安全与健康管理方面的方法和经验。

## 第一节　香港特别行政区的职业安全与健康管理

香港特别行政区在职业安全管理方面采取的十四项管理元素，系统地归纳了香港现代安全管理的特色，值得许多企业学习、借鉴。

### 一、政府重视职业安全与健康管理工作

1995 年 7 月，香港政府在所发表的香港工业安全检讨咨询文件中，提出了推广安全管理将会成为推动工业安全的主流。该文件建议在香港采用的安全管理制度应包括：安全政策、安全计划、安全委员会、安全审核或查核、一般安全训练和特殊安全训练。1997 年，香港特别行政区成立后，香港特区政府着手落实上述文件的建议，并在 1999 年 1 月 5 日的立法会会议上通过了由劳工处制定的《工厂及工业经营（安全管理）规例》。为了方便投资商和承建商实施安全管理制度，香港特区政府将安全管理制度范

畴定为十四项主要元素。为配合新规例的实行，香港职业安全健康局（以下简称"职安局"）举办了一系列活动，如推出安全管理课程、组织安全审核员培训、撰写安全计划书、举行与安全管理有关的巡回展览等。

## 二、强调企业经营者的安全承诺

英国鲁宝斯报告书（Roberts Report）强调推广安全与健康是高层管理人员的主要工作。报告书中指出，若董事或高级经理没有时间去对安全与健康表示积极兴趣，那假设属下员工的安全健康态度及表现不会因此受到影响，是不切实际的。所以，适当管理安全与健康和管理生产及控制品质同样重要。香港特区政府认为，预防意外的职责，不应委托给某一个雇员或某一个委员会，或是全部交由一个安全部门负责。因为安全与健康工作是非常复杂的，单靠所做的对防止意外有兴趣的承诺是绝对不够的。企业的最高管理层应显示他们对职业安全与健康的重视，做出郑重的承诺，让所有员工知道企业在职业安全与健康方面的意向及决心。为达到上述目的，香港特区政府在实践中最有效的方法是签署《职业安全约章》及推行安全政策。

## 三、推行全社会的《职业安全约章》

《职业安全约章》是由劳工处与职安局为鼓励劳资双方携手合作，共同创造及维持工作环境安全与健康而设的文件。香港特区政府大力支持雇主订立并签署《职业安全约章》，作为建立一个安全管理制度的基础。现在香港很多企业、政府部门、教育及医疗机构都签署了《职业安全约章》。但有小部分机构在签署约章后并未积极去落实约章上的承诺，也许这些组织的主管不清楚约章的精神及内容，使约章未能发挥它的功用，这也是今后香港职业安全工作需要重点突破的地方。

## 四、建立全面的安全管理制度

根据香港的《工厂及工业经营（安全管理）规例》中的定义，安全管理是指与经营某工业有关联并几乎在该工业经营中的人员的安全管理功能，包括策划、发展、组织和实施安全政策及衡量、审核或查核等功能的执行。由于具有明显的效力，香港的电力公司、煤气公司及铁路公司，部分承建商、医院、大学、政府机构等都已经开展及建议实行科学的安全管理制度。

香港的安全管理制度与英国 BS 8800《职业安全管理体系》标准，以及英国健康与安全执行局（HSE）出版的指南《成功的健康安全管理体系》（Successful Health and Safety Management HS G 65），三种安全管理模式的比较如表 11-1 所示。

表 11-1　三种安全管理模式的比较

| HS G 65 的模式 | BS 8800 的模式 | 政府建议的模式 |
|---|---|---|
| 最初及定期检查状况检讨 | 最初状况检讨 | 策划，最初状况检查，风险评估，定期状况检讨 |
| 政策 | 职业健康安全政策 | 发展，安全政策，安全计划 |
| 组织 | 计划 | 组织 |
| 计划及实施 | 实施及运作 | 实施 |
| 量度表现 | 检查及改善行动 | 衡量 |
| 包括在该模式的第一项内 | 管理检讨 | 包括在该模式的第一项内 |
| 稽核 | 包括在"检查及改善行动"内 | 审核或查核 |

## 五、推行十四项安全管理元素

香港特区政府确定了工业经济组织的职业安全管理范畴应包括十四项主要的管理元素，以安全管理的对策来减少意外事故的发生。这十四项安全管理元素如表 11-2 所示。

表 11-2　香港安全管理制度的十四项元素

| 规定采用十项及推行安全审核 | 十四项元素 | 规定采用八项及推行安全审核 |
|---|---|---|
| 雇用 100 名及以上工人的建筑地盘、船场、工厂，以及指定工业经营 1 亿元及以上的建筑工程的承建商或东主<br><br>规例生效起计 1 年后检讨 | （1）安全政策<br>（2）安全职责架构<br>（3）安全训练<br>（4）内部安全规则<br>（5）危险情况视察计划<br>（6）个人防护计划<br>（7）调查意外事故<br>（8）紧急事故准备<br>（9）评核、挑选和管控次承建商<br>（10）安全委员会<br>（11）评核与工作有关的危险<br>（12）推广安全和健康意识<br>（13）控制意外和消除危险的计划<br>（14）有关保障职业健康的计划 | 雇用 50 名至 99 名工人的承建商或东主<br><br>规例生效起计 1 年后检讨 |

## 六、推进十四项安全管理元素应用于工业经营以外的组织

近年来，国际上对职业安全与健康非常关注，香港特区政府积极推行新策略，鼓励组织通过自我规范来管理自身的安全与健康。如果组织能把职业安全与健康整合到组织内的各项经营策略之中，便能借以改善组织内职业安全与健康的成效。据香港特区政府估计，在实施安全管理制度方面，工业和制造业的雇主所需承担的额外成本约为 0.1% ~ 0.2%。但实施安全管理制度有助于减少意外的伤亡数目及停工和工作受阻的情况，节省医疗成本、补偿开支，降低保险费和民事申索款额。因此，香港特区政府建议采用的安全管理制度同样适用于非工业经营组织。职安局不遗余力地把安全管理制度推介到学校、医院及酒店等。为协助各机构开展安全管理，职安局制作了套件、展板及指引等供中小企业及政府机构参考使用。

## 七、着力推动企业建立自我规管的制度

在香港，传统制造业和工业日渐衰落，而铁路系统、"数码港"、科学院、港口和货柜处理设施、运输网络系统等热点投资项目从侧面表明香港正在进行一场深刻的产业结构升级活动，而产业的升级，必将给职业安全与健康管理工作的立法与执法带来新的挑战。为应对新挑战，香港制定了《工厂及工业经营（安全管理）规例》《职业安全及健康条例》等有关职业安全与健康的法规，构建起了职业安全与健康监管的法律体系，提高了全民安全意识，营造了安全健康的工作环境，向企业推广安全信息，从而有效降低了事故发生率。

香港特区政府劳工处下设职业安全健康局，其内部又分发展、咨询、资讯、培训、支援服务及宣传等部门，各司其职，共同致力于创造及传播安全文化。职业安全健康局在帮助企业建立自我规管的制度方面，主要采取了以下几项措施：

一是善用惩罚手段。劳工处的执法部门有权下发"敦促改善通知书"和"暂时停工通知书"，以避免严重后果的产生，而"停工"的规定则必将促使雇主、雇员严格遵守法律。

二是推行"安全奖励计划"。公共工程承建商必须在标书的"建工科清单"内填报政府要求填报的与安全有关的项目，承建商只有严格执行该指定项目，获得令人满意的表现，才可以获发证明并取得工程款项。相反，

如果没有开展相关工作，承建商将不能取得工程款项。把承建安全项目与取得工程款项捆绑，有效地激励了承建商加大安全投入。

三是举行强制性培训。早在 1996 年香港就开始推行"平安卡制度"，所有在一线工作的工人必须接受全日制的基本安全训练和通过考试，并要求经常携带平安卡。

综上可知，综合运用奖惩手段，举行强制性培训，增强了香港社会的安全生产意识，有效地推动了企业建立自我规管的职业安全与健康管理制度。

### 八、面向中小企业提供多种职业安全与健康方面的帮助

中小企业在香港企业总数中所占比例达 90%，它们是香港经济的中坚力量。确保中小企业的职业安全与健康是香港特区政府职安局面临的一个新挑战。为了支持和鼓励这些中小企业完善安全管理体系，职安局在培训和宣传材料方面为其提供了大范围的帮助。

首先，为了满足中小企业工作者的希望和要求，香港职安局培训中心在职业安全与健康培训课程的设置方面给中小企业主提供了很大的方便。如在安全管理体系培训课程上，职安局从 1996 年起提供了一个针对中小企业的"安全健康管理计划"的两天课程；从 1999 年起，又提供了一个针对中小企业的"安全检查"的五天课程。香港职安局还开发了一套针对中小企业的"安全健康自助设备"，包括光盘（CD-ROM）和 OSH-MS 应用指南，使用者只需要简单依照使用手册和数据信息就可以建立起他们自己的OSH-MS，同时提供一个为期一天的使用学习培训，包括参与性练习、案例学习或讨论和互动教学等以帮助中小企业熟悉使用自助设备。

其次，香港职安局启动了一个基金计划——"针对中小企业的职业安全健康资助计划"。该计划将向中小企业提供资金帮助，以鼓励它们组织安全与健康活动。除了资金资助外，职安局的咨询师也会对中小企业的工厂做咨询式拜访并提供意见。

再次，香港职安局对中小企业在职业安全与健康方面的需要和问题进行了研究和分析，为中小企业提供了完善职业安全与健康的发展战略计划。香港职安局也实施了一系列促进性活动来提高中小企业对职业安全与健康的认识，这些活动包括为中小企业组织开放式论坛、研讨会，向中小企业赠送职业安全与健康指南、招贴画、报纸、挂图和手册等。

# 第二节　台湾地区的职业安全与健康管理

台湾地区的职业安全与健康管理水平虽与大陆东南沿海经济发达地区的职业安全与健康管理水平相差不多，但其所采用的一些制度及管理方法仍值得我们借鉴。

## 一、台湾地区职业危害相关法律法规的发展历程

台湾地区在职业安全与健康方面的"立法"大致可以分为三个阶段：第一阶段是 1970 年以前，在"劳工立法"方面台湾当局没有多少新的进展，主要还是沿用 1949 年之前制定的《工厂法》《工厂检查法》《矿场法》等法律。

第二阶段是 1970—2000 年，是台湾地区"劳工立法"蓬勃发展的时期。在这一时期的"劳工立法"主要有：《矿场安全法》（1973 年）、《劳工安全卫生法》（1974 年）、《劳工安全卫生教育训练规则》（1975 年）、《劳动基准法》（1984 年）、《劳动检查法》（1993 年）、《劳工保险条例》（1995 年）等。

第三阶段是 2000 年以来，是台湾地区"劳工立法"的补充完善时期。2001 年，台湾当局制定了《职业灾害劳工保护法》。2011 年，台湾当局全面修订了 1974 年通过的《劳工安全卫生法》，从扩大职业安全保障范围、强化监管机制等六个方面进行了完善与补充。

1970 年以来，台湾地区除了颁布上述重要法令外，还陆续通过了许多实施细则，进一步完善和丰富了职业安全与健康法律体系。特别是《劳工安全卫生法》与《劳动检查法》，可以说是台湾地区职业危害方面的核心法律，它们系统、全面、细致地规范了职业危害预防机制的标准设定、监督检查、教育训练、责任追究等方面的内容，而其他法令则是从某一行业或某一方面来规制职业危害的。综合来看，台湾地区职业安全与健康方面的立法经历了一个从无到有、从部分到综合、从适用某一行业到所有行业、从低效到高效的发展过程，并处于不断完善的状态。

## 二、台湾地区各项职业安全与健康制度的主要内容

1987 年，台湾当局成立了劳工委员会；1992 年，又成立劳工安全卫生研究所。劳工委员会曾分阶段制定了加强安全健康的方案，采用全方位的安全健康预防策略，使灾害率大幅降低。而这其中，除了各行各业实施职业灾害状况重点监督检查、事业单位依法举办劳工安全健康教育培训、改善健康设备等措施发挥效果外，台湾当局大力推广的各项安全与健康制度，也发挥了相当重要的作用。

（一）企业安全卫生自主检查制度

依据台湾地区《劳工安全卫生法》（以下简称《安卫法》）的规定，雇主应根据企业的规模和性质，实施安全卫生管理，并设置劳工安全卫生组织和卫生人员。对于相关设备及其作业，企业应制订自主检查计划，实施自主检查。企业规模在 100 人以上的，必须设置劳工安全卫生管理部门，或劳工安全卫生委员会。企业劳工安全卫生人员包括劳工安全卫生业务主管、劳工安全管理师、劳工卫生管理师、劳工安全卫生管理员等。

台湾地区有关管理机构对企业实施的检查，均将企业是否设置劳工安全卫生组织和卫生人员列为检查重点。台湾地区安全卫生管理工作虽然取得了不小成绩但仍存在一些问题，主要是：中小企业劳工安全卫生管理工作有待进一步落实；企业通过制订自主检查计划而实施的自主检查，有待与目前国际上的职业安全卫生管理系统整合。

（二）劳工安全卫生教育训练制度

台湾地区的劳工安全卫生教育训练制度规定，危险性机械或设备操作人员、劳工安全卫生人员、作业环境测定人员、施工安全评估人员、制程安全评估人员、急救人员、有机、铅等有害作业主管、建筑作业主管（如挡土支撑作业主管、模板支撑作业主管、隧道等挖掘作业主管、隧道等衬砌作业主管、施工架组配作业主管、钢构组配作业主管等），须接受 10 余项特种作业训练。对一般作业劳工进行所从事工作及预防灾变所必要的安全卫生教育训练。对课程、课时、举办方式均做出了规范。台湾地区职训局办理危险性机械、设备操作人员、安卫人员、作业环境测定人员等技能鉴定。另由台湾地区考试机构组织专门技能考试。

台湾地区训练机构培训质量参差不齐，部分训练机构的培训质量有待

提升。另外，经技能鉴定或训练合格人员是否再次参加培训，台湾当局正在对此进行研究。

（三）承包工程中的安全卫生管理制度

台湾地区《安卫法》第十六条规定：事业单位以其事业招人承包时，其承包人就承包部分负本法所定雇主之责任；原事业单位就职业灾害补偿仍应与承包人负连带责任；再承包者亦同。第十七条规定：事业单位以其事业之全部或一部分交付承包时，应于事前告知该承包人有关其事业工作环境、危害因素即本法及有关安全卫生规定应采取之措施。第十八条规定：事业单位与承包人、再承包人分别雇用劳工共同作业时，为防止职业灾害，原事业单位应采取下列必要措施：设置协议组织，并指定工作场所负责人，担任指挥及协调之工作；工作之联系与调整；工作场所之巡视；相关承包事业间之安全卫生教育之指导及协调；等等。第十九条规定：两个以上之事业单位分别出资共同承包工程时，应互推一人为代表人；该代表人视为该工程之事业雇主，负本法雇主防止职业灾害之责任。以上规定还在《劳工安全卫生法施行细则》有补充规定，台湾地区劳工委员会亦有许多补充解释。

台湾地区对承包管理只在母法及其施行细则上有原则性规定，而日本在劳动安全卫生设施规则上有专章配合母法详细规定原事业单位及承包人应作为的事项。相较而言，台湾地区对承包管理及协议组织运作的落实还尚显不足。目前，台湾地区的许多工地多靠劳动检查机构的强力督导落实。

（四）危险性机械设备代行检查制度

台湾地区对锅炉、压力容器、高压气体特定设备、高压气体容器、固定式起重机、移动式起重机、升降机、人字臂起重杆、吊笼、营建用提升机10种特种设备，实行代行检查制度。代行检查机构由主管机关指定非营利法人担任。代行检查机构负责对执行业务进行规划，并委托民间专业团体进行危险性机械设备品质检查管理，由其查核相关事务性工作。

从台湾地区《安卫法》的条文上来看，危险性机械设备因为危险，因此须由检查机构检查合格，这与先进国家和地区所规定的设施均为雇主责任，采取开放检查由民间办理不同。

（五）特殊机械器具型式鉴定制度

根据台湾地区《安卫法》第十一条的规定，雇主不得将不符合主管机关所定防护标准的机械器具供劳工使用，这些机械器具包括动力冲剪机械、手推刨床、木材加工用圆盘锯、动力堆高机、研膳机、研磨轮等。台湾地区由"工业研究院"实施型式检定，而型式检定实施的程序、检定机构应具备的资格条件与管理及其他应遵行事项的办法，台湾地区劳工委员会有详细规定。但是，目前台湾地区型式检定机械器具种类过少，《安卫法》第十一条没有对不符合主管机关所定防护标准的机械器具的贩卖、租赁、转让及供出售的陈列做出规定。

（六）劳工体格检查及健康检查制度

台湾地区《安卫法》第十二条规定：雇主于雇用劳工时，应施行体格检查；对在职劳工应施行定期健康检查；对于从事特别危害健康之作业者，应定期施行特定项目之健康检查；并建立健康检查手册，发给劳工。前项检查应由医疗机构或本事业单位设置之医疗卫生单位之医师为之，检查记录应予保存。同时规定，健康检查费用由雇主负担。台湾地区劳工委员会对有关体格检查、健康检查的项目、期限、记录保存及健康检查手册与医疗机构条件等，均有详细规定。

（七）作业环境测定及实验室认证

台湾地区《安卫法》第七条规定：雇主对于经主管机关指定之作业场所应依规定实施作业环境测定。指定场所包括中央空调设备建筑室内作业场所、坑内作业场所、显著发生噪声作业场所、高温作业场所、粉尘作业场所、铅作业场所、有机溶剂作业场所、四烷基铅作业场所、特定化学物质作业场所及其他指定的作业场所。

台湾地区针对作业环境测定的标准及测定人员资格，专门制定了《劳工作业环境测定实施办法》，作业环境测定人员须经训练及技能检定合格。台湾地区劳工委员会还出版有关如何实施作业环境测定、采样的教材。各种作业环境测定、采样、分析方法在劳工安全卫生研究所的网站上可以查询。然而，还有不少中小企业未经测定，而一些临时、短暂工作的作业场所也多未实施作业环境测定。

（八）危险物及有害物通识制度

台湾地区《安卫法》第七条规定：对危险物及有害物应予标示，并注明必要之安全卫生注意事项。应予标示的危险物，系指经主管机关指定的爆炸性物质、易燃性物质（易燃固体、自燃物体、禁水性物质）、氧化性物体、引火性液体、可燃性气体及其他物质等。应予标示的有害物，系指经主管机关指定的有机溶剂、铅、四烷基铅、特定化学物质等。台湾地区的危险物及有害物通识制度，包括容器标示、危害物质清单、物质安全资料表，以及拟订合适可行的通识计划和对劳工进行必要的危害物安全卫生教育训练。主管机关委托相关单位办理咨询服务，亦有物质安全资料表可查询。对危险物与有害物的标示及必要的安全卫生注意事项，台湾地区劳工委员会订有危险物与有害物通识规则。另为配合危险物与有害物标示的国际化，台湾地区还加强了对危险物与有害物通识规则的训练。但是，对于混存物的危害性，目前台湾地区的许多业者因资料难寻未进一步处理。而为了配合国际化整合，台湾地区许多部门之间还需要进行进一步的协商。

（九）职业灾害通报及统计上报制度

根据台湾地区《安卫法》的有关规定，事业单位发生有死亡或 3 人以上受伤的重大职业灾害的，应于 24 小时内上报检查机构；事业单位对职业灾害应调查原因以采取防范对策，对指定的事业单位应每月上报。对于职业灾害统计，台湾地区在 2002 年修改法案规定为 50 人以上的企业，或未满 50 人的企业，经指定检查机构函知者，事业单位仍应办理职业灾害调查分析统计。目前，台湾地区的事业单位对重大职业灾害大多会依规定于 24 小时内上报检查机构，但对于一般职业灾害常有少报现象，以避免检查机构注意。另外，总体而言，台湾地区上报的事业单位数量仍过少，部分事业单位职业灾害调查不切合实际。

（十）危险性工作场所审查检查制度

根据台湾地区《劳动检查法》第二十六条的规定，危险性工作场所，非经劳动检查机构审查或检查合格，事业单位不得使劳工在该场所作业。其中，危险性工作场所须经劳动检查机构审查合格者包括：从事石油产品裂解反应，制造石化基本原料的工作场所；制造、处置、使用危险物、有害物的数量达主管机关规定数量的工作场所；主管机关指定的建造工程的工作场所。应经劳动检查机构审查及检查合格的危险性工作场所包括：用异氰酸甲酯、氯化氢、氨、甲醛、过氧化氢、吡啶的原料从事农药合成的工作场所；用氯酸盐类、过氯酸盐类、硝酸盐类、硫、硫化物、磷化物、木炭粉、金属粉末及其他原料制造爆竹烟火类物品的爆竹烟火工厂；以化学物质制造爆炸性物品的火药类制造工作场所。压力气体类压力容器 1 日的冷冻能力在 150 吨以上或处理能力符合下列规定之一的工作场所：1 立方米以上的氧气、有毒性及可燃性高压气体；1 立方米以上前款以外的高压气体；设置传热面积在 500 平方米以上的蒸汽锅炉的工作场所。另外，建筑物顶楼楼板高度在 50 米以上的建筑工程；桥墩中心与桥墩中心的距离在 50 米以上的桥梁工程；采用压气施工作业的工程；长度 1 000 米以上或需要开挖 15 米以上的竖坑的隧道工程；开挖深度达 15 米以上或地下室为 4 层以上且开挖面积达 500 平方米的工程；工程中模板支撑高度 7 米以上，面积达 100 平方米以上，且占该楼层模板支撑面积 60% 以上的，都须经劳动检查机构审查或检查。

台湾地区对危险性工作场所未经劳动检查机构审查或检查合格，事业单位不得使劳工在该场所作业的规定，与国外多采用的自行危害评估规定不同，增加了劳动检查机构的负担。同时，台湾地区对危险性工作场所规定的范围过大，如蒸汽锅炉及压力容器已单体检查合格仍须办理危险性工作场所检查。许多企业的危险性工作场所危害评估采用交顾问公司办理的方式，员工参与率不高，因此使这一制度流于形式。

（十一）事业单位自护制度

台湾地区参考美国 VPP 制度（自护制度）制定了《事业单位安全卫生自护制度实施要点》。该实施要点规定，凡申请参与自护制度，经自护评鉴委员会评鉴达一定标准，由台湾地区劳工委员会颁发自护单位标志。其奖励包括：被推荐参加推行劳工安全卫生优良单位人员的选拔、申请优先提供技术辅导、优先派员参加训练及安全卫生活动、法规或相关刊物优先寄送等。另外，财产保险公司派员会同现场评鉴者，通知该公会降低其财产保费率。

经认可为自护单位者，颁发有效期 2 年的自护单位标志。在标志有效期内，每 1 年由稽核员对自护单位实施稽核 1 次以上，并将稽核结果连同改善计划或推行计划执行情况，于次年 3 月底前函报台湾地区劳工委员会备查。但是，目前台湾地区的安全卫生自护制度评鉴内容也面临着如何与 OHSAS 18001 及 ILO 职业健康安全管理体系整合的问题，甚至如何与 ISO 9000 及 ISO 14000 全面整合的问题。而保险公司降低其财产保费率也过少，在实际操作中亦缺乏吸引力。

（十二）劳工工作场所安全卫生管理状况调查制度

台湾地区对劳工工作场所安全卫生管理状况的调查，由劳工安全卫生研究所定期开展。调查时需要掌握危害环境、劳工暴露等基本资料，作为检查及辅导的重要参考，也作为研究规划的基础。另外，还有受雇者工作环境安全卫生管理状况认知调查、职业危害调查、职业暴露调查等。由于调查样本甚多，如受雇者工作环境安全卫生管理状况认知调查样本就达 2 万个，且每 3 年进行一次，费用颇高。

（十三）职业病监控制度

根据劳工保险统计，1985—1994 年台湾地区职业病只有 853 件。台湾地区劳工安全卫生研究所从 1995 年起逐渐建立职业病监控制度，数据多来自职业病通报系统，通过整合劳保职业病通报系统，规范健康检查职业病因通报、劳保职业病健康检查通报系统，并鼓励医疗体系的医师通报职业病个案，以发挥监视功能、实现有效监控。另外，台湾地区劳工委员会积极培育职业病专科医师，举办职业病医师讲习，编制职业病认定基准。台湾地区卫生署亦配合建立职业病专科医师制度。但是，由于工作量大，需要配备人力比对各项资料，从而花费许多人力。不仅如此，台湾地区的医疗体系对职业病多不敢认定，职业病专科医师数量仍感不足，通报系统目前尚难全面覆盖所有医疗院所。

（十四）职业灾害保险费率采用安全卫生绩效的实绩费率

根据台湾地区《劳工保险条例》的规定，保险费的计算，按普通事故保险费率及职业灾害保险费率计算。普通事故保险费率是按被保险人当月投保薪资的 5.5% 计算，而职业灾害保险费率则是按被保险人当月的投保薪资，依照职业灾害保险适用行业费率表的规定办理。但雇用员工达一定人数（70 人以上），采用实绩费率。即按其前 3 年职业灾害保险给付总额占应缴职业灾害保险费总额比例超过 80% 者，每增加 10% 加收其适用行业的职业灾害保险费率的 5%，并以加收至 40% 为限；其低于 70% 者，每减少 10% 减收其适用行业的职业灾害保险费率的 5%，每年计算调整其职业灾害保险费率。

其中的职业灾害保险适用行业费率表，由台湾地区主管机关拟订，报请台湾当局核定，并至少每 3 年调整一次。普通事故保险费，由"劳、资、政"三方按 20%、70%、10% 的比例分担。职业灾害保险费全部由投保单位负担，但无一定雇主或自营作业者依其为外雇船员、职业工人、自营作业渔民分别由"政府"补助 20%、40%、80%，其余自行负担。但目前台湾地区仅对雇用员工 70 人以上的投保单位采用实绩费率，且许多劳工以职业工人身份投保，实绩费率对职业工人无影响。

### 三、评价与借鉴

（一）严格执法、配备专门执法人员，"企业、政府、劳动者"三方共同努力

首先，台湾地区加大检查执法力度。全台湾有 300 多人的执法检查队伍，这也是唯一的有执法权的队伍，他们在北、中、南部，以及台北市、高雄市、科技园区、加工出口区等 10 个检查所工作。他们主要依据《安卫法》对中小企业开展日常检查和重点抽查，对发现的违法事实一项一项累加处罚，多者可被罚款 20 万新台币（约合 5 万元人民币）。"地方政府"可以向企业指出其发现的问题，并通知检查人员来检查处罚。

其次，台湾当局会广泛运用各种媒体进行职业安全卫生方面的宣传，播放公益广告，对事故进行现场直播报道，及时披露各种职业安全卫生方面的问题，发挥舆论监督的作用。另外，台湾地区积极推广 ISO 14000 和 OHSAS 18000 国际环境、安全及卫生管理体系验证标准，开展一系列的教育、培训和辅导工作，帮助企业规范运作。

此外，为强化企业安全卫生自主管理能力，鼓励企业建立安全卫生自主管理体制，台湾当局劳工委员会参考美国 VPP 制度制定《事业单位安全卫生自护制度实施要点》。自护制度是企业间自愿组织起来，相互帮助、互相促进的一个民间联防组织，主要是同地区、同行业的企业组织起来，大企业带动小企业，老企业帮助新企业，进行人员培训、健康体检、机械设备检查、安全规章制定、紧急应对措施制定和演练等。通过定期的活动，研讨避免同类事故发生，推广新的管理经验和技术等，"政府"派专家到场进行辅导。由于企业众多，检查人员难免有检查不到的地方，为了防止企业主不自觉执行有关安全和职业卫生方面的规定，损害劳工合法权益，台湾当局还公布举报电话，并在作业场所发放和张贴有关制度，告诫企业主并提醒劳工。

（二）降低职业灾害的指标控制方法

台湾地区劳工委员会曾于 2001 年将"安全的工作环境"列为三大施政纲领之一，并在 2001—2005 年施政计划中确定，4 年内实现降低重大职业

灾害死亡人数 40% 的目标。在指标的制定上没有采取降低绝对数的做法，而是以前 3 年的职业灾害数字为基准，这个数字主要从工伤保险机构获取，因为台湾地区的工伤保险参保率在 95% 以上，出现职业灾害由保险公司赔付，所以这个数字的准确度比较高。经过对前 3 年的职业灾害数字分析后定出一个基准，并计划于第一年和第二年各降 15%，第三年和第四年各降 5%。因为前两年工作成效会大，所以降幅就大，后两年就相对难一些，所以降幅就小。管理部门、劳工和资方的共同努力，通过配合检查、媒体监督、各种辅导与培训，以及劳工自主维权等措施的实施，重大职业灾害劳工死亡人数及千人率均呈连续下降趋势。台湾地区的劳工保险赔付资料显示，全产业职业灾害千人率（不含交通事故）亦逐年下降。据台湾地区职业灾害统计资料显示，2016 年台湾地区各行业发生职业灾害千人率平均达 2.773 人（未包括交通事故），较上年的 2.953 人略微下降。其中，营造业仍是职业灾害千人率最高的行业，达到 10.036 人，为全体行业平均值的 3.6 倍，第二位是用水供应及污染整治业为 4.676 人，第三位是运输仓储业为 4.424 人。整体而言，台湾地区职业灾害千人率从 2010 年的 4.333 人降到了 2016 年的 2.773 人，降幅不小，职业灾害预防工作有较大进步。与此同时，2019 年台湾地区的职业灾害保险费率也一并调降，各行业平均费率从原来的 0.15% 降到 0.14%。

（三）防止资方隐瞒事故，使劳工权益免受侵害

根据台湾地区《安卫法》的相关规定，发生职业灾害，雇主应立即抢救，并进行调查分析及做好记录。发生 1 人死亡或 3 人受伤的事故，24 小时内报告检查机构，检查机构接到报告后，立即派员检查。如果违反此项规定，将处 1 年以下有期徒刑、拘役或最高处 15 万元新台币（约合 3.75 万元人民币）的罚款。

在执行法律过程中，一定要严格执法，这是减少隐瞒事故的一个重要措施，也具有很重要的示范作用。台湾地区《劳工保险条例》规定，企业必须为劳工参加工伤保险并缴费，一旦发生事故，由保险公司支付赔偿金。因为赔偿额度高，从企业角度考虑愿意参加工伤保险。目前，台湾的工伤保险参保率在 95% 以上，每次发生事故，企业要通知保险公司理赔。因此，这个渠道就成为一个事故通报的重要途径。此外，一旦发生事故，警察局首先就会接报，并第一时间赶往现场，这也是一个渠道。还有就是举报，

这个渠道主要是劳工和社会监督。通过这三个渠道，检查机构会与主管机关保持密切联系，共享信息。一旦发现有瞒报的事故，立即依据《安卫法》对企业进行处罚。一旦发生事故，资方与劳工因赔偿问题闹到法院，法官会努力促成和解，也就是资方要尽可能多赔偿，这是保护劳工利益最有效的方式，一旦和解，法院在对资方判决时会考虑减刑；如果资方不和解，将高限判决。

（四）建筑业事故高发原因所在

台湾地区劳工委员会劳动检查处的统计资料显示，近十年来台湾地区建筑业发生死亡灾害的比率比其他行业高，而坠落灾害是首位。主要原因包含以下方面：

首先，工地施工移动性大，且高架作业频繁、危险性机具使用率高，工作类别、工作方法、分包商与劳工均不断地变更转换，使用不同的高危险性机具，如各种吊车、各种不同的挖掘机和灌浆机具等。另外，大建筑公司少，小建筑公司过多而衍生出劳工的守法精神不足；安全卫生管理经费比率太低，限制了安全卫生管理功能的发挥；建筑业安全卫生设施标准法规制定与公告实施较晚等三个因素，也导致了建筑业事故偏多。

据悉，由于有规模的大建筑企业不多，往往一件大一点的工程中标下来后，便层层分包出去给小公司来做。小公司多半都是在有工作时才雇用临时工来开工，于是真正在第一线作业的模板工、钢筋工等多半是流动性很大的临时雇用劳工。由于临时工流动性大，他们不易接受安全卫生机构指定的应有的系统训练，所以无论是专业技术还是安全卫生管理意识都不高。另外，小公司的业主及其管理人员的安全卫生管理专业知识不足，给安全卫生管理带来不少困难。

其次，台湾地区建筑业的安全卫生管理经费比率太低，制约了安全卫生管理功能的发挥。先进国家和地区的安全卫生法规的基本精神，皆是在劳工从事危险工作之前，要求雇主先提供可防范劳工发生灾害的安全装备或设施，给劳工使用以保障劳工的生命安全。台湾地区的建筑业即使大型公共工程所拨给的安全卫生管理经费，与先进国家和地区相比也有较大差距，一般是总工程经费的6‰，与先进国家和地区的8‰~15‰相比，差距较大，这也是安全卫生管理绩效不尽如人意的重要因素之一。

有关专家也指出，台湾地区的《安卫法》是1974年颁布实施的，建筑业的安全卫生设施标准是 1975 年制定的，由于法律法规起步比较晚，所以建筑业的职业灾害发生率比较高。目前，建筑业内也期盼台湾当局能制定政策，激励有规模的大建筑企业发展，以提高安全卫生管理水平。

## 澳门建立职业安全健康保障新体系——从三个方面保障职业安全健康

澳门特别行政区劳工事务局一方面着力保障雇员权益、为雇员营造安全健康的工作环境，另一方面打击雇主违法行为，以坚决、理性和谨慎的态度严格执法，做到"有法可依，有例可循"。

随着澳门经济的发展，工业结构升级和职业安全健康日益受到重视，澳门劳工事务局以"固本培元"的施政方针为根本出发点，推行新的职业安全健康检查制度，为逐步构建职业安全健康保障体系夯实基础。新的职业安全健康检查制度分别从预防事故、落实责任、应对新问题三方面保障职业安全健康。

1. 修改《建筑安全与卫生章程》及推行"建造业职安卡"制度

"安全生产，预防为主"，预防是减少乃至杜绝事故发生的根本手段。为增强雇员安全意识，预防职业病和防止意外事故的发生，澳门劳工事务局修订了《建筑安全与卫生章程》，新增强制性职业安全健康训练及持卡上岗制度并与澳门所有 5 个建筑团体合办"建造业职安卡"的职业安全健康基本训练课程。新制度的实施，减少了职业病和意外事故，尤其是减少了工地意外伤亡事故的发生。

2. 推行《职业安全健康约章》，鼓励企业建立职业安全健康管理制度

落实责任、责任到人，实现企业的自我管理，逐步建立企业"自我规范"的安全健康管理制度，有利于营造安全健康的工作环境。《职业安全健康约章》推出了由雇主、雇员及政府三方共同承担责任的观念；雇主、雇员双方共同组成职业安全健康委员会，制定企业的职业安全与健康政策和方针，并履行执行计划、监察和纠正等工作；政府对职业安全与健康予以高度重视，适时推介先进的管理模式。例如，澳门特区政府在完成三星级至五星级酒店的职业安全与健康巡查工作后，鼓励已经通过 ISO 9000 质量管理体系及 ISO 14000 环境管理体系认证的酒店，以及建筑企业和其他提供公共服务的企业积极引进 OHSAS 18001 "职业健康安全管理体系"，从而建立起企业"安全、健康、环境及质量管理一体化"的系统。

### 3. 加强职业安全健康法规的制定、修改、补充和完善工作

科技的进步、新工程技术、机械及物料的引进引发了一系列新的职业安全与健康问题。原有的工业及商业规章、《工业场所卫生与工作安全总规程》和《商业场所、办事处场所及劳务场所卫生与安全总规程》早已无法应对日益复杂的职业安全与健康问题。为此，澳门劳工事务局于2001年就开始起草《职业安全健康规章》。该规章采用了国际劳工组织第115号、第120号、第148号和第155号公约的原则，新增了前瞻性、与时俱进的制度，把职业安全健康保障从工业界、商业界扩展到其他行业，包括服务业、金融业、零售及百货业、酒店及公共娱乐场所等，从而有效保障了全澳门约20万在职雇员的安全。

为建立职业安全健康保障体系，劳工事务局还在预防事故、落实责任、应对新问题等方面实行新的职业安全健康检查制度，有效地保障雇员安全，营造安全健康的工作环境。

（资料来源：《广东安全生产》2012年第13期）

# 第十二章

## 典型行业和人员职业安全与健康管理的实践

1. 了解建筑行业职业安全与健康管理的特点及案例
2. 了解旅游行业职业安全与健康管理的实践及案例
3. 了解职业女性面临的健康危害因素及其预防措施

　　当前，新技术、新设备、新工艺不断涌现，企业的生产环境愈发复杂，安全生产工作中的挑战性因素日益增多。据预测，由于长期以来的粗放式经济增长方式和安全技术水平较低，未来十年我国将进入一个职业病频发期。职业安全与健康关系到经济社会的长远发展，各行业的安全与健康管理至关重要。本章以典型行业和人员为例，重点介绍建筑行业和旅游行业职业安全与健康管理的实践及经验，并简要介绍当代职业女性面临的健康危害因素及相关预防措施。

## 第一节　建筑行业职业安全与健康管理的经验

　　建筑行业是一个高风险行业，在国民经济中占有重要地位。该行业的特点是地域跨度大，现场环境复杂，工区分布广，作业条件变动大，作业人员经常更换工作环境，人员流动频繁、临时性强。建筑项目的流动性具有不确定性特点，很多作业活动在危险性高、条件特殊的区域内进行，多数工种由农民工承担。而随着我国城乡二元结构逐步被打破，农民开始从农村走向城市。这些进城务工的农民被称为农民工,其中建筑行业农民工占有相当大的比例,并已逐渐成为建筑施工市场中一支新型劳动大军,是推动经济社会发展的重要力量,为我国建筑行业发展做出了重要贡献。据统计,建筑行业的事故发生率居全国各行业的前三位,因此做好建筑行业职业安全与健康管理工作十分重要。

## 一、建筑行业职业安全与健康管理中存在的问题

### (一)安全管理

我国在建筑安全生产管理方面颁布了一系列的法律、法规及安全技术标准,已经建立了一套较为完整的建筑安全生产管理体系,建筑安全生产管理工作也取得了显著的成绩。全国很多省份近年来发生的较大以上的建筑施工生产安全事故起数和总死亡人数连续下降。农民工是建筑行业事故的高发群体,是事故的直接受害者。据有关资料显示,在建筑施工事故中,农民工伤亡人数占总伤亡人数的 80% 以上。目前,建筑行业常见的职业性伤害事故主要有以下几种。

(1)物体打击,包括:高处作业中工具零件、砖瓦、木块等掉落伤人;起重吊装、拆装时物件掉落伤人;设备带病运行;部件飞出伤人;设备运转中违章操作,如铁棒弹出伤人。

(2)机械伤害,常指强大机械动能所致人体伤害,如被搅、挤压,或被弹出物体重击,致人重伤甚至死亡。常见伤人机械设备有混砂机、搅拌机和轮碾机等。

(3)高处坠落,指从距离地面 2 米以上作业点坠落所致伤害,主要原因有:蹬踏物突然断裂或滑脱;高处作业移动位置时踏空、失衡;站位不当,被移动物体碰撞而坠楼;安全设施不健全,如缺少护栏;作业人员缺乏安全带和高处作业安全知识;等等。

(4)车辆伤害,建筑作业现场所用机动车辆,如挖掘机、推土机所致伤害。其主要原因有:行驶中引起的碾压、撞车或倾覆造成的人身伤害;运行中碰撞建筑物、构筑物、堆积物引起其倒塌、物体散落等所致人身伤害。

### (二)健康管理

目前,建筑施工企业的职业健康监管普遍较薄弱,不仅相对于传统的

建筑安全生产监管工作而言更具挑战性，而且比矿山、危险化学品、烟花爆竹等高危行业的职业健康监管难度更大。有调查显示，我国接触职业性有害因素的人群、职业病患者、职业病新发及死亡人数均居世界首位，且职业病主要集中在矿山开采、建筑施工、危化三个行业，其中农民工是主要的受害群体。建筑行业的职业病危害因素种类繁多、复杂而且几乎涵盖所有类型，其中尘肺、职业中毒、噪声耳聋是危害建筑行业农民工健康最主要的职业病。同时，由于劳动力市场供过于求，许多劳动者为了就业，不得不忍受恶劣的工作条件，为了养家糊口无法顾及自己的身体，有的甚至不敢进行健康体检，怕查出病来而被老板辞退，失去挣钱的机会。

**二、建筑行业职业安全与健康管理问题出现的主要原因**

（一）宏观管理方面

在规章制度方面，与建设工程相关的安全健康管理法规和技术标准体系有待进一步完善。据统计，中华人民共和国成立以来颁布并实施的有关安全生产、劳动保护的主要法律法规有 280 余项，内容包括综合类、安全健康类、职业培训考核类、特种设备类、防护用品类及检测检验类。但是，专门针对建筑业的只有 1997 年施行的《中华人民共和国建筑法》和 2004 年施行的《建设工程安全生产管理条例》。随着社会的发展，这些法律法规已经暴露出不少缺陷和问题，涉及职业安全与健康方面的法律法规发展滞后。我国加入 WTO 后已采用了 ISO 14000 标准，并颁布了职业健康安全管理体系系列标准，但是《中华人民共和国建筑法》尚未反映这一趋势。

在政府监管方面，建筑行业安全生产的监管体系初步建立，已经建立了日常的监督管理制度和措施，并通过对建筑施工企业颁发安全生产许可证督促企业加强安全管理，取得了一定的成效。但还存在以下不足：一是直接针对建筑施工企业职业安全与健康监管方面的制度还比较欠缺，建筑行业安全监管部门还没有制定相应的管理办法；二是普遍缺乏专业的既懂建筑又懂职业安全与健康知识的技术人员，也缺乏职业健康技术支撑机构；三是在体制上由于职业健康监管工作原属于健康部门，2005 年 1 月国务院正式将作业场所职业安全与健康监督管理职能划归国家安全生产监督管理总局，而建筑安全监管部门作为行业安全监管部门，相应地承担建筑行业的职业健康监管职能。由于职能划转时间较短，建筑安全监管部门尚未准确掌握现有建筑行业职业危害实际分布情况的底数。

（二）企业管理方面

建筑企业数量众多，规模、资金实力、生产管理和施工技术水平参差不齐，其中企业组织机构设置不合理是建筑行业发生安全健康事故的重要原因。有效的职业安全与健康管理需要通过一定的组织机构来实现，为实现方针、目标，建筑企业设立的组织机构应合理分工，岗位职责明确。合理的分工是有效实施职业健康安全管理体系要素的基本要求的保障，建筑企业对各个部门应分别赋予不同的管理功能，进一步明确定位，将岗位职责落实到人，做到人人讲安全、事事要安全、处处保安全。建筑企业在职业安全与健康管理方面主要存在以下不足：一是对职业安全与健康的投入不足，现场作业人员的安全防护装备落后，配备的劳动防护用品不少不符合国家职业健康标准；二是不少中小企业没有建立职业危害防治责任制和规章制度，没有设置职业健康管理机构，也没有落实工作人员；三是没有组织接触高毒物品、粉尘等职业危害因素的施工人员进行定期职业健康体检；四是职业健康安全教育和培训制度不健全，流于形式，缺乏针对性。

（三）从业人员方面

在工程施工过程中，许多建筑企业的管理人员管理不到位，操作人员往往忽视安全、忽视警告，工作态度不正确。对易燃、易爆等危险物品错误处理、使用不安全设备设施、用手代替工具操作、物品存放不当、在必须使用个人防护用品用具的作业场所中忽视其使用等现象经常发生，从管理人员到操作人员对风险管理都只凭经验或依赖于感官印象和主观判断，各方都没有完善的风险评价、风险控制措施和管理方案，尤其是危险源辨识、风险评价、风险控制应有哪些要求、适用于哪些方法，如何适宜于行业和企业的特点等更是不被重视，通常都是事故发生了才去找原因。以农民工为主的操作人员文化素质偏低，学历以中学文化程度为主，只能从事技术含量低的体力劳动，他们多数来自贫困落后地区，法律意识淡薄。有调查数据表明，在劳务承包企业中，与农民工签订劳动合同的不到5%，只有30%左右的劳务承包企业在城市建设部门的干涉下为部分农民工缴纳了意外工伤保险。

### 三、加强建筑行业职业安全与健康管理的建议

#### （一）健全法律法规体系

应当转变传统观念，进一步建立健全我国建筑行业职业安全与健康管理法律法规体系。根据国家已经发布并于 2009 年 5 月实施的《建筑行业职业病危害预防控制规范》（GBZ/T 211—2008），尽快出台建筑行业的职业安全与健康管理条例，明确施工、监理、建设等参建单位及有关监管部门的职业病防治责任，并将其很好地与行政法规、部门规章、国家和行业标准、地方法规有机地结合起来，以便于实际操作。要促使工程建设的参与者都参与到健康、安全与环境管理中，对参与工程的单位都应当实行统一的标准，并将这个标准制作成合同文件，要求所有参与工程的单位均要履行合同的要求。合同中既要包括健康、安全与环境管理文件的编制，如风险管理、施工环境管理、员工生活标准等，又要考虑本工序的健康、安全与环境管理与相邻的其他单位的要求，以及健康、安全对员工生活环境、生产环境、生态环境等的影响。

#### （二）加强政府行政监管

政府部门要切实履行职业安全和劳动保护监管职责，落实企业主体责任，认真开展建筑施工企业职业安全与健康整治工作。一是要提高政府各级职业安全与健康监管机构人员的综合素质，使其业务素质能适应工作需要。建筑行业职业安全与健康涉及医学、工学、管理学等多门学科，培养一批懂专业知识的技术人才是当务之急。二是要进一步明确政府职业安全与健康监管机构的权属地位，理顺政府职业安全与健康监管机构与建筑行业相应机构的权属关系，防止重复管理，造成人财浪费。三是参照国家安监总局《作业场所职业危害申报管理办法》的要求，尽快建立健全建筑行业的职业危害申报制度，注意尽量要按照施工项目部而不是笼统地以施工企业为单位申报，摸清各种职业危害因素分布情况，建立基础数据库，并通过督促施工企业进行职业危害申报，提高其职业安全与健康防护意识。四是针对建筑行业存在的粉尘、化学毒物（甲醛、苯、石棉、铅、汞等）的职业危害，开展建设、安监、健康、工会等多部门的联合整治活动，齐抓共管，突出重点，形成监管合力。五是逐步实行职业安全与健康许可证制度和职业安全与健康审计制度，安全监管部门将其纳入对企业的日常监

管，是否取得职业安全与健康许可证将作为行政许可审查的一项前置条件。此外，事故预防是政府进行建筑行业职业安全与健康管理的重要任务，应切实引导企业防患于未然，根除可能的事故原因。

（三）发挥经济促进手段作用

我国制定的职业安全与健康标准中明确规定，业主应当保证为工程项目的安全生产提供安全措施所需费用，并将该项费用列入工程概算。此外，还有一些经济促进手段也可以考虑：一是利用业主在经济链中的作用促进职业安全与健康管理。可以在招投标中将职业安全与健康管理费用单列，不列入竞价项目；或者参考香港特别行政区的做法，让承包商明确计划，在工程量清单中列出职业安全与健康管理的预算，业主单独拨出2%左右的工程款作为专项经费，并对遵守标准的承包商进行奖励，违者处罚，将职业安全与健康管理投入从工程竞标的压力中解脱出来。二是完善建筑职业伤害保险制度，它是各国提高建筑安全生产水平的有效措施之一。一方面，针对承包商不同的安全表现制定不同的保险费率，形成一种良性的经济激励机制，从而改善建筑行业的安全状况。另一方面，它又可以保证受害者得到应有的伤害补偿。三是可以借鉴有些国家的做法，实行"黑名单制度"，被列入其中的承包商将失去对政府工程的投标资格，而对职业安全与健康管理水平高的承包商给予经济和荣誉奖励，包括在投标时加分等。总之，应该充分发挥经济手段在宏观调控中的作用，大力促进建筑行业职业安全与健康管理更好地与国际接轨。

（四）优化组织机构设置

应当认识到，建立职业安全与健康管理体系是促进建筑企业安全生产、实现对社会承诺的重要途径，是提高企业核心竞争力的重要手段。为此，要从组织上给予落实和保证，建立以企业领导为首的职业安全与健康管理体系的管理机构，保证整个组织分工明确，职责清晰，保证每个部门工作的正常运行，同时保证整个组织管理流程的畅通。避免因职责不清而造成吃大锅饭的局面，避免因责任问题而出现相互推诿的现象。合理的组织机构在建筑企业职业安全与健康管理中至关重要，是增强职工安全健康意识的推动力，是提高企业安全健康风险预防能力的有效途径，是企业整体素质与运作效率的集中体现。

（五）强化从业人员教育

建筑企业应定期组织职工进行安全健康方面的培训和学习，大力开展形式多样的教育活动。管理人员和作业人员必须遵守现场安全生产、文明施工管理及劳务管理制度，严格执行国家、地方、行业规章制度。对各岗位员工实施分层次培训，进行三级教育，提高其安全生产意识和能力，增强其安全生产的责任感和紧迫感。针对以农民工为主的操作人员，应形成全方位、立体化的培训体系。考虑到农民工的综合素质及文化水平较低，应该更加注重对其进行实际操作培训：一是采取措施加强对农民工的安全培训，落实对农民工的有效的安全培训时间，使农民工真正掌握安全知识和技能；二是举办建筑农民工夜校，有计划地对施工现场一线人员进行安全培训；三是从事高危行业和特种作业的农民工要经专门培训、持证上岗；四是通过安全月活动、班组安全会、安全知识竞赛及考核、安全技术交流会、事故分析会、警示标语、宣传画等，对农民工进行经常性的安全教育。此外，还应提高从业人员的维权意识和自我保护意识，引导其运用投诉平台、法律援助等多种手段维护自己的合法权益。

**四、案例介绍：河南省郑州市"09·06"模板坍塌事故**

（一）事故简介

2007年9月6日，河南省郑州市富田太阳城商业广场B2区工程施工现场发生一起模板支撑系统坍塌事故，造成7人死亡、17人受伤，直接经济损失约596.2万元。

该工程为框架结构，建筑面积115 993.6平方米，合同造价1.18亿元。发生事故的是B2区地上中厅4层天井的顶盖。原设计为观光井，建设单位提出变更后，由设计单位下发变更通知单，将观光井改为现浇混凝土梁板。

该天井模板支撑系统施工方案于2007年8月10日编制。8月15日，劳务单位施工现场负责人在没有见到施工方案的情况下，安排架子工按照常规外脚手架搭设方法搭建支撑系统并于28日基本搭设完毕，经现场监理人员和劳务单位负责人验收并通过。9月5日上午再次进行验收，总监代表等人提出模板支撑系统稳定性不好，需要进行加固。施工人员于当日下午和次日对支撑系统进行了加固。9月6日8时，经项目经理同意，在没有进行安全技术交底的情况下，混凝土施工班组准备进行混凝土浇筑。9时左右，总监代表通过电话了解到模板支撑系统没按要求进行加固，当即电话通知现场监理下发工程暂停令。9 时 30 分左右，模板支撑系统加固完毕。10 时左右，施工班组开始浇筑混凝土。14 时左右，项目工长发现钢管和模板支撑系统变形，立即通知劳务单位负责人，该负责人马上要求施工班组对模板支撑系统进行加固，班组长接到通知后立即跑到楼顶让施工人员停止作业并撤离，但施工人员置之不理。14 时 30 分左右，模板支撑系统发生坍塌。

根据事故调查和责任认定，对有关责任方做出以下处理：项目执行经理、监理单位现场总监、劳务单位现场负责人等 8 名责任人移交司法机关依法追究刑事责任；施工单位法人、项目经理、劳务单位法人等 14 名责任人分别受到吊销执业资格、罚款、撤职等行政处罚；施工、监理、劳务等单位分别受到罚款、暂扣安全生产许可证、停止招投标资格等行政处罚。

（二）原因分析

1. 直接原因

劳务单位在没有施工方案的情况下，安排架子工按照常规外脚手架搭设方法搭建模板支撑系统，导致 B2 区地上中厅 4 层天井顶盖的模板支撑系统稳定性差，支撑刚度不够，整体承载力不足，混凝土浇筑工艺安排不合理，造成施工荷载相对集中，加剧了模板支撑系统局部失稳，导致坍塌。

2. 间接原因

（1）劳务单位现场负责人对施工过程中发现的重大事故隐患没有及时采取果断措施，让施工人员立即撤离的指令没有得到有效执行，现场指挥失误。

（2）劳务单位未按规定配备专职安全管理人员，未按规定对工人进行三级安全教育和培训，未向班组施工人员进行安全技术交底。

（3）施工单位对模板支撑系统安全技术交底内容不清，针对性不强，而实际未得到有效执行。

（4）项目部对检查中发现的重大事故隐患未认真组织整改、验收，安全员在发现重大隐患没有得到整改的情况下就在混凝土浇筑令上签字。

（5）项目经理、执行经理、技术负责人、工长等相关管理人员未履行安全生产责任制，在高大模板支撑系统搭设完毕后未组织严格的验收，把关不严。

（6）监理单位监理员超前越权签发混凝土浇筑令，总监代表没有按规定程序下发暂停令。在下发暂停令仍未停工的情况下，没有及时地追查原因，加以制止，监督不到位。

（三）事故教训

（1）从近几年发生的高大模板支撑系统坍塌事故案例中可以看出，施工人员不按施工方案执行，或者没有方案就组织施工是造成事故的一个重要原因。从这起事故来看，如果严格按照方案施工，可能就能保证安全，但劳务单位现场负责人在没有见到施工方案时就违章地指挥架子工按照脚手架的常规做法施工，从而导致事故发生。

（2）从事故经过来看，这起事故并不是突然发生的。从发现模板支撑系统变形到坍塌有 30 分钟左右的时间，但施工人员安全意识差，没有自我保护意识，不听从指挥。如果在发现支撑系统变形后，人员立即撤离现场，就不会造成严重的伤亡事故。

（3）在施工程序上安排不合理，没有严格地按照施工方案执行，而是由工长口头交代，采取先浇筑中间板，后浇筑梁的方法，造成局部荷载加大，导致本已无法承受压力的支撑体系加快变形，最终整体坍塌。

（四）点评

这是一起违反施工方案擅自组织施工而引发的生产安全责任事故。事故的发生暴露出施工单位在施工组织上管理不严、施工技术管理松懈、监督检查不到位等问题。我们应认真吸取事故教训，做好以下几方面工作。

1. 加强技术管理

施工组织设计和专项施工方案是指导施工的纲领性文件。这起事故中的施工人员在未见到施工方案也没有安全技术交底的情况下，随意组织搭设模板支撑系统，反映出施工单位技术管理上存在严重缺陷，施工方案形同虚设。为赶工期，现场负责人心存侥幸，未按要求对模板支撑系统进行验收，在消除隐患之前进行混凝土浇筑。这起事故提醒施工单位要严格执行技术规范和标准，编制施工方案，并履行编制、审核、审批制度，同时严格执行施工方案的操作程序，对主要部分用书面形式进行传达，对施工人员就新的施工方案内容进行培训。

2. 加强监督检查

这起事故集中反映出施工管理人员对工艺不了解、盲目地安排施工造成工序不合理、施工过程没有管理人员指挥等问题。因此，施工单位应加强施工现场管理，按要求配备安全管理人员，把好现场安全监督关。

3. 提高自我保护意识

当发现模板支撑系统变形后，施工人员不听指挥，未及时撤离现场，说明施工人员安全意识差，缺乏自我保护能力。从发现模板支撑系统架体变形到整体坍塌有 30 分钟左右的时间，若施工人员能够听从指挥及时撤离现场，完全可以避免出现如此惨痛的人员伤亡。这起事故警示我们要加强对施工人员的安全教育，提高其安全意识和自我保护能力，正确处置不安全因素。

# 第二节 旅游行业职业安全与健康管理的经验

受旅游行业所具有的综合性、劳动密集性、季节性、敏感性、涉外性等特点的影响，旅游工作呈现出明显区别于其他产业工作的特点：①旅游行业的综合性决定了旅游工作的复杂性和变动性及服务对象的多样性；②旅游行业的劳动密集性决定了旅游工作的高强度性与高压力性、工作时间的漫长性及从业人员数量的庞大性；③旅游行业的季节性与敏感性决定了旅游工作的高流动率与流失率、工作人员的年轻化及工龄周期的短暂性；④旅游行业的涉外性决定了旅游工作的知识性、政治敏感性及服务对象的高消费性。

## 一、旅游行业的安全管理

旅游从业人员的安全意识培育是旅游行业安全管理的重要内容。旅游从业人员在上岗之前，应参加岗位安全培训，培训的内容包括岗位职责、工作空间、时间范围、安全技能等，还应定期参加旅游安全讲座和救援技能培训，培训内容因工种而异。以旅游景区为例，据抽样调查显示，38% 的从业者没有接受相关岗前培训，39% 的从业者从来没有参加过安全救援技能培训或安全救援演习，36% 的从业者参加过 1 次培训，参见过 4 次以上培训的从业者仅占 13%。可见，旅游从业人员的岗前安全培训和安全救援技能培训还比较薄弱，旅游行业安全管理有待加强。

（一）旅游从业人员的安全意识培育

1. 旅游从业人员安全意识培育的内容

（1）旅游服务安全操作规范意识。规范旅游服务安全操作，具有预防和及时发现安全隐患的作用。它主要包括三方面内容：认可旅游服务安全操作程序与安全的关系、熟练掌握操作技巧及程序、自觉防范安全隐患。

（2）安全设施设备正确使用和日常维护保养意识。只有在发生事故时，安全设施设备才能体现其价值和作用。安全设施设备的正确使用和日常维护保养内容包括：实行计划维修检查、坚持每天保养、坚持安全设施设备专项专用等。

（3）安全工作集体协调意识。旅游接待涉及面广、复杂多变。因此，从业人员必须具有强烈的集体协调意识。对安全隐患，要坚持集体协调预防和落实到位原则，实行越级汇报制度。从业人员要养成不轻易放过任何疑点、隐患的习惯，对任何安全隐患，不管是谁的责任，要求问到底、管到底。

（4）事故应急处理意识。应急处理能力是由人的心理素质、安全处理技能和对安全事故心理准备状况三方面决定的。旅游从业人员应急处理能力的强弱，是其能否及时发现和妥善处理安全隐患、应对突变事故的关键。对企业，要讲安全事故应急能力；对每个员工，要讲安全处理技能；对每个岗位，要讲安全应急预防；对重点岗位，要安排应急能力强的员工。做到事事有准备，人人有准备。

（5）安全责任追究意识。旅游安全事故危害很大，一次事故可能会造成人员伤亡，甚至会导致一个地区旅游业的衰退。旅游从业人员必须具有安全责任意识，安全责任追究是促使旅游从业人员树立安全意识的保障和动力。企业要通过与员工签订岗位安全责任、追究安全事故责任、总结安全事故教训等手段，强化员工的安全责任追究意识。

（6）安全知识自觉修养意识。增强旅游从业人员的安全意识，不仅要靠旅游企业的培训，还要靠从业人员的重视，在日常工作中，从业人员要自觉学习处理事故的方法，点滴积累安全防范知识，提高自身的能力。

2. 旅游从业人员安全意识培育的方法

（1）课堂讲解基本安全知识。课堂讲解是员工岗前培训和在岗短期强化培训的常用途径。它具有费用低、操作方便、适用范围广、可集中培训等优点，适用于传授旅游基本安全知识。

（2）安全技能模拟培训。安全技能模拟培训具有实践性强、能较快提高员工操作技能的优点，一般要结合课堂教育进行。有针对性地对旅游从业人员实行模拟训练，能迅速地提高他们运用有关防范和处理安全事故的方法、技巧的能力。

（3）安全信息通报。安全信息通报的基本做法，是由旅游安全部门或旅游协会通过公报等形式，不定期发布其所收集到的旅游企业安全事故、安全隐患方面的信息。旅游企业以这些信息为基础，通报相关内容，制定相关管理措施，并组织学习、讨论。这有助于旅游行业每一位从业人员及时了解安全信息，学习相关知识，保持较高的安全警惕。

（4）安全责任规范。首先，要规范安全责任制度。制定出合理、明确的安全责任追究制度，通过岗前培训、岗位学习，使从业人员树立安全责任追究意识。其次，要坚持安全事故责任追究制。严格地实行安全事故责任追究、总结通报等安全责任保障措施。

（5）自觉修养安全能力。很多安全知识需要从业人员通过读书、读报一点一滴积累起来。旅游企业应该制定各种鼓励措施和政策，鼓励员工自觉研修安全知识，培养安全能力，并为他们学习安全知识、掌握安全操作技能提供条件。

（6）检查和考核。检查和考核既是了解旅游从业人员对安全知识的掌握程度、保证培训质量的常用方法，也是促进从业人员掌握安全知识和技能、提高安全意识、遵守安全规范的有效措施。检查主要是在日常工作中检查旅游从业人员具体操作程序和方法的规范性，对不符合规范的现象要找出根源及时解决。考核一般有基本知识书面考核、操作技能模拟考核、安全事故表现考核三种形式。

（二）旅游从业人员安全管理体系

1. 操作程序安全规范管理

规范从业人员的操作程序和方法，是旅游安全管理的基本方法之一。许多事故是从业人员和管理者认为安全操作程序烦琐、浪费时间而自以为是或者麻痹大意所导致的。因此，首先应确保从业人员认识到严格遵照操作程序的重要性及每一条操作规范的安全意义，以实例向员工说明如何规范操作；其次应听取从业人员的建议，对操作规范中不合理的内容视实际情况予以调整，使操作规范适应环境的变化，使员工愿意接受；再次应采用强制性的手段，要求员工严格执行操作程序，按照制度严惩故意违规员工。

2. 安全协调规范管理

旅游行业的综合性极强，一次旅游活动涉及的企业就有旅行社、饭店、景区、旅游购物店等，涉及的服务人员有十几个甚至更多。安全问题常隐含在整个服务过程的协调中。因此，旅游企业必须加强协调管理，制定严谨的衔接规范，从制度上保证协调的畅通。在实际工作中，旅游服务环境总在不断变化，协调规范再完善，也难免出现脱节，以致产生一些安全隐患。因此，还要加强对旅游从业人员的安全责任管理，将安全责任作为一种职业道德来要求，要求从业人员在发现个别环节的疑点问题时，要及时查询、记录，以消除隐患。

3. 安全控制管理

安全控制管理是安全管理的重要环节，一般采用目标控制、关键点控制和现场控制相结合的方法。目标控制主要是指根据旅游企业的安全管理要求，对每个部门及每个岗位、每个员工，分阶段设立安全管理目标，制定安全管理标准，定期检查和考评，以求不断提高安全管理水平。关键点控制是指对安全隐患多的关键部门、关键岗位，如重点安全岗位人员的配置、安全培训考核、重要接待任务布置等，实行重点要求、重点控制。现场控制是指旅游企业的管理人员及基层员工在日常的工作中要增强安全责任心，及时发现并处理隐患，以减少事故的发生。

4. 安全事故处理规范管理

重视安全事故的处理工作，具有提高旅游企业安全事故处理能力、强化安全管理制度、预防同类事故发生的作用。做好安全事故处理规范管理，有如下两项要求：第一，培育旅游从业人员"安全至上"的意识；第二，坚持"应急能力第一""安全责任追究""安全事故总结"的原则。

## 二、旅游行业健康管理

与旅游从业人员工作相关的疾病类型多样、成因复杂，不仅影响从业人员的身心健康，还影响旅游产业与旅游企业的正常运转与可持续发展。旅游工作的复杂性与变动性及旅游从业人员数量的庞大性，使与旅游从业人员工作相关的疾病无论是在类型、成因还是在发病率等方面都呈现出复杂性。旅游工作的高强度性与高压力性等特点，也使与旅游从业人员工作相关的疾病恢复时间延长甚至无法恢复，并进一步影响从业人员的工作状态与服务质量，形成恶性循环。

（一）与旅游从业人员工作相关的疾病类型

由于旅游从业人员数量庞大、涉及行业较多、工种复杂等原因，与旅游工作相关的疾病类型也较多，主要可以划分为生理疾病与心身疾病两大类。

1. 生理疾病

生理疾病的类型庞杂且涵盖面广，根据旅游行业与旅游工作的特点，旅游从业人员与工作相关的生理疾病主要包括以下几类：

（1）肌肉骨骼损伤，主要包括腕管综合征、颈肩腕综合征等，如颈肩痛、腰背痛、下肢关节疼痛及腿部肌肉疼痛等。这种类型的疾病在旅游一线从业人员中普遍存在，如大多数从事溶洞旅游的工作人员与高山景区工作人员都不同程度地患有风湿病，处于中青年龄段的饭店服务人员腰背、膝关节症状发生率较高，且女性更为明显。

（2）与工作有关的消化系统疾病，包括慢性胃炎、十二指肠溃疡等。这种类型的疾病在旅游一线从业人员中较为常见，如旅行社司机、导游人员与酒店餐饮服务人员由于生活不规律且长期处于较为紧张的状态，很多人都患有不同程度的胃病。

（3）与工作有关的心血管系统疾病，包括高血压、冠心病等。这种类型的疾病在旅游行业中层管理者中较为常见，主要是由于缺乏体力活动且长期处于紧张状态所致。

（4）慢性呼吸道疾病。该类疾病主要的致病原因是工作环境中一氧化碳、二氧化碳、二氧化硫等有害气体的含量过高，如厨师由于长期在油烟环境中工作，患慢性支气管炎、气管炎疾病的概率明显高于其他人员，且上呼吸道疾病也呈现出显著的高发病率。

（5）与职业有关的传染病，包括肝炎、细菌性痢疾等。这类疾病在旅游一线从业人员中也较为常见，如导游人员由于自身工作的特点而导致其患乙型肝炎的概率高于一般人群。此外，由于工作环境等因素，餐饮服务人员感染细菌性痢疾的概率也明显偏高。

（6）慢性疲劳综合征，该类疾病主要表现为严重的疲劳。最常见的症状是肌肉疼痛，主要以颈胸部肌肉为主。其他症状包括抑郁、咽喉痛、注意力不集中、多关节疼痛、神经性厌食等，此外，还有上腹部饱满感、腹泻与便秘交替等胃肠症状。旅游从业人员由于工作紧张、压力大及长时间处于疲劳状态，患此类疾病的概率高于一般人群。

（7）职业性生理紧张疾病。这类疾病是由长期的、持续的或反复的职业性紧张引起的。职业性紧张引起的生理反应表现为血压升高、心率加快、血凝时间缩短等。旅游从业人员，特别是导游、旅游车队司机与景区（点）解说员，由于工作压力大、工作紧张程度较高而导致其患该类疾病的概率明显高于其他人群。

（8）其他疾病，如生殖系统紊乱、与工作有关的脑血管疾病、循环系统疾病等。

2. 心身疾病

心身疾病是由心理因素引起、有病理生理和形态学改变的一组躯体疾病，其发病、发展及防治都与心理因素密切相关，因此又称心理生理疾病。心身疾病主要包括原发性高血压病、冠心病、胃及十二指肠溃疡、支气管哮喘、甲状腺功能亢进5种典型疾病及紧张性头痛、眩晕发作、反应性精神病等其他多种疾病。这种类型的疾病在旅游从业人员中也有一定的发生率。据相关调查显示，紧张性头痛就是该人群中最为典型的一种心身疾病。

（二）引起旅游从业人员工作相关疾病的职业因素

工作相关疾病与职业病不同，后者是由职业有害因素直接引起的，而前者则往往呈现为"多因一果"，即工作相关疾病是多因素疾病。按照病因学的分析，可以将旅游从业人员工作相关疾病的致病因素划分为职业因素与非职业因素两大类。职业因素是旅游从业人员工作相关疾病最重要的成因。根据旅游工作的特点，与旅游从业人员工作相关疾病的形成具有显著相关性的职业因素，主要包括物理因素、化学因素及不良工作因素。

1. 物理因素

物理因素包括：①高温，如饭店厨房的内部环境；②低温，如旅游溶洞景区的内部环境；③高湿，如低海拔山谷景区、旅游溶洞、熔岩景区及喀斯特风景区等；④高或低气压，如高山高原旅游景区；⑤噪声或音频过高的环境，如饭店娱乐部的 KTV、迪厅等场所；⑥电离辐射，如 X 射线、γ 射线、旅游溶洞内的放射性氡污染等；⑦光线、紫外线、红外线等，饭店娱乐部、地下景观、洞穴景观等工作环境中都普遍存在此类危害因素。此外，还有振动、异常气候条件等因素。

2. 化学因素

化学因素主要包括两大类：①有害气体，如一氧化碳、二氧化碳、二氧化硫、一氧化氮等，饭店的厨房、旅游溶洞、温泉度假地等环境普遍存在此类有害化学因素；②有害液体，如消毒液、洗涤剂、旅游溶洞内的某些液体等，饭店的清洁人员、厨房的洗菜工、旅游溶洞工作人员等若长期接触此类物质，必然导致相关工作疾病的产生。

3. 不良工作因素

不良工作因素又称劳动损伤性因素。在旅游从业人员工作相关疾病的诸多成因中，不良工作因素仅为病因之一，但却起着明显的作用。引起旅游从业人员工作相关疾病的不良工作因素包括以下几种：

（1）工作特点。旅游工作高强度性、多样性与服务对象的复杂性等特点导致工作人员长期处于应激的紧张状态，这种状态易引起旅游从业人员脑力负荷强度过大、精神或器官过度紧张等问题，从而引起过度疲劳，并最终可能导致慢性疲劳综合征、心脑血管等疾病的发生。此外，伴随着生产力的发展，社会分工越来越细，旅游工作也不例外，这就导致部分工作越来越缺乏多样性与挑战性，而长时间单一、机械性的手工操作易引发旅游从业人员的慢性疲劳综合征及职业倦怠等疾病问题。

（2）不合理的工作流程。良好的工作流程设计是减少旅游从业人员工作相关疾病的有效途径，反之，不合理的工作流程则易造成工作相关疾病发病率增加。不合理的工作流程易导致从业人员处于分工不明确、工作任务混乱、角色模糊等状态，从而使其处于精神上的紧张状态。此外，不合理的工作流程还易使从业人员不可避免地受到物理伤害。

（3）不合理的工作时间安排，包括过长的工作时间与不规律的工作时间等。过长的工作时间会引发肌肉、骨骼劳损等疾病，而不规律的工作时间则会直接或间接诱发多种疾病（如脑血管疾病、高血压等）。此外，不合理的工作或休息交替、换班及轮班容易导致心血管疾病及女性生殖系统紊乱等多种疾病。

（4）强迫性工作体位。旅游从业人员，尤其是一线从业人员长时间处于强迫性工作体位会引起肌肉骨骼劳损、关节磨损等疾病，如饭店服务员长时间的站立会导致其患下肢静脉曲张等疾病。

此外，还有工作难度过高、劳动定额过高等不良工作因素。

### 三、案例介绍：旅游溶洞内氡污染和从业人员的辐射防护

我国的岩溶地貌比较发达，尤其是在南方地区。由于溶洞及其沉积物奇特的造型，成为地质遗产的重要组成部分，经长期的开发利用，许多溶洞已成为著名的旅游景区或景点，从而使岩溶洞穴旅游从业人员也不断增

加。但由于溶洞所处的地质环境特殊，易发生氡及其子体的富集，尤其在周围岩石或土壤铀、镭等放射性元素含量高、洞内通风不畅的溶洞，浓度更高。有的甚至超过放射性矿区坑道作业面上最大容许浓度，在一定程度上危害了旅游从业人员和游客的健康。然而，由于氡及其子体的物理性质和超量辐射致病的潜伏期较长，不少人对其危害性没有引起应有的重视。在此，根据浙江、湖南、贵州等省部分溶洞氡及其子体的浓度特征，在分析相关疾病成因的基础上提出了防治措施。

（一）氡及其子体的危害

氡是由铀、镭等放射性元素衰变产生的一种放射性惰性气体，进一步衰变产生一系列金属子体。氡及其子体通过呼吸作用等途径进入人体，从而对人体产生内照射。大量流行病学资料和实验室研究表明，氡子体可以诱发肺癌，并且氡对肺的危险性比烟草还要高。联合国原子辐射效应科学委员会（UNSCEAR）1982年的报告指出，人类在生活环境中（室内）吸入氡及其子体所受内照射剂量约占全部天然辐射所致有效剂量当量的一半。近年来，人们还发现人体若长期受氡的电离辐射，氡及其子体还能诱发白血病、胃癌、皮肤癌等。香港地区每年因氡致癌患者约占肺癌患者的30%。氡污染与肺癌呈明显的相关性。据谈树成等的研究，引起个旧矿工肺癌的病因是他们在工作中长期遭受放射性氡及其子体照射，尤其是经呼吸作用而形成的内照射。据统计，1954—1994年个旧肺癌患者共达2 492例，其中有10年以上矿坑工作史的肺癌患者有2 117例，平均每年死于肺癌的矿工达58.6人；据估计，云南锡矿矿工约3 000人受到的氡辐射累积剂量超过国际确认的氡致癌剂量标准（600 WLM）。肺癌潜伏期长，一般可达20~35年，在今后的15年内，矿工每年肺癌发病或死亡人数可达95~120人。在个旧非铀矿山的矿工中，肺癌发病率与氡累计暴露剂量呈明显的正相关（$R = 0.984$），井下工龄越长，发病率越高。我国根据国际放射防护委员会（ICRP）标准制定了我国的国家标准，即对"已有建筑"室内氡水平的上限定为200 Bq/m³平衡当量氡浓度（EEC）；对"未来建筑"室内氡水平的上限定为100 Bq/m³平衡当量氡浓度（EEC）。

（二）旅游溶洞中氡及其子体浓度与剂量

1. 旅游溶洞中氡的浓度

陈煜有等（1995）对贵州省已开发的20多处旅游溶洞进行了氡浓度调

查，大部分溶洞的氡浓度较高，尤其是洞体很长、仅有一个洞口的溶洞（如织金洞、将军洞、打渔洞等），浓度最高，平均值达 1 515.0 Bq/m³，已超过国家规定的普通放射性工作场所空气中氡的最大容许浓度 1 100 Bq/m³；少数溶洞氡浓度高达 5 076 Bq/m³，已超过放射性矿区坑道作业面上氡的最大容许浓度 3 700 Bq/m³。罗开训等（1996）根据湖南省溶洞的分布状况、结构及主要景点，选择了已开发的 4 个溶洞进行了 γ 辐射测量和氡及其子体的浓度测量。结果显示，4 个溶洞内氡的平均浓度分别比湖南省居室内平均浓度高出约 16 倍，比居室外高出 26.6 倍。其中，奇梁洞氡浓度达 1 530.1 Bq/m³，浓度最低的九天洞也达 360.3 Bq/m³，大大超过 ICRP 标准和我国的国家标准。郑名寿（1999）对浙江省桐庐瑶琳仙境、建德灵栖洞、霭石洞中的氡浓度进行测量，它们均在 1 300 Bq/m³ 以上。

2. 旅游溶洞中氡的子体浓度及所致剂量

氡子体浓度与氡浓度呈正相关，即溶洞内氡浓度越高，其子体浓度也越高。贵州省的溶洞中氡子体浓度为 $(0.5 \sim 16.2) \times 10^{-7} J/m^3$。湖南省的溶洞中氡子体浓度为 $(8.9 \sim 44.2) \times 10^{-7} J/m^3$。假设从业人员每天在溶洞内工作 8 小时，在室内停留 11 小时，在室外活动 5 小时，三处的呼吸率分别为 10 m³/d、5.5 m³/d、10 m³/d，溶洞内、室内和室外三处年呼吸率分别为 3 560 m³、2 190 m³ 和 1 825 m³。根据 UNSCEAR 在 1982 年报告中推荐的吸入单位氡子体潜能所致的年有效剂量当量系数［居室内、外、溶洞（取矿井）分别为 2.0、3.0 和 2.5］计算，溶洞及室内、外氡子体可致年均有效剂量当量为 $(9.14 \sim 41.63) \times 10^{-7} J/m^3$。平均有效剂量当量超过我国《放射卫生防护基本标准》（GB 4792—1984）规定的公众个人全身受到年当量剂量限值的 2.3 倍。

3. 旅游溶洞中氡及其子体浓度大小的影响因素

旅游溶洞中氡及其子体的浓度大小主要取决于地质因素和溶洞特征（溶洞的大小、类型、深度、通风条件等）和观测时间。

一是溶洞的地质因素。溶洞的岩石、土壤中放射性元素的丰度和洞内地下水中氡的含量是影响氡浓度的主要因素。如湖南省奇梁洞岩石中镭的含量较高（411.9 Bq/kg），相应的氡及其子体浓度也较高（氡平均值为 1 530.1 Bq/m³）；而九天洞岩石中镭的含量较低（27.6 Bq/kg），相应的氡及其子体浓度也较低（氡平均值为 360.3 Bq/m³）。氡溶于水的能力很强，其溶解度约为 50%。地下水在高压下氡的浓度很高，当地下水沿断裂运移至溶洞中，由于温度增高、压力降低及溶解度减小，因而氡从地下水中逸出，增加了溶洞中氡及其子体的浓度。例如，生活用水中氡浓度为每小时 103 Bq，对室内氡浓度的贡献达 100 Bq/m³。

二是断裂的发育程度。研究表明，断层破碎带深部储存大量的氡气，它向上以气流运动及扩散迁移方式释放到溶洞空间，使溶洞内氡及其子体浓度增加。如梁致荣等（2000）在地面采用静电 α 卡测氡法垂直断层走向测得 NE 向断层对地表释放氡的高浓度曲线，其中最高异常区向地表释放氡的量为背景值的 206 倍。

三是溶洞的通风条件。通风不畅，溶洞内氡的浓度增高。溶洞的通风条件取决于溶洞的类型、大小、埋深、洞口数量。在相同的地质背景下，只有一个洞口且埋深较大、洞内体积较小的溶洞，氡的浓度最高。由于受溶洞内温度和气压及其温差和压差的影响，在不同的季节氡的浓度有所变化。谈树成等（1998）对云南个旧矿山井下氡及其子体浓度的研究表明，夏季氡浓度比冬季高出 2.95 倍之多，认为这种变化特点与季节性气候变化引起的空气压差变化有关，夏季压差大，冬季压差小，氡气流也随之发生变化。溶洞与矿井的条件相近。程业勋等（2001）的研究表明，地下 1 米以下土壤中氡浓度的日变化不明显，一年中 1—2 月份浓度最低，6—7 月份浓度最高。而每年 5—10 月份是旅游的黄金季节，游客如织，溶洞内的旅游从业人员长时间留在洞内，氡及其子体污染构成的危害更大。

（三）辐射防护措施

1. 降低溶洞内氡及其子体的浓度

清除溶洞内氡及其衰变产物，能有效降低氡对健康的危害。据于水等（1999）的研究，使用 Turbo-88 R 净化器采用静电集尘技术，收集空气中粒径大于 0.01μm 粒子的效率可达 99.9%。经试验，在 35m³ 房间内开启 Turbo-88 R 净化器 10 分钟（大约相当于室内空气交换一次），氡子体浓度即可下降约 50%。2 小时后下降约 70%。两台同时开启 1 小时，氡子体浓度下降 80% 以上。在通风不畅、体积不大、浓度特高的部位可以采用。利用防氡性能好的复合砂浆、涂料和油漆等处理其表面，防止氡气析出，减少氡的来源，也是氡辐射防护的一种很有效的方法。例如，高秀峰等（2001）用复合砂浆降低楼房内混凝土材料所释放的氡气浓度，从 2 500 Bq/m³ 减至 200 Bq/m³。因此，在不影响景观的前提下可采用复合砂浆封闭断裂破碎带的裂隙。

2. 加强溶洞内氡及其子体浓度的监测

在溶洞旅游资源评价和规划中，应把溶洞中氡及其子体的浓度作为评价和规划指标，请有关部门对溶洞进行氡及其子体浓度调查。对氡浓度严重超标、开发利用前景不大、经济效益一般的溶洞应不予开发。对已开发利用的溶洞，各地的环保、质监部门也应根据有关的国家标准对溶洞内氡及其子体浓度进行监测，对严重超标的应责令其设立监测点，采取相应的降氡措施。建立旅游从业人员定期体检和健康档案制度，以保证旅游从业人员和游客的健康。

3. 改善溶洞内的通风条件

多数溶洞氡及其子体浓度过高主要是由于通风不畅所致。对洞口少尤其是只有一个洞口的通道式溶洞，应利用各种勘察手段，寻找新的洞口。对洞体长、埋深大的溶洞，应增加通风设备，以降低氡的浓度。据报道，机械通风可使氡浓度下降 5%~25%。

4. 合理安排溶洞内工作时间，减少工作人员氡的吸入剂量

旅游企业和行业主管部门应重视溶洞内从业人员的健康，合理安排，尽可能减少在洞内的停留时间，以减少吸入剂量。

# 第三节　女性职业安全与健康管理

一项针对 25—45 岁城市职业已婚女性的"健康状况与健康知识"调查显示，80.75% 的城市职业已婚女性认为压力很大。该项调查还表明，城市职业已婚女性的体力劳动强度和时间比过去少，但精神压力明显增大，这正是损伤其肌体健康的重要因素。衣着光鲜亮丽、谈吐自如的背后，职业女性面临着巨大的压力，胃病、甲亢、失眠、抑郁、更年期提前等一系列病症已成为职业女性健康的大敌。

## 一、职业女性健康危害因素

职业女性健康的危害因素主要包括三个方面：体力、脑力透支，不健康的生活方式，缺乏自觉地健康意识和常识。对生活和事业具有双重责任的职业女性承受着双重压力，她们在有限的时间里，既要做好本职工作，

又要面对恋爱、结婚、生育、养育、维持夫妻情感、照护老人等事务，因此极易忽视自身健康和自我保健。

WHO 的研究表明，在影响每个人的健康和寿命的因素中，遗传因素占15%，社会因素占10%，疾病因素占8%，气候因素占7%，自身因素（主要是不良的生活方式）占60%。

所谓不良的生活方式，主要包括不良的饮食习惯（如暴食或过度饮食）、酗酒嗜烟、运动过少或过度、情绪紧张、不注意健康预警、药物滥用等。不良的生活方式对身体的危害很大。因此，职业女性的健康状况在不断恶化，相关职业病也开始出现。目前，职业女性的职业病主要有慢性疲劳综合征、胃肠功能紊乱、肌肉关节慢性损伤、贫血、隐性更年期、心理障碍等。其中，慢性疲劳综合征的典型症状就是感觉有气无力，做事提不起精神。如果上述症状一直持续且毫无减轻的迹象，或者外出放松数日仍然如此，就应当考虑是否患了慢性疲劳综合征。然而，由于工作繁忙，很多职业女性都以为该病是感冒引起的，或者是周期性的疲劳导致的，实际上这是由于女性体内功能失调引发的，如果不引起重视，会造成严重后果。因此，专家建议，一旦发现自己有上述症状，就应该立即前往医院咨询，根据医生的建议进行心理治疗或者药物治疗。

## 二、职业女性的电脑职业性疾病

### （一）屏幕脸

天天跟电脑打交道的人，长期面对电脑屏幕，不知不觉中会产生一张表情淡漠的脸，影响日常的人际交往，且容易产生人格障碍与性格异常。特别是在电脑行业工作的人员，长时间的人机对话，缺少正常的感情交流，久而久之可能就会出现面部表情不丰富甚至面无表情、表情淡漠。时间长了，人际关系也会受到影响，严重的甚至会引发心理障碍。

预防措施：调整电脑显示器的桌面，将电脑屏幕中心位置安装在与操作者胸部同一水平线上，视线应保持水平的向下约30°。此外，室内光线要适宜，避免光线直射在屏幕面产生眩光等干扰光线。如果室内环境比较干燥，可以就近放一盆水，每隔一段时间用清水湿润一下脸部，每注视屏幕一小时，就应闭眼休息或远眺数分钟，或者做眼球运动。

### （二）键盘腕

医学上称为"腕管综合征"。主要症状表现为手腕、拇指、食指及中指的麻木和疼痛，常自觉大拇指笨拙无力，拇指、食指、中指感觉迟钝，而小指和无名指内半侧完全正常。如果让患者将两手搁在桌子上，前臂与桌面垂直，两手腕自然曲掌下垂，大约一分钟即可出现食指和中指麻木。主要原因是长期从事电脑打字工作敲击键盘所致。长时间使用鼠标时，总是反复机械地集中活动一两根手指，而配合这种单调轻微的活动，还会拉伤手腕的韧带，导致周围神经损伤或受压迫。

（三）长时间坐位

长时间坐着的工作体位可影响盆腔内器官血液循环。在一个工作日内，手指、腕及前臂要完成上万次的动作，长期从事这种工作，手指及腕部腱鞘炎的发病会增加。另外，由于需要长时间保持同一坐姿，肌肉没有机会伸缩，容易造成腰背酸痛等。

### 三、职业女性的常见心理健康问题

随着竞争越来越激烈，现代职业女性的工作节奏日益加快，精神上容易产生巨大压力，精神上和身体上的超负荷状态对健康是非常不利的。如果不注意休息和调节，中枢神经系统持续处于紧张状态会引起心理过激反应，久而久之可导致交感神经兴奋增强，内分泌功能紊乱，产生各种身心疾病。作为职业女性，需要兼顾工作与生活，一些女性的常见生理、心理问题可能更加突出。

（一）经前紧张症

如兴趣改变、情绪波动、注意力集中难、睡眠障碍、疲劳感等。其中，情绪不稳、易激怒、焦虑、抑郁等都是最常见的症状。这些症状可以影响女性的工作效率、夫妻关系和生活质量。这些问题多出现在女性行经时，行经后会自然缓解。

（二）产后抑郁症

多数女性在产后曾有过"心绪不良"或称为"蓝色的情绪"。

（三）更年期症

主要包括更年期综合征、更年期抑郁症、更年期精神病等。爱出汗、爱脸红、爱唠叨、爱疑心、经常焦虑、容易发脾气。专家建议，保证睡眠，加强锻炼，防止精神创伤，预防躯体疾病，有更年期症状者，及时采用内分泌治疗，症状较重者，应及时到专科医院检查治疗。

## 四、职业女性危害因素的预防与应急

职业女性要注意缓解心理上的紧张状态，做到劳逸结合，张弛有度，合理安排工作、学习和生活，坚持体育锻炼。对于职业女性来说，保持健康的最好方法就是防患于未然。而保持良好的心态、制定合理的膳食结构并养成健康的生活方式则是职业女性保持健康的三大法宝。

### （一）保持良好的心态

健康包括心理健康和生理健康。要心理健康必须保持良好的心态，正确对待压力。这首先需要加强自身修养，遇到压力不惊慌，冷静思考，理智处理，在压力面前要勇于挑战，经得起挫折和失败。其次要学会剖析压力的来源、性质、程度与危害，制订相应的减负方案。注意劳逸结合、节制应酬。

### （二）制定合理的膳食结构

膳食结构的合理性应当包括食物营养的种类要齐全，营养素和热量的数量要合理，食物的营养素的比例要恰当，三餐的比例要适当。对于职业女性来说，应当特别注意健脑饮食，减脂降脂饮食、三期饮食要调整，蛋白质、铁、钙等摄入要充足。

### （三）养成健康的生活方式

健康的生活方式包括合理膳食、营养平衡、体内酸碱平衡、居室卫生、美容、运动、情绪稳定等。只有养成良好的生活习惯，有健康的生活方式，才能保持职业女性的健康。

### （四）了解并学会应急逃生与自救知识

职业女性要学会正确使用灭火器，注意日常用电安全。在电器着火中，比较危险的是电视机和电脑着火。例如，电脑着火，即使关掉电源，拔下插头，电脑屏幕也有可能爆炸。当电脑着火时，应当采取以下措施：电脑冒烟时，应当拔掉总电源插头，然后用湿地毯或湿棉被盖住它，这样既能够有效阻止烟火蔓延，一旦爆炸，也能挡住屏幕的玻璃碎片。注意切勿向屏幕泼水或使用任何灭火器，因为温度突然降低，会使炽热的屏幕发生爆炸。此外，电脑内仍带有剩余电流，泼水可能引起触电。灭火时，不能正面接近电脑，为了防止爆炸伤人，只能从侧面或后面接近电脑。

## 煤炭行业职业安全与健康管理的概况及经验

煤炭行业是我国国民经济支柱产业，在我国的现代化建设中有着不可替代的作用。对于煤炭企业的发展而言，安全管理工作是重中之重，更是煤炭企业管理的永恒主题。

### 1. 煤炭企业安全管理存在的问题

第一，安全管理制度体系不够完善。随着企业改革的深入和管理部门的分离、合并等变化，煤炭企业的安全生产责任制没有完全与组织机构、职能相对应，导致横向管理不到位。

第二，安全管理的对象存在偏差。以往的安全管理主要着眼于控制人的不安全行为和物的不安全状态，在一定程度上对保证煤炭企业的安全生产起到了积极促进作用，但对于导致事故的管理原因关注还不够，没有标本兼治。2009 年 2 月 22 日发生的山西屯兰煤矿的特大瓦斯事故，主要原因是技术管理和现场管理不到位，这也充分证明了安全管理的重要性，再先进、再优良的现代化装备，再好的工作环境离开严格的安全管理，仍无法避免事故的发生。

第三，安全教育培训不够到位。不论是教育对象、教育内容，还是表现形式等都缺少吸引力，效果不明显。

第四，安全管理奖惩机制不够完善。奖惩不够及时，不够平衡。正面激励较少，负面激励较多，造成执行者履行职责时自觉性、主动性下滑。

### 2. 煤炭行业职业健康管理工作存在的不足

多年来，通过坚持"安全第一、预防为主"的方针，依靠各种制度和机制，促进了全国煤炭行业安全生产状况的好转。但受到原有管理方式等各方面因素的制约和限制，从总体上来看，全国煤矿事故多、伤亡重、经济损失大的状况尚未根本好转，全国每年煤矿事故死亡人数一直徘徊在六七千人左右，位居全国各行业之首。职业健康管理方面存在以下问题：

第一，职业病危害因素和职业病种类增加。煤炭企业常见的危害为粉尘、噪声、振动、有毒有害气体、有机溶剂、高分子化合物、电离辐射、重金属等。随着煤炭企业的发展，职业病危害因素不断增加，除了传统的尘肺病外，矿区也是发生急性中毒、慢性铅、锰等重金属中毒的重灾区。同时，煤炭企业还开发了非煤产业，也导致了新的职业病危害因素不断产生。

第二，企业的职业健康机构工作开展缓慢。大部分煤炭企业无职业病防治组织或职业病防治专兼职人员，煤炭企业内部机构合并，减人增效，专职职业健康管理人员所剩无几；不少煤炭企业没有职业病防治计划和总结；职业健康管理制度和操作规程不规范；个人防护用品发放、使用随意，无明确制度；现场检查职业健康防护设施设备运转情况和维修制度及执行情况无记录；职业病危害因素监督检测不能坚持，无评价制度、无职业病危害应急救援预案等。还有不少企业医院为求生存、要效益，原有的保健站多数被撤销，许多厂区门诊部名存实亡。

第三，管理方式存在不足。中华人民共和国成立至今，我国虽然制定并发布了大量的安全生产法律法规、安全检查制度、事故检查与处理制度，煤炭企业现代化生产管理也得到了不断发展，但传统的被动式煤炭安全管理模式依然存在，并逐渐显现种种不足和缺陷。许多煤炭企业的主要领导缺乏职业健康知识，煤炭企业内各级领导和员工仍然处于"上级要我安全"的状态。煤炭企业缺少专业的职业病防治机构，职业病诊断、职业健康体检、职业健康监测均委托地方医疗卫生机构完成，安全生产法律法规难以真正贯彻。不仅如此，煤炭企业的大多数员工并不清楚国家颁布的有关保障煤矿工人生命安全和健康的法律法规，因此很难主动争取必要的安全和健康投入。

# 附 录

## 附录一

## 国际劳工组织有关职业安全与健康的公约和建议书名称及《职业安全和卫生及工作环境公约》内容

国际劳工组织为保护劳动者权益和安全而制定的国际标准是以公约和建议书的形式公布的。以下列出了自 1960 年以来，国际劳工组织所通过的有关职业安全与健康的部分公约和建议书。

### 一、公约

第 115 号　《1960 年辐射防护公约》

第 119 号　《1963 年机器防护公约》

第 120 号　《1964 年（商业和办事处所）卫生公约》

第 121 号　《1964 年工伤事故和职业病津贴公约》

第 126 号　《1966 年（渔民）船员住宿公约》

第 127 号　《1967 年最大负重量公约》

第 129 号　《1969 年（农业）劳动监察公约》

第 134 号　《1970 年（海员）防止事故公约》

第 136 号　《1971 年苯公约》

第 137 号　《1973 年码头作业公约》

第 138 号　《1973 年最低年龄公约》

第 139 号　《1974 年职业癌公约》

第 148 号　《1977 年工作环境（空气污染、噪音和振动）公约》

第 152 号　《1979 年（码头作业）职业安全和卫生公约》

第 155 号　《1981 年职业安全和卫生公约》
第 161 号　《1985 年职业卫生设施公约》
第 162 号　《1986 年石棉公约》
第 167 号　《1988 年建筑业安全和卫生公约》
第 170 号　《1990 年化学品公约》
第 174 号　《1993 年预防重大工业事故公约》
第 176 号　《1995 年矿山安全与卫生公约》

## 二、建议书

第 114 号　《1960 年辐射防护建议书》
第 118 号　《1963 年机器防护建议书》
第 120 号　《1964 年（商业和办事处所）卫生建议书》
第 128 号　《1967 年最大负重量建议书》
第 140 号　《1970 年船员住宿（空调）建议书》
第 141 号　《1970 年船员船室（防止噪音）建议书》
第 142 号　《1970 年（海员）防止事故建议书》
第 144 号　《1971 年苯建议书》
第 147 号　《1974 年职业癌建议书》
第 156 号　《1977 年工作环境（空气污染、噪音和振动）建议书》
第 160 号　《1979 年（码头作业）职业安全和卫生建议书》
第 164 号　《1981 年职业安全和卫生建议书》
第 171 号　《1985 年职业卫生设施建议书》
第 172 号　《1986 年石棉建议书》
第 175 号　《1988 年建筑业安全和卫生建议书》
第 177 号　《1990 年化学品建议书》
第 181 号　《1993 年预防重大工业事故建议书》
第 183 号　《1995 年矿山安全与卫生建议书》

# 职业安全和卫生及工作环境公约

## （1981 年，第 155 号）

国际劳工组织大会，经国际劳工局理事会召集，于 1981 年 6 月 3 日在日内瓦举行其第 67 届会议，并经决定采纳本届会议议程第六项关于安全和卫生及工作环境的某些提议，并经确定这些提议应采取国际公约的形式，于 1981 年 6 月 22 日通过以下公约，引用时得称之为《1981 年职业安全和卫生公约》。

### 第一部分　范围和定义

**第一条**

一、本公约适用于经济活动的各个部门。

二、凡批准本公约的会员国，经与有关的、有代表性的雇主组织和工人组织在尽可能最早阶段进行协商后，对于其经济活动的某些特殊部门在应用中会出现实质性特殊问题者，诸如海运或捕鱼，得部分或全部免除其应用本公约。

三、凡批准本公约的会员国，应在其按照国际劳工组织章程第二十二条的规定提交的关于实施本公约的第一次报告中，列举按照本条第二款的规定予以豁免的部门，陈明豁免的理由，描述在已获豁免的部门中为适当保护工人而采取的措施，并在以后的报告中说明在扩大公约的适用面方面所取得的任何进展。

**第二条**

一、本公约适用于所覆盖的经济活动的各个部门中的一切工人。

二、凡批准本公约的会员国，经与有关的、有代表性的雇主组织和工人组织在尽可能最早阶段进行协商后，对应用本公约确有特殊困难的少数类别的工人，得部分或全部免除其应用本公约。

三、凡批准本公约的会员国应在其按照国际劳工组织章程第二十二条的规定提交的关于实施本公约的第一次报告中，列举按照本条第二款的规定予以豁免的少数类别的工人，陈述豁免的理由，并在以后的报告中说明在扩大公约的适用面方面所取得的任何进展。

第三条　就本公约而言：

（一）"经济活动部门"一词涵盖雇用工人的一切部门，包括公共机构；

（二）"工人"一词涵盖一切受雇人员，包括公务人员；

（三）"工作场所"一词涵盖工人因工作而需在场或前往，并在雇主直接或间接控制之下的一切地点；

（四）"条例"一词涵盖所有由一个或几个主管当局赋予法律效力的规定；

（五）与工作有关的"健康"一词，不仅指没有疾病或并非体弱，也包括与工作安全和卫生直接有关的影响健康的身心因素。

## 第二部分　国家政策的原则

**第四条**

一、各会员国应根据国家条件和惯例，经与最有代表性的雇主组织和工人组织协商后，制定、实施和定期审查有关职业安全、职业卫生及工作环境的一项连贯的国家政策。

二、这项政策的目的应是在合理可行的范围内，把工作环境中内在的危险因素减少到最低限度，以预防来源于工作、与工作有关或在工作过程中发生的事故和对健康的危害。

**第五条**

本公约第四条提及的政策，应考虑到对职业安全和卫生及工作环境有影响的以下主要活动领域：

（一）工作的物质要素（工作场所、工作环境、工具、机器和设备、化学、物理和生物的物质和制剂、工作过程）的设计、测试、选择、替代、安装、安排、使用和维修；

（二）工作的物质要素与进行或监督工作的人员之间的关系，以及机器、设备、工作时间、工作组织和工作过程对工人身心能力的适应；

（三）为使安全和卫生达到适当水平，对有关人员在这方面或另一方面的培训，包括必要的、进一步的培训、资格和动力；

（四）在工作班组和企业一级，以及在其他所有相应的级别直至并含国家一级之间的交流和合作；

（五）保护工人及其代表，使其不致因按照本公约第四条提及的政策正当地采取行动而遭受纪律制裁。

**第六条**

本公约第四条提及的政策的制定应阐明公共当局、雇主、工人和其他人员在职业安全和卫生及工作环境方面各自的职能和责任，同时既考虑到这些责任的补充性又考虑到国家的条件和惯例。

**第七条**

对于职业安全和卫生及工作环境的状况，应每隔适当时间，进行一次全面的或针对某些特定方面的审查，以鉴定主要问题之所在，找到解决这些问题的有效方法和应采取的优先行动，并评估取得的成果。

## 第三部分　国家一级的行动

**第八条**

各会员国应通过法律或条例，或通过任何其他符合国家条件和惯例的方法，并经与有关的、有代表性的雇主和工人组织协商，采取必要步骤实施本公约第四条。

**第九条**

一、实施有关职业安全和卫生及工作环境的法律和条例，应由恰当和适宜的监察制度予以保证。

二、实施制度应规定对违反法律和条例的行为予以适当惩处。

**第十条**

应采取措施向雇主和工人提供指导，以帮助他们遵守法定义务。

**第十一条**

为实施本公约第四条提及的政策，各主管当局应保证逐步行使下列职能：

（一）在危险的性质和程度有此需要时，确定企业设计、建设和布局的条件、企业的交付使用、影响企业的主要变动或对其主要目的的修改、工作中所用技术设备的安全及对主管当局所定程序的实施；

（二）确定哪些工作程序及物质和制剂应予禁止或限制向其暴露，或应置于各主管当局批准或监督之下；应考虑同时暴露于几种物质或制剂对健康的危害；

（三）建立和实施由雇主，并在适当情况下，由保险机构或任何其他直接有关者通报工伤事故和职业病的程序，并对工伤事故和职业病建立年度统计；

（四）对发生于工作过程中或与工作有关的工伤事故、职业病或其他一切对健康的损害，如反映出情况严重，应进行调查；

（五）每年公布按本公约第四条提及的政策而采取措施的情况及在工作过程中发生或与工作有关的工伤事故、职业病和对健康的其他损害的情况；

（六）在考虑国家的条件和可能的情况下，引进或扩大各种制度以审查化学、物理和生物制剂对工人健康的危险。

**第十二条**

应按照国家法律和惯例采取措施，以确保设计、制作、引进、提供或转让业务上使用的机器、设备或物质者：

（一）在合理可行的范围内，查明机器、设备或物质不致对正确使用它们的人的安全和健康带来危险；

（二）提供有关正确安装和使用机器和设备及正确使用各类物质的信息，有关机器和设备的危害及化学物质、物理和生物制剂或产品的危险性能的信息，并对如何避免已知危险进行指导；

（三）开展调查研究，或不断了解为实施本条（一）（二）两项所需的科技知识。

**第十三条**

凡工人有正当理由认为工作情况出现对其生命或健康有紧迫、严重危险而撤离时，应按照国家条件和惯例保护其免遭不当的处理。

**第十四条**

应采取措施，以适合国家条件和惯例的方式，鼓励将职业安全和卫生及工作环境问题列入各级的教育和培训，包括高等技术、医学和专业的教育以满足所有工人训练的需要。

**第十五条**

一、为保证本公约第四条提及的政策的一贯性和实施该政策所采取措施的一贯性，各会员国应在尽可能最早阶段与最有代表性的雇主和工人组织并酌情和其他机构协商后，做出适合本国条件和惯例的安排，以保证负责实施本公约第二和第三部分规定的各当局和各机构之间必要的协商。

二、只要情况需要，并为国家条件和惯例所许可，这些安排应包括建立一个中央机构。

## 第四部分　企业一级的行动

**第十六条**

一、应要求雇主在合理可行的范围内保证其控制下的工作场所、机器、设备和工作程序安全并对健康没有危害。

二、应要求雇主在合理可行的范围内保证其控制下的化学、物理和生物物质与制剂，在采取适当保护措施后，不会对健康产生危害。

三、应要求雇主在必要时提供适当的保护服装和保护用品，以便在合理可行的范围内，预防事故危险或对健康的不利影响。

**第十七条**

两个或两个以上企业如在同一工作场所同时进行活动，应相互配合实施本公约的规定。

**第十八条**

应要求雇主在必要时采取应付紧急情况和事故的措施，包括适当的急救安排。

**第十九条**

应在企业一级做出安排，在此安排下：

（一）工人在工作过程中协助雇主完成其承担的职责；

（二）企业中的工人代表在职业安全和卫生方面与雇主合作；

（三）企业中的工人代表应获得有关雇主为保证职业安全和卫生所采取措施的足够信息，并可在不泄露商业机密的情况下就这类信息与其代表性组织进行磋商；

（四）工人及其企业中的代表应受到职业安全和卫生方面的适当培训；

（五）应使企业中的工人或其代表和必要时其代表性组织，按照国家法律和惯例，能够查询与其工作有关的职业安全和卫生的各个方面的情况，并就此接受雇主的咨询；为此目的，经双方同意，可从企业外部带进技术顾问；

（六）工人应立即向其直接上级报告有充分理由认为出现对其生命或健康有紧迫、严重危险的任何情况；在雇主采取必要的补救措施之前，雇主不得要求工人回到对生命和健康仍存在紧迫、严重危险的工作环境中去。

**第二十条**

管理人员与工人和（或）其企业内的代表的合作，应是按本公约第十六条至第十九条所采取的组织措施和其他措施的重要组成部分。

**第二十一条**

职业安全和卫生措施不得包含使工人支付任何费用的规定。

## 第五部分　最后条款

**第二十二条**

本公约对任何公约或建议书不作修订。

**第二十三条**

本公约的正式批准书应送请国际劳工组织总干事登记。

**第二十四条**

一、本公约应仅对其批准书已经总干事登记的国际劳工组织会员国有约束力。

二、本公约应自两个会员国的批准书已经总干事登记之日起 12 个月后生效。

三、此后，对于任何会员国，本公约应自其批准书已经登记之日起 12 个月后生效。

**第二十五条**

一、凡批准本公约的会员国，自本公约初次生效之日起满 10 年后得向国际劳工组织总干事通知解约，并请其登记。此项解约通知书自登记之日起满 1 年后始得生效。

二、凡批准本公约的会员国，在前款所述 10 年期满后的 1 年内未行使本条所规定的解约权利者，即须再遵守 10 年，此后每当 10 年期满，得依本条的规定通知解约。

**第二十六条**

一、国际劳工组织总干事应将国际劳工组织各会员国所送达的一切批准书和解约通知书的登记情况，通知本组织的全体会员国。

二、总干事在将所送达的第二份批准书的登记通知本组织全体会员国时，应提请本组织各会员国注意本公约开始生效的日期。

**第二十七条**

国际劳工组织总干事应将他按照以上各条规定所登记的一切批准书和解约通知书的详细情况，按照《联合国宪章》第 102 条的规定，送请联合国秘书长进行登记。

**第二十八条**

国际劳工局理事会在必要时，应将本公约的实施情况向大会提出报告，并审查应否将本公约的全部或部分修订问题列入大会议程。

**第二十九条**

一、如大会通过新公约对本公约作全部或部分修订时，除新公约另有规定外，应：

（一）如新修订公约生效和当其生效之时，会员国对于新修订公约的批准，不需按照上述第二十五条的规定，依法应为对本公约的立即解约。

（二）自新修订公约生效之日起，本公约应即停止接受会员国的批准。

二、对于已批准本公约而未批准修订公约的会员国，本公约以其现有的形式和内容，在任何情况下仍应有效。

**第三十条**

本公约的英文本和法文本同等为准。

# 附录二

## 职业病危害因素分类目录（部分）

### 一、粉尘类

| 序号 | 名称 | 可能导致的职业病 |
|------|------|------------------|
| 1 | 矽尘（游离 $SiO_2$ 含量≥10%） | 矽肺 |
| 2 | 煤尘 | 煤工尘肺 |
| 3 | 石墨粉尘 | 石墨尘肺 |
| 4 | 炭黑粉尘 | 炭黑尘肺 |
| 5 | 石棉粉尘 | 石棉肺 |
| 6 | 滑石粉尘 | 滑石尘肺 |
| 7 | 水泥粉尘 | 水泥尘肺 |
| 8 | 云母粉尘 | 云母尘肺 |
| 9 | 陶土粉尘 | 陶工尘肺 |
| 10 | 铝尘 | 铝尘肺 |
| 11 | 电焊烟尘 | 电焊工尘肺 |
| 12 | 铸造粉尘 | 铸工尘肺 |
| 13 | 白炭黑粉尘 | 其他尘肺 |
| 14 | 白云石粉尘 | 其他尘肺 |
| 15 | 玻璃钢粉尘 | 其他尘肺、接触性皮炎 |
| 16 | 玻璃棉粉尘 | 其他尘肺、接触性皮炎 |
| 17 | 茶尘 | 其他尘肺、哮喘 |
| 18 | 大理石粉尘 | 其他尘肺 |
| 19 | 二氧化钛粉尘 | 其他尘肺 |
| 20 | 沸石粉尘 | 其他尘肺 |
| 21 | 谷物粉尘（游离 $SiO_2$ 含量＜10%） | 其他尘肺、过敏性肺炎、哮喘 |
| 22 | 硅灰石粉尘 | 其他尘肺 |

| 序号 | 名称 | 可能导致的职业病 |
|---|---|---|
| 23 | 硅藻土粉尘（游离 $SiO_2$ 含量 <10%） | 其他尘肺 |
| 24 | 活性炭粉尘 | 其他尘肺 |
| 25 | 聚丙烯粉尘 | 其他尘肺 |
| 26 | 聚丙烯腈纤维粉尘 | 其他尘肺 |
| 27 | 聚氯乙烯粉尘 | 其他尘肺 |
| 28 | 聚乙烯粉尘 | 其他尘肺 |
| 29 | 矿渣棉粉尘 | 其他尘肺 |
| 30 | 麻尘（亚麻、黄麻和苎麻）（游离 $SiO_2$ 含量 <10%） | 棉尘病 |
| 31 | 棉尘 | 棉尘病 |
| 32 | 木粉尘 | 其他尘肺 |
| 33 | 膨润土粉尘 | 其他尘肺 |
| 34 | 皮毛粉尘 | 其他尘肺 |
| 35 | 桑蚕丝尘 | 其他尘肺 |
| 36 | 砂轮磨尘 | 其他尘肺 |
| 37 | 石膏粉尘（硫酸钙） | 其他尘肺 |
| 38 | 石灰石粉尘 | 其他尘肺 |
| 39 | 碳化硅粉尘 | 其他尘肺 |
| 40 | 碳纤维粉尘 | 其他尘肺 |
| 41 | 稀土粉尘（游离 $SiO_2$ 含量 <10%） | 其他尘肺 |
| 42 | 烟草尘 | 其他尘肺 |
| 43 | 岩棉粉尘 | 其他尘肺 |
| 44 | 萤石混合性粉尘 | 其他尘肺 |
| 45 | 珍珠岩粉尘 | 其他尘肺 |
| 46 | 蛭石粉尘 | 其他尘肺 |
| 47 | 重晶石粉尘（硫酸钡） | 其他尘肺 |
| 48 | 锡及其化合物粉尘 | 金属及其化合物粉尘肺沉着病 |
| 49 | 铁及其化合物粉尘 | 金属及其化合物粉尘肺沉着病 |
| 50 | 锑及其化合物粉尘 | 金属及其化合物粉尘肺沉着病 |
| 51 | 硬质合金粉尘 | 硬金属肺病 |
| 52 | 以上未提及的可导致职业病的其他粉尘 | |

## 二、化学因素类（略）

## 三、物理因素类

| 序号 | 名称 | 可能导致的职业病 |
|---|---|---|
| 1 | 噪声 | 噪声聋 |
| 2 | 高温 | 中暑 |
| 3 | 低气压 | 减压病 |
| 4 | 高气压 | 高原病、航空病 |
| 5 | 高原低氧 | 高原病 |
| 6 | 振动 | 手臂振动病 |
| 7 | 激光 | 激光所致眼（角膜、晶状体、视网膜）损伤 |
| 8 | 低温 | 冻伤 |
| 9 | 微波 | 白内障 |
| 10 | 紫外线 | 电光性眼炎 |
| 11 | 红外线 | 白内障 |
| 12 | 工频电磁场 | 其他职业病 |
| 13 | 高频电磁场 | 其他职业病 |
| 14 | 超高频电磁场 | 其他职业病 |
| 15 | 以上未提及的可导致职业病的其他物理因素 | |

## 四、放射性因素类

| 序号 | 名称 | 可能导致的职业病 |
|---|---|---|
| 1 | 密封放射源产生的电离辐射 | 职业性放射性疾病 |
| 2 | 非密封放射性物质 | 职业性放射性疾病 |
| 3 | X 射线装置（含 CT 机）产生的电离辐射 | 职业性放射性疾病 |
| 4 | 加速器产生的电离辐射 | 职业性放射性疾病 |
| 5 | 中子发生器产生的电离辐射 | 职业性放射性疾病 |
| 6 | 氡及其短寿命子体 | 职业性放射性疾病 |
| 7 | 铀及其化合物 | 职业性放射性疾病 |
| 8 | 以上未提及的可导致职业病的其他放射性因素 | |

### 五、生物因素类

| 序号 | 名称 | 可能导致的职业病 |
|---|---|---|
| 1 | 艾滋病病毒 | 艾滋病 |
| 2 | 布鲁氏菌 | 布鲁氏菌病 |
| 3 | 伯氏疏螺旋体 | 莱姆病 |
| 4 | 森林脑炎病毒 | 森林脑炎 |
| 5 | 炭疽芽孢杆菌 | 炭疽 |
| 6 | 以上未提及的可导致职业病的其他生物因素 | |

### 六、其他因素类

| 序号 | 名称 | 可能导致的职业病 |
|---|---|---|
| 1 | 金属烟 | 金属烟热 |
| 2 | 井下不良作业条件 | 滑囊炎 |
| 3 | 刮研作业 | 股静脉血栓综合征、股动脉闭塞症或淋巴管闭塞症 |

# 附录三

## 职业病分类和目录

**一、职业性尘肺病及其他呼吸系统疾病**

（一）尘肺病

1. 矽肺

2. 煤工尘肺

3. 石墨尘肺

4. 炭黑尘肺

5. 石棉肺

6. 滑石尘肺

7. 水泥尘肺

8. 云母尘肺

9. 陶工尘肺

10. 铝尘肺

11. 电焊工尘肺

12. 铸工尘肺

13. 根据《尘肺病诊断标准》和《尘肺病理诊断标准》可以诊断的其他尘肺病

（二）其他呼吸系统疾病

1. 过敏性肺炎

2. 棉尘病

3. 哮喘

4. 金属及其化合物粉尘肺沉着病（锡、铁、锑、钡及其化合物等）

5. 刺激性化学物所致慢性阻塞性肺疾病

6. 硬金属肺病

## 二、职业性皮肤病

1. 接触性皮炎
2. 光接触性皮炎
3. 电光性皮炎
4. 黑变病
5. 痤疮
6. 溃疡
7. 化学性皮肤灼伤
8. 白斑
9. 根据《职业性皮肤病的诊断总则》可以诊断的其他职业性皮肤病

## 三、职业性眼病

1. 化学性眼部灼伤
2. 电光性眼炎
3. 白内障（含放射性白内障、三硝基甲苯白内障）

## 四、职业性耳鼻喉口腔疾病

1. 噪声聋
2. 铬鼻病
3. 牙酸蚀病
4. 爆震聋

## 五、职业性化学中毒

1. 铅及其化合物中毒（不包括四乙基铅）
2. 汞及其化合物中毒
3. 锰及其化合物中毒
4. 镉及其化合物中毒
5. 铍病
6. 铊及其化合物中毒
7. 钡及其化合物中毒
8. 钒及其化合物中毒

9.　磷及其化合物中毒

10.　砷及其化合物中毒

11.　铀及其化合物中毒

12.　砷化氢中毒

13.　氯气中毒

14.　二氧化硫中毒

15.　光气中毒

16.　氨中毒

17.　偏二甲基肼中毒

18.　氮氧化合物中毒

19.　一氧化碳中毒

20.　二硫化碳中毒

21.　硫化氢中毒

22.　磷化氢、磷化锌、磷化铝中毒

23.　氟及其无机化合物中毒

24.　氰及腈类化合物中毒

25.　四乙基铅中毒

26.　有机锡中毒

27.　羰基镍中毒

28.　苯中毒

29.　甲苯中毒

30.　二甲苯中毒

31.　正己烷中毒

32.　汽油中毒

33.　一甲胺中毒

34.　有机氟聚合物单体及其热裂解物中毒

35.　二氯乙烷中毒

36.　四氯化碳中毒

37.　氯乙烯中毒

38.　三氯乙烯中毒

39.　氯丙烯中毒

40.　氯丁二烯中毒

41. 苯的氨基及硝基化合物（不包括三硝基甲苯）中毒

42. 三硝基甲苯中毒

43. 甲醇中毒

44. 酚中毒

45. 五氯酚（钠）中毒

46. 甲醛中毒

47. 硫酸二甲酯中毒

48. 丙烯酰胺中毒

49. 二甲基甲酰胺中毒

50. 有机磷中毒

51. 氨基甲酸酯类中毒

52. 杀虫脒中毒

53. 溴甲烷中毒

54. 拟除虫菊酯类中毒

55. 铟及其化合物中毒

56. 溴丙烷中毒

57. 碘甲烷中毒

58. 氯乙酸中毒

59. 环氧乙烷中毒

60. 上述条目未提及的与职业有害因素接触之间存在直接因果联系的其他化学中毒

## 六、物理因素所致职业病

1. 中暑

2. 减压病

3. 高原病

4. 航空病

5. 手臂振动病

6. 激光所致眼（角膜、晶状体、视网膜）损伤

7. 冻伤

### 七、职业性放射性疾病

1. 外照射急性放射病
2. 外照射亚急性放射病
3. 外照射慢性放射病
4. 内照射放射病
5. 放射性皮肤疾病
6. 放射性肿瘤（含矿工高氡暴露所致肺癌）
7. 放射性骨损伤
8. 放射性甲状腺疾病
9. 放射性性腺疾病
10. 放射复合伤
11. 根据《职业性放射性疾病诊断标准（总则)》可以诊断的其他放射性损伤

### 八、职业性传染病

1. 炭疽
2. 森林脑炎
3. 布鲁氏菌病
4. 艾滋病（限于医疗卫生人员及人民警察）
5. 莱姆病

### 九、职业性肿瘤

1. 石棉所致肺癌、间皮瘤
2. 联苯胺所致膀胱癌
3. 苯所致白血病
4. 氯甲醚、双氯甲醚所致肺癌
5. 砷及其化合物所致肺癌、皮肤癌
6. 氯乙烯所致肝血管肉瘤
7. 焦炉逸散物所致肺癌
8. 六价铬化合物所致肺癌
9. 毛沸石所致肺癌、胸膜间皮瘤

10. 煤焦油、煤焦油沥青、石油沥青所致皮肤癌

11. β-萘胺所致膀胱癌

## 十、其他职业病

1. 金属烟热

2. 滑囊炎（限于井下工人）

3. 股静脉血栓综合征、股动脉闭塞症或淋巴管闭塞症（限于刮研作业人员）

附表1 《职业病分类和目录》新增加的职业病名称

| 调整后分类 | 疾病 |
| --- | --- |
| 职业性尘肺病及其他呼吸系统疾病 | 金属及其化合物粉尘肺沉着病（锡、铁、锑、钡及其化合物等） |
| | 刺激性化学物所致慢性阻塞性肺疾病 |
| | 硬金属肺病 |
| 职业性皮肤病 | 白斑 |
| 职业性耳鼻喉口腔疾病 | 爆震聋 |
| 职业性化学中毒 | 铟及其化合物中毒 |
| | 溴丙烷中毒 |
| | 碘甲烷中毒 |
| | 氯乙酸中毒 |
| | 环氧乙烷中毒 |
| 物理因素所致职业病 | 激光所致眼（角膜、晶状体、视网膜）损伤 |
| | 冻伤 |
| 职业性传染病 | 艾滋病（限于医疗卫生人员及人民警察） |
| | 莱姆病 |
| 职业性肿瘤 | 毛沸石所致肺癌、胸膜间皮瘤 |
| | 煤焦油、煤焦油沥青、石油沥青所致皮肤癌 |
| | β-萘胺所致膀胱癌 |
| 其他职业病 | 股静脉血栓综合征、股动脉闭塞症或淋巴管闭塞症（限于刮研作业人员） |

附表 2　《职业病分类和目录》调整的职业病名称

| 调整后分类 | 调整前疾病名称 | 调整后疾病名称 |
|---|---|---|
| 职业性尘肺病及其他呼吸系统疾病 | 尘肺 | 尘肺病 |
| | 职业性变态反应性肺泡炎 | 过敏性肺炎 |
| 职业性皮肤病 | 光敏性皮炎 | 光接触性皮炎 |
| 职业性化学中毒 | 铀中毒 | 铀及其化合物中毒 |
| | 工业性氟病 | 氟及其无机化合物中毒 |
| | 有机磷农药中毒 | 有机磷中毒 |
| | 氨基甲酸酯类农药中毒 | 氨基甲酸酯类中毒 |
| | 拟除虫菊酯类农药中毒 | 拟除虫菊酯类中毒 |
| | 根据《职业性中毒性肝病诊断标准》可以诊断的职业性中毒性肝病。根据《职业性急性化学物中毒诊断标准（总则）》可以诊断的其他职业性急性中毒 | 上述条目未提及的与职业有害因素接触之间存在直接因果联系的其他化学中毒 |
| 职业性放射性疾病 | 放射性肿瘤 | 放射性肿瘤（含矿工高氡暴露所致肺癌） |
| 职业性传染病 | 布氏杆菌病 | 布鲁氏菌病 |

# 附录四

## 职业安全与健康相关法律法规清单

### 一、职业安全与健康相关法律

1.《中华人民共和国职业病防治法》

2.《中华人民共和国安全生产法》

3.《中华人民共和国传染病防治法》

4.《中华人民共和国突发事件应对法》

### 二、职业安全与健康相关法规

1.《中华人民共和国尘肺病防治条例》，国发〔1987〕105 号

2.《放射事故管理规定》，卫生部、公安部令〔2001〕第 16 号

3.《使用有毒物品作业场所劳动保护条例》，国务院令〔2002〕第 352 号

4.《国家职业卫生标准管理办法》，卫生部令〔2002〕第 20 号

5.《突发公共卫生事件应急条例》，国务院令〔2003〕第 376 号

6.《放射性同位素与射线装置安全和防护条例》，国务院令〔2005〕第 449 号

7.《生产经营单位安全培训规定》，国家安全生产监督管理总局令〔2006〕第 3 号

8.《放射诊疗管理规定》，卫生部令〔2006〕第 46 号

9.《放射工作人员职业健康管理办法》，卫生部令〔2007〕第 55 号

10.《关于加强职业安全健康监管工作的通知》，安监总安健〔2009〕29 号

11.《作业场所职业健康监督检查装备配备指导目录》，安监总厅安健〔2009〕273 号

12.《职业卫生技术服务机构监督管理暂行办法》，国家安全生产监督管理总局令〔2012〕第 50 号

13.《工作场所职业卫生监督管理规定》，国家安全生产监督管理总局令〔2012〕第47号

14.《职业病危害项目申报办法》，国家安全生产监督管理总局令〔2012〕第48号

15.《用人单位职业健康监护监督管理办法》，国家安全生产监督管理总局令〔2012〕第49号

16.《职业病危害因素分类目录》，国卫疾控发〔2015〕92号

17.《职业健康检查管理办法》，国家卫生和计划生育委员会令〔2015〕第5号

18.《国家职业病防治规划（2016—2020年）》，国办发〔2016〕100号

19.《建设项目职业病防护设施"三同时"监督管理办法》，国家安全生产监督管理总局令〔2017〕第90号

20.《职业病诊断与鉴定管理办法》，国家卫生健康委员会令〔2021〕第6号

## 三、职业安全与健康标准

1. GB 50187—2012《工业企业总平面设计规范》

2. GB 51423—2020《弹药工厂总平面设计标准》

3. GB 5083—1999《生产设备安全卫生设计总则》

4. GB 50523—2010《电子工业职业安全卫生设计规范》

5. GB 50577—2010《水泥工厂职业安全卫生设计规范》

6. GB 50889—2013《人造板工程职业安全卫生设计规范》

7. GB 51155—2016《机械工程建设项目职业安全卫生设计规范》

8. GB/T 50643—2018《橡胶工厂职业安全卫生设计标准》

9. GB/T 51349—2019《林产加工工业职业安全卫生设计标准》

10. GB/T 15236—2008《职业安全卫生术语》

11. GB 50477—2017《纺织工业职业安全卫生设施设计标准》

12. GB 13746—2008《铅作业安全卫生规程》

13. GB/T 17093—1997《室内空气中细菌总数卫生标准》

14. GB/T 17094—1997《室内空气中二氧化碳卫生标准》

15. GB/T 17095—1997《室内空气中可吸入颗粒物卫生标准》

16. GB/T 17096—1997《室内空气中氮氧化物卫生标准》

17. GB/T 17097—1997《室内空气中二氧化硫卫生标准》

18. GB/T 18202—2000《室内空气中臭氧卫生标准》

19. GB/T 18203—2000《室内空气中溶血性链球菌卫生标准》

20. GB 18468—2001《室内空气中对二氯苯卫生标准》

21. GBZ 1—2010《工业企业设计卫生标准》

22. GB 11657—1989《铜冶炼厂（密闭鼓风炉型）卫生防护距离标准》

23. GB 11659—1989《铅蓄电池厂卫生防护距离标准》

24. GB 11660—1989《炼铁厂卫生防护距离标准》

25. GB 18070—2000《油漆厂卫生防护距离标准》

26. GB 18072—2000《塑料厂卫生防护距离标准》

27. GB 18074—2000《内燃机厂卫生防护距离标准》

28. GB 18081—2000《火葬场卫生防护距离标准》

29. GB 18083—2000《以噪声污染为主的工业企业卫生防护距离标准》

30. GB 8195—2011《石油加工业卫生防护距离》

31. GB 11654.1—2012《造纸及纸制品业卫生防护距离 第1部分：纸浆制造业》

32. GB 11655—2012《合成材料制造业卫生防护距离》系列标准

33. GB 11661—2012《炼焦业卫生防护距离》

34. GB 11662—2012《烧结业卫生防护距离》

35. GB 11666—2012《肥料制造业卫生防护距离》系列标准

36. GB 18068—2012《非金属矿物制品业卫生防护距离》系列标准

37. GB 18071—2012《基础化学原料制造业卫生防护距离》系列标准

38. GB 18075.1—2012《交通运输设备制造业卫生防护距离 第1部分：汽车制造业》

39. GB 18078.1—2012《农副食品加工业卫生防护距离 第1部分：屠宰及肉类加工业》

40. GB 18079—2012《动物胶制造业卫生防护距离》

41. GB 18080.1—2012《纺织业卫生防护距离 第1部分：棉、化纤纺织及印染精加工业》

42. GB 18082.1—2012《皮革、毛皮及其制品业卫生防护距离 第1部分：皮革鞣制加工业》

43. GB/T 17222—2012《煤制气业卫生防护距离》

44. GBZ 115—2002《X 射线衍射仪和荧光分析仪卫生防护标准》

45. GBZ 127—2002《X 射线行李包检查系统卫生防护标准》

46. GBZ 134—2002《放射性核素敷贴治疗卫生防护标准》

47. GBZ 136—2002《生产和使用放射免疫分析试剂（盒）卫生防护标准》

48. GBZ 168—2005《X、γ 射线头部立体定向外科治疗放射卫生防护标准》

49. GBZ 114—2006《密封放射源及密封 γ 放射源容器的放射卫生防护标准》

50. GBZ 119—2006《放射性发光涂料卫生防护标准》

51. GBZ 120—2006《临床核医学放射卫生防护标准》

52. GBZ 175—2006《γ 射线工业 CT 放射卫生防护标准》

53. GBZ/T 233—2010《锡矿山工作场所放射卫生防护标准》

54. GB 12331—1990《有毒作业分级》

55. GB/T 14439—1993《冷水作业分级》

56. GB/T 14440—1993《低温作业分级》

57. GB/T 3608—2008《高处作业分级》

58. GBZ/T 229—2010，2012《工作场所职业病危害作业分级》系列标准

59. GBZ/T 160—2004，2007《工作场所空气有毒物质测定》系列标准

60. GBZ/T 300—2017，2018《工作场所空气有毒物质测定》系列标准

61. GBZ/T 189—2007，2018《工作场所物理因素测量》系列标准

62. GBZ/T 192—2007，2018《工作场所空气中粉尘测定》系列标准

63. GBZ 159—2004《工作场所空气中有害物质监测的采样规范》

64. GBZ 2.2—2007《工作场所有害因素职业接触限值 第 2 部分：物理因素》

65. GB/T 13861—2009《生产过程危险和有害因素分类与代码》

66. GBZ/T 298—2017《工作场所化学有害因素职业健康风险评估技术导则》

67. GBZ 2.1—2019《工作场所有害因素职业接触限值 第 1 部分：化学有害因素》

68. GBZ/T 295—2017《职业人群生物监测方法 总则》

69. GB 3102.10—1993《核反应和电离辐射的量和单位》

70. GB 18871—2002《电离辐射防护与辐射源安全基本标准》

71. GBZ/T 244—2017《电离辐射所致皮肤剂量估算方法》

72. GBZ/T 301—2017《电离辐射所致眼晶状体剂量估算方法》

73. GB 38452—2019《手部防护 电离辐射及放射性污染物防护手套》

74. GBZ 141—2002《γ射线和电子束辐照装置防护检测规范》

75. GB/T 15447—2008《X、γ射线和电子束辐照不同材料吸收剂量的换算方法》

76. GBZ 140—2002《空勤人员宇宙辐射控制标准》

77. GB/T 18199—2000《外照射事故受照人员的医学处理和治疗方案》

78. GBZ 99—2002《外照射亚急性放射病诊断标准》

79. GBZ/T 144—2002《用于光子外照射放射防护的剂量转换系数》

80. GBZ/T 202—2007《用于中子外照射放射防护的剂量转换系数》

81. GBZ/T 217—2009《外照射急性放射病护理规范》

82. GBZ 100—2010《外照射放射性骨损伤诊断》

83. GB/T16149—2012《外照射慢性放射病剂量估算规范》

84. GBZ/T 261—2015《外照射辐射事故中受照人员器官剂量重建规范》

85. GBZ 207—2016《外照射个人剂量系统性能检验规范》

86. GBZ/T 163—2017《职业性外照射急性放射病的远期效应医学随访规范》

87. GBZ 104—2017《职业性外照射急性放射病诊断》

88. GBZ 105—2017《职业性外照射慢性放射病诊断》

89. GBZ 128—2019《职业性外照射个人监测规范》

90. GB 5172—1985《粒子加速器辐射防护规定》

91. GB/T 16139—1995《用于中子辐射防护的剂量转换系数》

92. GB 16353—1996《含放射性物质消费品的放射卫生防护标准》

93. GB/T 16609—1996《红外传输的应用及系统间干扰的防护或控制的指南》

94. GB/T 17680.2—1999《核电厂应急计划与准备准则 场外应急职能与组织》

95. GB/T 17680.4—1999《核电厂应急计划与准备准则 场外应急计划与执行程序》

96. GB 18871—2002《电离辐射防护与辐射源安全基本标准》

97. GB 10252—2009《γ辐照装置的辐射防护与安全规范 》

98. GB 15848—2009《铀矿地质勘查辐射防护和环境保护规定》

99. GB/T 23463—2009《防护服装 微波辐射防护服》

100. GB 11930—2010《操作非密封源的辐射防护规定》

101. GB 27742—2011《可免于辐射防护监管的物料中放射性核素活度浓度》

102. GB 6249—2011《核动力厂环境辐射防护规定》

103. GB 23727—2020《铀矿冶辐射防护和辐射环境保护规定》

104. GBZ 129—2016《职业性内照射个人监测规范》

105. GBZ 128—2019《职业性外照射个人监测规范》

106. GBZ/T225—2010《用人单位职业病防治指南》

107. GBZ 158—2003《工作场所职业病危害警示标识》

108. GBZ/T 181—2006《建设项目职业病危害放射防护评价报告编制规范》

109. GBZ/T 196—2007《建设项目职业病危害预评价技术导则》

110. GBZ/T 197—2007《建设项目职业病危害控制效果评价技术导则》

111. GBZ/T 198—2007《使用人造矿物纤维绝热棉职业病危害防护规程》

112. GBZ/T 203—2007《高毒物品作业岗位职业病危害告知规范》

113. GBZ/T 204—2007《高毒物品作业岗位职业病 危害信息指南》

114. GBZ/T 211—2008《建筑行业职业病危害预防控制规范》

115. GBZ/T 212—2008《纺织印染业职业病危害预防控制指南》

116. GBZ/T 220.2—2009《建设项目职业病危害放射防护评价规范 第2部分：放射治疗装置》

117. GBZ/T 220.1—2014《建设项目职业病危害放射防护评价规范 第1部分：核电厂》

118. GBZ/T 253—2014《造纸业职业病危害预防控制指南》

119. WS/T 767—2014《职业病危害监察导则》

120. WS/T 735—2015《木材加工企业职业病危害防治技术规范》

121. WS/T 737—2015《箱包制造企业职业病危害防治技术规范》

122. WS/T 739—2015《宝石加工企业职业病危害防治技术规范》

123. WS/T 740—2015《玻璃生产企业职业病危害防治技术规范》

124. WS/T 741—2015《石棉矿山建设项目职业病危害预评价细则》

125. WS/T 742—2015《石棉矿山建设项目职业病危害控制效果评价细则》

126. WS/T 743—2015《石棉矿山职业病危害现状评价细则》

127. WS/T 744—2015《石棉制品业建设项目职业病危害控制效果评价细则》

128. WS/T 745—2015《石棉制品业职业病危害现状评价细则》

129. WS/T 746—2015《石棉制品业建设项目职业病危害预评价细则》

130. WS/T 747—2015《木制家具制造业建设项目职业病危害预评价细则》

131. WS/T 748—2015《木制家具制造业职业病危害现状评价细则》

132. WS/T 749—2015《木制家具制造业建设项目职业病危害控制效果评价细则》

133. WS/T 751—2015《用人单位职业病危害现状评价技术导则》

134. WS/T 770—2015《建筑施工企业职业病危害防治技术规范》

135. WS/T 771—2015《工作场所职业病危害因素检测工作规范》

136. WS/T 754—2016《噪声职业病危害风险管理指南》

137. WS/T 759—2016《火力发电企业建设项目职业病危害控制效果评价细则》

138. GBZ/T 277—2016《职业病危害评价通则》

139. GBZ/T 285—2016《珠宝玉石加工行业职业病危害预防控制指南》

140. GB/Z 277—2016《职业病危害评价通则》

141. GB/T 35396—2017《职业病危害因素检测移动实验室通用技术规范》

142. GBZ/T 157—2009《职业病诊断名词术语》

143. GBZ/T 265—2014《职业病诊断通则》

144. GBZ/T 267—2015《职业病诊断文书书写规范》

145. GBZ/T 218—2017《职业病诊断标准编写指南》

146. GBZ 158—2003《工作场所职业病危害警示标识》

147. GBZ/T 205—2007《密闭空间作业职业危害防护规范》

148. GBZ/T 198—2007《使用人造矿物纤维绝热棉职业病危害防护规程》

149. GBZ/T 203—2007《高毒物品作业岗位职业病危害告知规范》

150. GBZ/T 204—2007《高毒物品作业岗位职业病危害信息指南》

151. GB/T 18201—2000《放射性疾病名单》

152. GBZ 112—2017《职业性放射性疾病诊断总则》

153. GBZ 169—2020《职业性放射性疾病诊断程序和要求》

154. GBZ 19—2002《职业性电光性皮炎诊断标准》

155. GBZ 185—2006《职业性三氯乙烯药疹样皮炎诊断标准》

156. GBZ 21—2006《职业性光接触性皮炎诊断标准》

157. GBZ 139—2019《稀土生产场所放射防护要求》

158. GBZ 125—2009《含密封源仪表的放射卫生防护要求》

159. GBZ 166—2005《职业性皮肤放射性污染个人监测规范》

160. GBZ/T 199—2007《服装干洗业职业卫生管理规范》

161. GBZ/T 195—2007《有机溶剂作业场所个人职业病防护用品使用规范》

162. GBZ/T 194—2007《工作场所防止职业中毒卫生工程防护措施规范》

163. GBZ/T 193—2007《石棉作业职业卫生管理规范》

164. GBZ 188—2014《职业健康监护技术规范》

165. GBZ/T 164—2004《核电厂操纵员的健康标准和医学监督规定》

166. GBZ 221—2009《消防员职业健康标准》

167. GBZ 161—2004《医用 $\gamma$ 射束远距治疗防护与安全标准》

168. GB 16362—2010《远距治疗患者放射防护与质量保证要求》

169. GB/T 16146—2015《室内氡及其子体控制要求》

170. GBZ/T 154—2006《两种粒度放射性气溶胶年摄入量限值》

171. GBZ 235—2011《放射工作人员职业健康监护技术规范》

172. GBZ/T 248—2014《放射工作人员职业健康检查外周血淋巴细胞染色体畸变检测与评价》

173. GBZ/T 149—2015《医学放射工作人员放射防护培训规范》

174. GBZ 98—2017《放射工作人员健康要求》

## 附录五

# 中华人民共和国安全生产法（2014修正）

## 第一章 总 则

**第一条**

为了加强安全生产工作，防止和减少生产安全事故，保障人民群众生命和财产安全，促进经济社会持续健康发展，制定本法。

**第二条**

在中华人民共和国领域内从事生产经营活动的单位（以下统称生产经营单位）的安全生产，适用本法；有关法律、行政法规对消防安全和道路交通安全、铁路交通安全、水上交通安全、民用航空安全以及核与辐射安全、特种设备安全另有规定的，适用其规定。

**第三条**

安全生产工作应当以人为本，坚持安全发展，坚持安全第一、预防为主、综合治理的方针，强化和落实生产经营单位的主体责任，建立生产经营单位负责、职工参与、政府监管、行业自律和社会监督的机制。

**第四条**

生产经营单位必须遵守本法和其他有关安全生产的法律、法规，加强安全生产管理，建立、健全安全生产责任制和安全生产规章制度，改善安全生产条件，推进安全生产标准化建设，提高安全生产水平，确保安全生产。

**第五条**

生产经营单位的主要负责人对本单位的安全生产工作全面负责。

**第六条**

生产经营单位的从业人员有依法获得安全生产保障的权利，并应当依法履行安全生产方面的义务。

**第七条**

工会依法对安全生产工作进行监督。生产经营单位的工会依法组织职工参加本单位安全生产工作的民主管理和民主监督，维护职工在安全生产方面的合法权益。生产经营单位制定或者修改有关安全生产的规章制度，应当听取工会的意见。

**第八条**

国务院和县级以上地方各级人民政府应当根据国民经济和社会发展规划制定安全生产规划，并组织实施。安全生产规划应当与城乡规划相衔接。国务院和县级以上地方各级人民政府应当加强对安全生产工作的领导，支持、督促各有关部门依法履行安全生产监督管理职责，建立健全安全生产工作协调机制，及时协调、解决安全生产监督管理中存在的重大问题。乡、镇人民政府以及街道办事处、开发区管理机构等地方人民政府的派出机关应当按照职责，加强对本行政区域内生产经营单位安全生产状况的监督检查，协助上级人民政府有关部门依法履行安全生产监督管理职责。

**第九条**

国务院安全生产监督管理部门依照本法，对全国安全生产工作实施综合监督管理；县级以上地方各级人民政府安全生产监督管理部门依照本法，对本行政区域内安全生产工作实施综合监督管理。国务院有关部门依照本法和其他有关法律、行政法规的规定，在各自的职责范围内对有关行业、领域的安全生产工作实施监督管理；县级以上地方各级人民政府有关部门依照本法和其他有关法律、法规的规定，在各自的职责范围内对有关行业、领域的安全生产工作实施监督管理。安全生产监督管理部门和对有关行业、领域的安全生产工作实施监督管理的部门，统称负有安全生产监督管理职责的部门。

**第十条**

国务院有关部门应当按照保障安全生产的要求，依法及时制定有关的国家标准或者行业标准，并根据科技进步和经济发展适时修订。生产经营单位必须执行依法制定的保障安全生产的国家标准或者行业标准。

**第十一条**

各级人民政府及其有关部门应当采取多种形式，加强对有关安全生产的法律、法规和安全生产知识的宣传，增强全社会的安全生产意识。

**第十二条**

有关协会组织依照法律、行政法规和章程，为生产经营单位提供安全生产方面的信息、培训等服务，发挥自律作用，促进生产经营单位加强安全生产管理。

**第十三条**

依法设立的为安全生产提供技术、管理服务的机构，依照法律、行政法规和执业准则，接受生产经营单位的委托为其安全生产工作提供技术、管理服务。生产经营单位委托前款规定的机构提供安全生产技术、管理服务的，保证安全生产的责任仍由本单位负责。

**第十四条**

国家实行生产安全事故责任追究制度，依照本法和有关法律、法规的规定，追究生产安全事故责任人员的法律责任。

**第十五条**

国家鼓励和支持安全生产科学技术研究和安全生产先进技术的推广应用，提高安全生产水平。

**第十六条**

国家对在改善安全生产条件、防止生产安全事故、参加抢险救护等方面取得显著成绩的单位和个人，给予奖励。

## 第二章　生产经营单位的安全生产保障

**第十七条**

生产经营单位应当具备本法和有关法律、行政法规和国家标准或者行业标准规定的安全生产条件；不具备安全生产条件的，不得从事生产经营活动。

**第十八条**

生产经营单位的主要负责人对本单位安全生产工作负有下列职责：（一）建立、健全本单位安全生产责任制；（二）组织制定本单位安全生产规章制度和操作规程；（三）组织制定并实施本单位安全生产教育和培训计划；（四）保证本单位安全生产投入的有效实施；（五）督促、检查本单位的安全生产工作，及时消除生产安全事故隐患；（六）组织制定并实施本单位的生产安全事故应急救援预案；（七）及时、如实报告生产安全事故。

**第十九条**

生产经营单位的安全生产责任制应当明确各岗位的责任人员、责任范围和考核标准等内容。生产经营单位应当建立相应的机制，加强对安全生产责任制落实情况的监督考核，保证安全生产责任制的落实。

**第二十条**

生产经营单位应当具备的安全生产条件所必需的资金投入，由生产经营单位的决策机构、主要负责人或者个人经营的投资人予以保证，并对由于安全生产所必需的资金投入不足导致的后果承担责任。有关生产经营单位应当按照规定提取和使用安全生产费用，专门用于改善安全生产条件。安全生产费用在成本中据实列支。安全生产费用提取、使用和监督管理的具体办法由国务院财政部门会同国务院安全生产监督管理部门征求国务院有关部门意见后制定。

**第二十一条**

矿山、金属冶炼、建筑施工、道路运输单位和危险物品的生产、经营、储存单位，应当设置安全生产管理机构或者配备专职安全生产管理人员。前款规定以外的其他生产经营单位，从业人员超过一百人的，应当设置安全生产管理机构或者配备专职安全生产管理人员；从业人员在一百人以下的，应当配备专职或者兼职的安全生产管理人员。

**第二十二条**

生产经营单位的安全生产管理机构以及安全生产管理人员履行下列职责：（一）组织或者参与拟订本单位安全生产规章制度、操作规程和生产安全事故应急救援预案；（二）组织或者参与本单位安全生产教育和培训，如实记录安全生产教育和培训情况；（三）督促落实本单位重大危险源的安全管理措施；（四）组织或者参与本单位应急救援演练；（五）检查本单位的安全生产状况，及时排查生产安全事故隐患，提出改进安全生产管理的建议；（六）制止和纠正违章指挥、强令冒险作业、违反操作规程的行为；（七）督促落实本单位安全生产整改措施。

**第二十三条**

生产经营单位的安全生产管理机构以及安全生产管理人员应当恪尽职守，依法履行职责。生产经营单位作出涉及安全生产的经营决策，应当听取安全生产管理机构以及安全生产管理人员的意见。生产经营单位不得因安全生产管理人员依法履行职责而降低其工资、福利等待遇或者解除与其订立的劳动合同。危险物品的生产、储存单位以及矿山、金属冶炼单位的安全生产管理人员的任免，应当告知主管的负有安全生产监督管理职责的部门。

**第二十四条**

生产经营单位的主要负责人和安全生产管理人员必须具备与本单位所从事的生产经营活动相应的安全生产知识和管理能力。危险物品的生产、经营、储存单位以及矿山、金属冶炼、建筑施工、道路运输单位的主要负责人和安全生产管理人员，应当由主管的负有安全生产监督管理职责的部门对其安全生产知识和管理能力考核合格。考核不得收费。危险物品的生产、储存单位以及矿山、金属冶炼单位应当有注册安全工程师从事安全生产管理工作。鼓励其他生产经营单位聘用注册安全工程师从事安全生产管理工作。注册安全工程师按专业分类管理，具体办法由国务院人力资源和社会保障部门、国务院安全生产监督管理部门会同国务院有关部门制定。

**第二十五条**

生产经营单位应当对从业人员进行安全生产教育和培训，保证从业人员具备必要的安全生产知识，熟悉有关的安全生产规章制度和安全操作规程，掌握本岗位的安全操作技能，了解事故应急处理措施，知悉自身在安全生产方面的权利和义务。未经安全生产教育和培训合格的从业人员，不得上岗作业。生产经营单位使用被派遣劳动者的，应当将被派遣劳动者纳入本单位从业人员统一管理，对被派遣劳动者进行岗位安全操作规程和安全操作技能的教育和培训。劳务派遣单位应当对被派遣劳动者进行必要的安全生产教育和培训。生产经营单位接收中等职业学校、高等学校学生实习的，应当对实习学生进行相应的安全生产教育和培训，提供必要的劳动防护用品。学校应当协助生产经营单位对实习学生进行安全生产教育和培训。生产经营单位应当建立安全生产教育和培训档案，如实记录安全生产教育和培训的时间、内容、参加人员以及考核结果等情况。

**第二十六条**

生产经营单位采用新工艺、新技术、新材料或者使用新设备，必须了解、掌握其安全技术特性，采取有效的安全防护措施，并对从业人员进行专门的安全生产教育和培训。

**第二十七条**

生产经营单位的特种作业人员必须按照国家有关规定经专门的安全作业培训，取得相应资格，方可上岗作业。特种作业人员的范围由国务院安全生产监督管理部门会同国务院有关部门确定。

**第二十八条**

生产经营单位新建、改建、扩建工程项目（以下统称建设项目）的安全设施，必须与主体工程同时设计、同时施工、同时投入生产和使用。安全设施投资应当纳入建设项目概算。

**第二十九条**

矿山、金属冶炼建设项目和用于生产、储存、装卸危险物品的建设项目，应当按照国家有关规定进行安全评价。

**第三十条**

建设项目安全设施的设计人、设计单位应当对安全设施设计负责。矿山、金属冶炼建设项目和用于生产、储存、装卸危险物品的建设项目的安全设施设计应当按照国家有关规定报经有关部门审查，审查部门及其负责审查的人员对审查结果负责。

**第三十一条**

矿山、金属冶炼建设项目和用于生产、储存、装卸危险物品的建设项目的施工单位必须按照批准的安全设施设计施工，并对安全设施的工程质量负责。矿山、金属冶炼建设项目和用于生产、储存危险物品的建设项目竣工投入生产或者使用前，应当由建设单位负责组织对安全设施进行验收；验收合格后，方可投入生产和使用。安全生产监督管理部门应当加强对建设单位验收活动和验收结果的监督核查。

**第三十二条**

生产经营单位应当在有较大危险因素的生产经营场所和有关设施、设备上，设置明显的安全警示标志。

**第三十三条**

安全设备的设计、制造、安装、使用、检测、维修、改造和报废，应当符合国家标准或者行业标准。生产经营单位必须对安全设备进行经常性维护、保养，并定期检测，保证正常运转。维护、保养、检测应当作好记录，并由有关人员签字。

**第三十四条**

生产经营单位使用的危险物品的容器、运输工具，以及涉及人身安全、危险性较大的海洋石油开采特种设备和矿山井下特种设备，必须按照国家有关规定，由专业生产单位生产，并经具有专业资质的检测、检验机构检测、检验合格，取得安全使用证或者安全标志，方可投入使用。检测、检验机构对检测、检验结果负责。

**第三十五条**

国家对严重危及生产安全的工艺、设备实行淘汰制度，具体目录由国务院安全生产监督管理部门会同国务院有关部门制定并公布。法律、行政法规对目录的制定另有规定的，适用其规定。省、自治区、直辖市人民政府可以根据本地区实际情况制定并公布具体目录，对前款规定以外的危及生产安全的工艺、设备予以淘汰。生产经营单位不得使用应当淘汰的危及生产安全的工艺、设备。

**第三十六条**

生产、经营、运输、储存、使用危险物品或者处置废弃危险物品的，由有关主管部门依照有关法律、法规的规定和国家标准或者行业标准审批并实施监督管理。生产经营单位生产、经营、运输、储存、使用危险物品或者处置废弃危险物品，必须执行有关法律、法规和国家标准或者行业标准，建立专门的安全管理制度，采取可靠的安全措施，接受有关主管部门依法实施的监督管理。

**第三十七条**

生产经营单位对重大危险源应当登记建档，进行定期检测、评估、监控，并制定应急预案，告知从业人员和相关人员在紧急情况下应当采取的应急措施。生产经营单位应当按照国家有关规定将本单位重大危险源及有关安全措施、应急措施报有关地方人民政府安全生产监督管理部门和有关部门备案。

**第三十八条**

生产经营单位应当建立健全生产安全事故隐患排查治理制度，采取技术、管理措施，及时发现并消除事故隐患。事故隐患排查治理情况应当如实记录，并向从业人员通报。县级以上地方各级人民政府负有安全生产监督管理职责的部门应当建立健全重大事故隐患治理督办制度，督促生产经营单位消除重大事故隐患。

**第三十九条**

生产、经营、储存、使用危险物品的车间、商店、仓库不得与员工宿舍在同一座建筑物内，并应当与员工宿舍保持安全距离。生产经营场所和员工宿舍应当设有符合紧急疏散要求、标志明显、保持畅通的出口。禁止锁闭、封堵生产经营场所或者员工宿舍的出口。

**第四十条**

生产经营单位进行爆破、吊装以及国务院安全生产监督管理部门会同国务院有关部门规定的其他危险作业，应当安排专门人员进行现场安全管理，确保操作规程的遵守和安全措施的落实。

**第四十一条**

生产经营单位应当教育和督促从业人员严格执行本单位的安全生产规章制度和安全操作规程；并向从业人员如实告知作业场所和工作岗位存在的危险因素、防范措施以及事故应急措施。

**第四十二条**

生产经营单位必须为从业人员提供符合国家标准或者行业标准的劳动防护用品，并监督、教育从业人员按照使用规则佩戴、使用。

**第四十三条**

生产经营单位的安全生产管理人员应当根据本单位的生产经营特点，对安全生产状况进行经常性检查；对检查中发现的安全问题，应当立即处理；不能处理的，应当及时报告本单位有关负责人，有关负责人应当及时处理。检查及处理情况应当如实记录在案。生产经营单位的安全生产管理人员在检查中发现重大事故隐患，依照前款规定向本单位有关负责人报告，有关负责人不及时处理的，安全生产管理人员可以向主管的负有安全生产监督管理职责的部门报告，接到报告的部门应当依法及时处理。

**第四十四条**

生产经营单位应当安排用于配备劳动防护用品、进行安全生产培训的经费。

**第四十五条**

两个以上生产经营单位在同一作业区域内进行生产经营活动，可能危及对方生产安全的，应当签订安全生产管理协议，明确各自的安全生产管理职责和应当采取的安全措施，并指定专职安全生产管理人员进行安全检查与协调。

**第四十六条**

生产经营单位不得将生产经营项目、场所、设备发包或者出租给不具备安全生产条件或者相应资质的单位或者个人。生产经营项目、场所发包或者出租给其他单位的，生产经营单位应当与承包单位、承租单位签订专门的安全生产管理协议，或者在承包合同、租赁合同中约定各自的安全生产管理职责；生产经营单位对承包单位、承租单位的安全生产工作统一协调、管理，定期进行安全检查，发现安全问题的，应当及时督促整改。

**第四十七条**

生产经营单位发生生产安全事故时，单位的主要负责人应当立即组织抢救，并不得在事故调查处理期间擅离职守。

**第四十八条**

生产经营单位必须依法参加工伤保险，为从业人员缴纳保险费。国家鼓励生产经营单位投保安全生产责任保险。

## 第三章　从业人员的安全生产权利义务

**第四十九条**

生产经营单位与从业人员订立的劳动合同，应当载明有关保障从业人员劳动安全、防止职业危害的事项，以及依法为从业人员办理工伤保险的事项。生产经营单位不得以任何形式与从业人员订立协议，免除或者减轻其对从业人员因生产安全事故伤亡依法应承担的责任。

**第五十条**

生产经营单位的从业人员有权了解其作业场所和工作岗位存在的危险因素、防范措施及事故应急措施，有权对本单位的安全生产工作提出建议。

**第五十一条**

从业人员有权对本单位安全生产工作中存在的问题提出批评、检举、控告；有权拒绝违章指挥和强令冒险作业。生产经营单位不得因从业人员对本单位安全生产工作提出批评、检举、控告或者拒绝违章指挥、强令冒险作业而降低其工资、福利等待遇或者解除与其订立的劳动合同。

**第五十二条**

从业人员发现直接危及人身安全的紧急情况时，有权停止作业或者在采取可能的应急措施后撤离作业场所。生产经营单位不得因从业人员在前款紧急情况下停止作业或者采取紧急撤离措施而降低其工资、福利等待遇或者解除与其订立的劳动合同。

**第五十三条**

因生产安全事故受到损害的从业人员，除依法享有工伤保险外，依照有关民事法律尚有获得赔偿的权利的，有权向本单位提出赔偿要求。

**第五十四条**

从业人员在作业过程中，应当严格遵守本单位的安全生产规章制度和操作规程，服从管理，正确佩戴和使用劳动防护用品。

**第五十五条**

从业人员应当接受安全生产教育和培训，掌握本职工作所需的安全生产知识，提高安全生产技能，增强事故预防和应急处理能力。

**第五十六条**

从业人员发现事故隐患或者其他不安全因素，应当立即向现场安全生产管理人员或者本单位负责人报告；接到报告的人员应当及时予以处理。

**第五十七条**

工会有权对建设项目的安全设施与主体工程同时设计、同时施工、同时投入生产和使用进行监督，提出意见。工会对生产经营单位违反安全生产法律、法规，侵犯从业人员合法权益的行为，有权要求纠正；发现生产经营单位违章指挥、强令冒险作业或者发现事故隐患时，有权提出解决的建议，生产经营单位应当及时研究答复；发现危及从业人员生命安全的情况时，有权向生产经营单位建议组织从业人员撤离危险场所，生产经营单位必须立即作出处理。工会有权依法参加事故调查，向有关部门提出处理意见，并要求追究有关人员的责任。

**第五十八条**

生产经营单位使用被派遣劳动者的，被派遣劳动者享有本法规定的从业人员的权利，并应当履行本法规定的从业人员的义务。

# 第四章　安全生产的监督管理

**第五十九条**

县级以上地方各级人民政府应当根据本行政区域内的安全生产状况，组织有关部门按照职责分工，对本行政区域内容易发生重大生产安全事故的生产经营单位进行严格检查。安全生产监督管理部门应当按照分类分级监督管理的要求，制定安全生产年度监督检查计划，并按照年度监督检查计划进行监督检查，发现事故隐患，应当及时处理。

**第六十条**

负有安全生产监督管理职责的部门依照有关法律、法规的规定，对涉及安全生产的事项需要审查批准（包括批准、核准、许可、注册、认证、颁发证照等，下同）或者验收的，必须严格依照有关法律、法规和国家标准或者行业标准规定的安全生产条件和程序进行审查；不符合有关法律、法规和国家标准或者行业标准规定的安全生产条件的，不得批准或者验收通过。对未依法取得批准或者验收合格的单位擅自从事有关活动的，负责行政审批的部门发现或者接到举报后应当立即予以取缔，并依法予以处理。对已经依法取得批准的单位，负责行政审批的部门发现其不再具备安全生产条件的，应当撤销原批准。

第六十一条

负有安全生产监督管理职责的部门对涉及安全生产的事项进行审查、验收，不得收取费用；不得要求接受审查、验收的单位购买其指定品牌或者指定生产、销售单位的安全设备、器材或者其他产品。

第六十二条

安全生产监督管理部门和其他负有安全生产监督管理职责的部门依法开展安全生产行政执法工作，对生产经营单位执行有关安全生产的法律、法规和国家标准或者行业标准的情况进行监督检查，行使以下职权：（一）进入生产经营单位进行检查，调阅有关资料，向有关单位和人员了解情况；（二）对检查中发现的安全生产违法行为，当场予以纠正或者要求限期改正；对依法应当给予行政处罚的行为，依照本法和其他有关法律、行政法规的规定作出行政处罚决定；（三）对检查中发现的事故隐患，应当责令立即排除；重大事故隐患排除前或者排除过程中无法保证安全的，应当责令从危险区域内撤出作业人员，责令暂时停产停业或者停止使用相关设施、设备；重大事故隐患排除后，经审查同意，方可恢复生产经营和使用；（四）对有根据认为不符合保障安全生产的国家标准或者行业标准的设施、设备、器材以及违法生产、储存、使用、经营、运输的危险物品予以查封或者扣押，对违法生产、储存、使用、经营危险物品的作业场所予以查封，并依法作出处理决定。监督检查不得影响被检查单位的正常生产经营活动。

第六十三条

生产经营单位对负有安全生产监督管理职责的部门的监督检查人员（以下统称安全生产监督检查人员）依法履行监督检查职责，应当予以配合，不得拒绝、阻挠。

第六十四条

安全生产监督检查人员应当忠于职守，坚持原则，秉公执法。安全生产监督检查人员执行监督检查任务时，必须出示有效的监督执法证件；对涉及被检查单位的技术秘密和业务秘密，应当为其保密。

**第六十五条**

安全生产监督检查人员应当将检查的时间、地点、内容、发现的问题及其处理情况，作出书面记录，并由检查人员和被检查单位的负责人签字；被检查单位的负责人拒绝签字的，检查人员应当将情况记录在案，并向负有安全生产监督管理职责的部门报告。

**第六十六条**

负有安全生产监督管理职责的部门在监督检查中，应当互相配合，实行联合检查；确需分别进行检查的，应当互通情况，发现存在的安全问题应当由其他有关部门进行处理的，应当及时移送其他有关部门并形成记录备查，接受移送的部门应当及时进行处理。

**第六十七条**

负有安全生产监督管理职责的部门依法对存在重大事故隐患的生产经营单位作出停产停业、停止施工、停止使用相关设施或者设备的决定，生产经营单位应当依法执行，及时消除事故隐患。生产经营单位拒不执行，有发生生产安全事故的现实危险的，在保证安全的前提下，经本部门主要负责人批准，负有安全生产监督管理职责的部门可以采取通知有关单位停止供电、停止供应民用爆炸物品等措施，强制生产经营单位履行决定。通知应当采用书面形式，有关单位应当予以配合。负有安全生产监督管理职责的部门依照前款规定采取停止供电措施，除有危及生产安全的紧急情形外，应当提前二十四小时通知生产经营单位。生产经营单位依法履行行政决定、采取相应措施消除事故隐患的，负有安全生产监督管理职责的部门应当及时解除前款规定的措施。

**第六十八条**

监察机关依照行政监察法的规定，对负有安全生产监督管理职责的部门及其工作人员履行安全生产监督管理职责实施监察。

**第六十九条**

承担安全评价、认证、检测、检验的机构应当具备国家规定的资质条件，并对其作出的安全评价、认证、检测、检验的结果负责。

**第七十条**

负有安全生产监督管理职责的部门应当建立举报制度，公开举报电话、信箱或者电子邮件地址，受理有关安全生产的举报；受理的举报事项经调查核实后，应当形成书面材料；需要落实整改措施的，报经有关负责人签字并督促落实。

**第七十一条**

任何单位或者个人对事故隐患或者安全生产违法行为，均有权向负有安全生产监督管理职责的部门报告或者举报。

**第七十二条**

居民委员会、村民委员会发现其所在区域内的生产经营单位存在事故隐患或者安全生产违法行为时，应当向当地人民政府或者有关部门报告。

**第七十三条**

县级以上各级人民政府及其有关部门对报告重大事故隐患或者举报安全生产违法行为的有功人员，给予奖励。具体奖励办法由国务院安全生产监督管理部门会同国务院财政部门制定。

**第七十四条**

新闻、出版、广播、电影、电视等单位有进行安全生产公益宣传教育的义务，有对违反安全生产法律、法规的行为进行舆论监督的权利。

**第七十五条**

负有安全生产监督管理职责的部门应当建立安全生产违法行为信息库，如实记录生产经营单位的安全生产违法行为信息；对违法行为情节严重的生产经营单位，应当向社会公告，并通报行业主管部门、投资主管部门、国土资源主管部门、证券监督管理机构以及有关金融机构。

## 第五章　生产安全事故的应急救援与调查处理

**第七十六条**

国家加强生产安全事故应急能力建设，在重点行业、领域建立应急救援基地和应急救援队伍，鼓励生产经营单位和其他社会力量建立应急救援队伍，配备相应的应急救援装备和物资，提高应急救援的专业化水平。国务院安全生产监督管理部门建立全国统一的生产安全事故应急救援信息系统，国务院有关部门建立健全相关行业、领域的生产安全事故应急救援信息系统。

**第七十七条**

县级以上地方各级人民政府应当组织有关部门制定本行政区域内生产

安全事故应急救援预案，建立应急救援体系。

**第七十八条**

生产经营单位应当制定本单位生产安全事故应急救援预案，与所在地县级以上地方人民政府组织制定的生产安全事故应急救援预案相衔接，并定期组织演练。

**第七十九条**

危险物品的生产、经营、储存单位以及矿山、金属冶炼、城市轨道交通运营、建筑施工单位应当建立应急救援组织；生产经营规模较小的，可以不建立应急救援组织，但应当指定兼职的应急救援人员。危险物品的生产、经营、储存、运输单位以及矿山、金属冶炼、城市轨道交通运营、建筑施工单位应当配备必要的应急救援器材、设备和物资，并进行经常性维护、保养，保证正常运转。

**第八十条**

生产经营单位发生生产安全事故后，事故现场有关人员应当立即报告本单位负责人。单位负责人接到事故报告后，应当迅速采取有效措施，组织抢救，防止事故扩大，减少人员伤亡和财产损失，并按照国家有关规定立即如实报告当地负有安全生产监督管理职责的部门，不得隐瞒不报、谎报或者迟报，不得故意破坏事故现场、毁灭有关证据。

**第八十一条**

负有安全生产监督管理职责的部门接到事故报告后，应当立即按照国家有关规定上报事故情况。负有安全生产监督管理职责的部门和有关地方人民政府对事故情况不得隐瞒不报、谎报或者迟报。

**第八十二条**

有关地方人民政府和负有安全生产监督管理职责的部门的负责人接到生产安全事故报告后，应当按照生产安全事故应急救援预案的要求立即赶到事故现场，组织事故抢救。参与事故抢救的部门和单位应当服从统一指挥，加强协同联动，采取有效的应急救援措施，并根据事故救援的需要采取警戒、疏散等措施，防止事故扩大和次生灾害的发生，减少人员伤亡和财产损失。事故抢救过程中应当采取必要措施，避免或者减少对环境造成的危害。任何单位和个人都应当支持、配合事故抢救，并提供一切便利条件。

**第八十三条**

事故调查处理应当按照科学严谨、依法依规、实事求是、注重实效的原则，及时、准确地查清事故原因，查明事故性质和责任，总结事故教训，提出整改措施，并对事故责任者提出处理意见。事故调查报告应当依法及时向社会公布。事故调查和处理的具体办法由国务院制定。事故发生单位应当及时全面落实整改措施，负有安全生产监督管理职责的部门应当加强监督检查。

**第八十四条**

生产经营单位发生生产安全事故，经调查确定为责任事故的，除了应当查明事故单位的责任并依法予以追究外，还应当查明对安全生产的有关事项负有审查批准和监督职责的行政部门的责任，对有失职、渎职行为的，依照本法第八十七条的规定追究法律责任。

**第八十五条**

任何单位和个人不得阻挠和干涉对事故的依法调查处理。

**第八十六条**

县级以上地方各级人民政府安全生产监督管理部门应当定期统计分析本行政区域内发生生产安全事故的情况，并定期向社会公布。

# 第六章　法律责任

**第八十七条**

负有安全生产监督管理职责的部门的工作人员，有下列行为之一的，给予降级或者撤职的处分；构成犯罪的，依照刑法有关规定追究刑事责任：（一）对不符合法定安全生产条件的涉及安全生产的事项予以批准或者验收通过的；（二）发现未依法取得批准、验收的单位擅自从事有关活动或者接到举报后不予取缔或者不依法予以处理的；（三）对已经依法取得批准的单位不履行监督管理职责，发现其不再具备安全生产条件而不撤销原批准或者发现安全生产违法行为不予查处的；（四）在监督检查中发现重大事故隐患，不依法及时处理的。负有安全生产监督管理职责的部门的工作人员有前款规定以外的滥用职权、玩忽职守、徇私舞弊行为的，依法给予处分；构成犯罪的，依照刑法有关规定追究刑事责任。

**第八十八条**

负有安全生产监督管理职责的部门，要求被审查、验收的单位购买其指定的安全设备、器材或者其他产品的，在对安全生产事项的审查、验收中收取费用的，由其上级机关或者监察机关责令改正，责令退还收取的费用；情节严重的，对直接负责的主管人员和其他直接责任人员依法给予处分。

### 第八十九条

承担安全评价、认证、检测、检验工作的机构，出具虚假证明的，没收违法所得；违法所得在十万元以上的，并处违法所得二倍以上五倍以下的罚款；没有违法所得或者违法所得不足十万元的，单处或者并处十万元以上二十万元以下的罚款；对其直接负责的主管人员和其他直接责任人员处二万元以上五万元以下的罚款；给他人造成损害的，与生产经营单位承担连带赔偿责任；构成犯罪的，依照刑法有关规定追究刑事责任。对有前款违法行为的机构，吊销其相应资质。

### 第九十条

生产经营单位的决策机构、主要负责人或者个人经营的投资人不依照本法规定保证安全生产所必需的资金投入，致使生产经营单位不具备安全生产条件的，责令限期改正，提供必需的资金；逾期未改正的，责令生产经营单位停产停业整顿。有前款违法行为，导致发生生产安全事故的，对生产经营单位的主要负责人给予撤职处分，对个人经营的投资人处二万元以上二十万元以下的罚款；构成犯罪的，依照刑法有关规定追究刑事责任。

### 第九十一条

生产经营单位的主要负责人未履行本法规定的安全生产管理职责的，责令限期改正；逾期未改正的，处二万元以上五万元以下的罚款，责令生产经营单位停产停业整顿。生产经营单位的主要负责人有前款违法行为，导致发生生产安全事故的，给予撤职处分；构成犯罪的，依照刑法有关规定追究刑事责任。生产经营单位的主要负责人依照前款规定受刑事处罚或者撤职处分的，自刑罚执行完毕或者受处分之日起，五年内不得担任任何生产经营单位的主要负责人；对重大、特别重大生产安全事故负有责任的，终身不得担任本行业生产经营单位的主要负责人。

### 第九十二条

生产经营单位的主要负责人未履行本法规定的安全生产管理职责，导致发生生产安全事故的，由安全生产监督管理部门依照下列规定处以罚款：（一）发生一般事故的，处上一年年收入百分之三十的罚款；（二）发生较大事故的，处上一年年收入百分之四十的罚款；（三）发生重大事故的，处上一年年收入百分之六十的罚款；（四）发生特别重大事故的，处上一年年收入百分之八十的罚款。

**第九十三条**

生产经营单位的安全生产管理人员未履行本法规定的安全生产管理职责的，责令限期改正；导致发生生产安全事故的，暂停或者撤销其与安全生产有关的资格；构成犯罪的，依照刑法有关规定追究刑事责任。

**第九十四条**

生产经营单位有下列行为之一的，责令限期改正，可以处五万元以下的罚款；逾期未改正的，责令停产停业整顿，并处五万元以上十万元以下的罚款，对其直接负责的主管人员和其他直接责任人员处一万元以上二万元以下的罚款：（一）未按照规定设置安全生产管理机构或者配备安全生产管理人员的；（二）危险物品的生产、经营、储存单位以及矿山、金属冶炼、建筑施工、道路运输单位的主要负责人和安全生产管理人员未按照规定经考核合格的；（三）未按照规定对从业人员、被派遣劳动者、实习学生进行安全生产教育和培训，或者未按照规定如实告知有关的安全生产事项的；（四）未如实记录安全生产教育和培训情况的；（五）未将事故隐患排查治理情况如实记录或者未向从业人员通报的；（六）未按照规定制定生产安全事故应急救援预案或者未定期组织演练的；（七）特种作业人员未按照规定经专门的安全作业培训并取得相应资格，上岗作业的。

**第九十五条**

生产经营单位有下列行为之一的，责令停止建设或者停产停业整顿，限期改正；逾期未改正的，处五十万元以上一百万元以下的罚款，对其直接负责的主管人员和其他直接责任人员处二万元以上五万元以下的罚款；构成犯罪的，依照刑法有关规定追究刑事责任：（一）未按照规定对矿山、金属冶炼建设项目或者用于生产、储存、装卸危险物品的建设项目进行安全评价的；（二）矿山、金属冶炼建设项目或者用于生产、储存、装卸危险物品的建设项目没有安全设施设计或者安全设施设计未按照规定报经有关部门审查同意的；（三）矿山、金属冶炼建设项目或者用于生产、储存、装卸危险物品的建设项目的施工单位未按照批准的安全设施设计施工的；（四）矿山、金属冶炼建设项目或者用于生产、储存危险物品的建设项目竣工投入生产或者使用前，安全设施未经验收合格的。

### 第九十六条

生产经营单位有下列行为之一的,责令限期改正,可以处五万元以下的罚款;逾期未改正的,处五万元以上二十万元以下的罚款,对其直接负责的主管人员和其他直接责任人员处一万元以上二万元以下的罚款;情节严重的,责令停产停业整顿;构成犯罪的,依照刑法有关规定追究刑事责任:(一)未在有较大危险因素的生产经营场所和有关设施、设备上设置明显的安全警示标志的;(二)安全设备的安装、使用、检测、改造和报废不符合国家标准或者行业标准的;(三)未对安全设备进行经常性维护、保养和定期检测的;(四)未为从业人员提供符合国家标准或者行业标准的劳动防护用品的;(五)危险物品的容器、运输工具,以及涉及人身安全、危险性较大的海洋石油开采特种设备和矿山井下特种设备未经具有专业资质的机构检测、检验合格,取得安全使用证或者安全标志,投入使用的;(六)使用应当淘汰的危及生产安全的工艺、设备的。

### 第九十七条

未经依法批准,擅自生产、经营、运输、储存、使用危险物品或者处置废弃危险物品的,依照有关危险物品安全管理的法律、行政法规的规定予以处罚;构成犯罪的,依照刑法有关规定追究刑事责任。

### 第九十八条

生产经营单位有下列行为之一的,责令限期改正,可以处十万元以下的罚款;逾期未改正的,责令停产停业整顿,并处十万元以上二十万元以下的罚款,对其直接负责的主管人员和其他直接责任人员处二万元以上五万元以下的罚款;构成犯罪的,依照刑法有关规定追究刑事责任:(一)生产、经营、运输、储存、使用危险物品或者处置废弃危险物品,未建立专门安全管理制度、未采取可靠的安全措施的;(二)对重大危险源未登记建档,或者未进行评估、监控,或者未制定应急预案的;(三)进行爆破、吊装以及国务院安全生产监督管理部门会同国务院有关部门规定的其他危险作业,未安排专门人员进行现场安全管理的;(四)未建立事故隐患排查治理制度的。

### 第九十九条

生产经营单位未采取措施消除事故隐患的,责令立即消除或者限期消除;生产经营单位拒不执行的,责令停产停业整顿,并处十万元以上五十万元以下的罚款,对其直接负责的主管人员和其他直接责任人员处二万元以上五万元以下的罚款。

**第一百条**

生产经营单位将生产经营项目、场所、设备发包或者出租给不具备安全生产条件或者相应资质的单位或者个人的，责令限期改正，没收违法所得；违法所得十万元以上的，并处违法所得二倍以上五倍以下的罚款；没有违法所得或者违法所得不足十万元的，单处或者并处十万元以上二十万元以下的罚款；对其直接负责的主管人员和其他直接责任人员处一万元以上二万元以下的罚款；导致发生生产安全事故给他人造成损害的，与承包方、承租方承担连带赔偿责任。生产经营单位未与承包单位、承租单位签订专门的安全生产管理协议或者未在承包合同、租赁合同中明确各自的安全生产管理职责，或者未对承包单位、承租单位的安全生产统一协调、管理的，责令限期改正，可以处五万元以下的罚款，对其直接负责的主管人员和其他直接责任人员可以处一万元以下的罚款；逾期未改正的，责令停产停业整顿。

**第一百零一条**

两个以上生产经营单位在同一作业区域内进行可能危及对方安全生产的生产经营活动，未签订安全生产管理协议或者未指定专职安全生产管理人员进行安全检查与协调的，责令限期改正，可以处五万元以下的罚款，对其直接负责的主管人员和其他直接责任人员可以处一万元以下的罚款；逾期未改正的，责令停产停业。

**第一百零二条**

生产经营单位有下列行为之一的，责令限期改正，可以处五万元以下的罚款，对其直接负责的主管人员和其他直接责任人员可以处一万元以下的罚款；逾期未改正的，责令停产停业整顿；构成犯罪的，依照刑法有关规定追究刑事责任：（一）生产、经营、储存、使用危险物品的车间、商店、仓库与员工宿舍在同一座建筑内，或者与员工宿舍的距离不符合安全要求的；（二）生产经营场所和员工宿舍未设有符合紧急疏散需要、标志明显、保持畅通的出口，或者锁闭、封堵生产经营场所或者员工宿舍出口的。

**第一百零三条**

生产经营单位与从业人员订立协议，免除或者减轻其对从业人员因生产安全事故伤亡依法应承担的责任的，该协议无效；对生产经营单位的主要负责人、个人经营的投资人处二万元以上十万元以下的罚款。

### 第一百零四条

生产经营单位的从业人员不服从管理，违反安全生产规章制度或者操作规程的，由生产经营单位给予批评教育，依照有关规章制度给予处分；构成犯罪的，依照刑法有关规定追究刑事责任。

### 第一百零五条

违反本法规定，生产经营单位拒绝、阻碍负有安全生产监督管理职责的部门依法实施监督检查的，责令改正；拒不改正的，处二万元以上二十万元以下的罚款；对其直接负责的主管人员和其他直接责任人员处一万元以上二万元以下的罚款；构成犯罪的，依照刑法有关规定追究刑事责任。

### 第一百零六条

生产经营单位的主要负责人在本单位发生生产安全事故时，不立即组织抢救或者在事故调查处理期间擅离职守或者逃匿的，给予降级、撤职的处分，并由安全生产监督管理部门处上一年年收入百分之六十至百分之一百的罚款；对逃匿的处十五日以下拘留；构成犯罪的，依照刑法有关规定追究刑事责任。生产经营单位的主要负责人对生产安全事故隐瞒不报、谎报或者迟报的，依照前款规定处罚。

### 第一百零七条

有关地方人民政府、负有安全生产监督管理职责的部门，对生产安全事故隐瞒不报、谎报或者迟报的，对直接负责的主管人员和其他直接责任人员依法给予处分；构成犯罪的，依照刑法有关规定追究刑事责任。

### 第一百零八条

生产经营单位不具备本法和其他有关法律、行政法规和国家标准或者行业标准规定的安全生产条件，经停产停业整顿仍不具备安全生产条件的，予以关闭；有关部门应当依法吊销其有关证照。

### 第一百零九条

发生生产安全事故，对负有责任的生产经营单位除要求其依法承担相应的赔偿等责任外，由安全生产监督管理部门依照下列规定处以罚款：（一）发生一般事故的，处二十万元以上五十万元以下的罚款；（二）发生较大事故的，处五十万元以上一百万元以下的罚款；（三）发生重大事故的，处一百万元以上五百万元以下的罚款；（四）发生特别重大事故的，处五百万元以上一千万元以下的罚款；情节特别严重的，处一千万元以上二千万元以下的罚款。

### 第一百一十条

本法规定的行政处罚，由安全生产监督管理部门和其他负有安全生产监督管理职责的部门按照职责分工决定。予以关闭的行政处罚由负有安全生产监督管理职责的部门报请县级以上人民政府按照国务院规定的权限决定；给予拘留的行政处罚由公安机关依照治安管理处罚法的规定决定。

### 第一百一十一条

生产经营单位发生生产安全事故造成人员伤亡、他人财产损失的，应当依法承担赔偿责任；拒不承担或者其负责人逃匿的，由人民法院依法强制执行。生产安全事故的责任人未依法承担赔偿责任，经人民法院依法采取执行措施后，仍不能对受害人给予足额赔偿的，应当继续履行赔偿义务；受害人发现责任人有其他财产的，可以随时请求人民法院执行。

## 第七章　附　则

### 第一百一十二条

本法下列用语的含义：危险物品，是指易燃易爆物品、危险化学品、放射性物品等能够危及人身安全和财产安全的物品。重大危险源，是指长期地或者临时地生产、搬运、使用或者储存危险物品，且危险物品的数量等于或者超过临界量的单元（包括场所和设施）。

### 第一百一十三条

本法规定的生产安全一般事故、较大事故、重大事故、特别重大事故的划分标准由国务院规定。国务院安全生产监督管理部门和其他负有安全生产监督管理职责的部门应当根据各自的职责分工，制定相关行业、领域重大事故隐患的判定标准。

### 第一百一十四条

本法自 2002 年 11 月 1 日起施行。

# 参 考 文 献

[1] TAPPURA S, SYVNEN S, SAARELA K L. Challenges and needs for support in managing occupational health and safety from managers'viewpoints [J]. Nordic Journal of Working Life Studies, 2014 (4): 31 –51.

[2] LEITO S, GREINER B A. Psychosocial, health promotion and safety culture management: are health and safety practitioners involved? [J]. Safety Science, 2017, 91 (Complete): 84 –92.

[3] DRUSHCA L, EVANGELIA D, JULIA S, et al. Current research priorities for UK occupational physicians and occupational health researchers: a modified Delphi study [J]. Occupational and Environmental Medicine, 2018 (75): 830 –836.

[4] RUSHTON L. Occupational burden estimation: is it having any impact? [J]. Occupational and Environmental Medicine, 2017 (74): A36.

[5] BRADSHAW L M, FISHWICK D, CURRAN A D, et al. Provision and perception of occupational health in small and medium-sized enterprises in Sheffield, UK [J]. Occupational Medicine, 2001, 51 (1): 39 –44.

[6] GRIMMOND T. UK safety-engineered device use: changes since the 2013 sharps regulations [J]. Occupational Medicine, 2019, 69 (5): 352 –358.

[7] TETSUO T, TATSUHIKO K, KOJI M. The position and roles of occupational health and safety functions in the UK risk management system [J]. Journal of Uoeh, 2018, 40 (2): 201 –208.

[8] KENDALL N. Management and governance of occupational safety and health in five countries [R]. Nmional Occupational Health and Safety Advisory Committee Technical Report, 2005: 5 –43.

[9] FORMAN S. British occupational health research foundation [J]. Oc-

cupational Medicine，2007，57（6）：462.

　　［10］LI S，WANG M. International experience of co-governance in occupational safety［J］. Journal of Contemporary East Asia Studies，201，6（2）：170－186.

　　［11］Harrison J. A future forum for UK occupational health？［J］. Occupational Medicine，2012，62（8）：590－591.

　　［12］唱斗，王生，窦培谦，等. 建筑行业农民工的职业安全健康现状及对策［J］. 中国安全科学学报，2010，20（01）：132－135.

　　［13］岑乔，黄英. 山地景区旅游安全感知与态度研究：基于旅游者和山地景区从业人员的调查［J］. 技术与市场，2011，18（06）：347－350.

　　［14］陈全. 职业健康安全管理体系实施过程危险源辨识与控制［M］. 北京：中国石化出版社，2010.

　　［15］陈全. 职业健康安全风险管理［M］. 北京：中国标准出版社，2011.

　　［16］陈煜有，李锁照. 旅游溶洞内氡及其子体辐射防护的探讨［J］. 贵州医药，1995（04）：251－252.

　　［17］陈元桥. 2011 版职业健康安全管理体系国家标准理解与实施［M］. 北京：中国标准出版社，2012.

　　［18］程业勋，王南萍，侯胜利，等. 空气氡的大地来源理论研究［J］. 辐射防护通讯，2001（03）：15－18.

　　［19］戴基福. 台湾职业安全卫生制度［J］. 劳动保护，2006（01）：14－17.

　　［20］杜振杰. 走马观花 台湾职业安全卫生状况［J］. 劳动保护，2006（01）：10－13.

　　［21］高树生. 德国的职业安全与健康管理［J］. 安全与健康，2012（13）：31－32.

　　［22］高秀峰，谭志明，高文帜，等. 用复合砂浆防止来自楼房建筑物内混凝土氡污染的研究［J］. 辐射防护通讯，2001（01）：15－19，40.

　　［23］国际劳工组织. 中小企业职业安全卫生防护手册［M］. 中国疾病预防控制中心职业卫生与中毒控制所，译. 北京：中国科学技术出版社，2008.

　　［24］衡芳珍. 1927—1936 年南京国民政府劳工立法研究［D］. 开封：

河南大学，2005.

[25] 杰夫·泰勒，凯丽·伊斯特，罗伊·亨格尼. 职业安全与健康 [M]. 攀运晓，译. 北京：化学工业出版社，2007.

[26] 李洪. 职业健康与安全 [M]. 北京：人民出版社，2010.

[27] 李毅中. 谈谈我国的安全生产问题 [EB/OL]. (2006 – 07 – 01) [2020 – 08 – 20]. http：//www. gov. cn/gzolt/2006 – 07/01/content_ 325165. htm.

[28] 梁致荣，刘彝筠，黎烈均，等. 居室氡污染的环境因素及防治方法研究 [J]. 中山大学学报论丛，2000 (04)：239 – 243.

[29] 刘爽. 浅谈如何加强我国建筑业健康、安全与环境管理 [J]. 建筑设计管理，2007 (05)：5 – 8.

[30] 刘文华. 企业安全生产管理 [M]. 北京：科学技术文献出版社，2007.

[31] 罗开训，高益群，周朝玉，等. 湖南省溶洞中氡及其子体浓度与剂量估算 [J]. 中国辐射卫生，1996 (01)：36 – 37.

[32] 罗美娟，郑向敏. 解读旅游从业人员工作相关疾病 [J]. 北京第二外国语学院学报（旅游版），2008 (03)：24 – 30.

[33] 罗森林. 建筑施工企业职业健康安全管理之现状与思考 [J]. 建筑安全，2010，25 (10)：33 – 35.

[34] 罗云. 现代安全管理 [M]. 2 版. 北京：化学工业出版社，2009.

[35] 吕惠进. 旅游溶洞内氡污染和从业人员的辐射防护 [J]. 中国岩溶，2002 (02)：67 – 69.

[36] 毛景. 浅议台湾地区职业灾害预防机制 [J]. 重庆科技学院学报（社会科学版），2012 (22)：54 – 56.

[37] 美国职业安全与健康法规标准体系研究课题组. 美国职业安全与健康法规标准汇编 [M]. 河南出入境检验检疫局，译. 北京：中国劳动社会保障出版社，2008.

[38] 孟燕华. 职业安全卫生法律基础与实践 [M]. 北京：中国劳动社会保障出版社，2007.

[39] 梦佳. 香港中小型企业安全政策的发布 [J]. 广东安全生产，2005 (02)：29.

[40] 邱曼. 日本职业安全卫生管理现状 [J]. 现代职业安全，2008 (06)：60 – 62.

［41］邱成. 职业安全卫生尚存立法空间：与法学博士陈步雷一席谈（下）［J］. 现代职业安全，2007（12）：62 - 65.

［42］佘云霞. 国际劳工标准：演变与争议［M］. 北京：社会科学文献出版社，2006.

［43］谈树成，薛传东. 云南个旧城区突出的几个环境地质问题［M］. 昆明：云南大学出版社，1997.

［44］谈树成，薛传东，王学琨，等. 云南个旧矿山环境氡污染研究［J］. 云南环境科学，1998（04）：3 - 5.

［45］王守俊. 试论职业安全卫生立法：国际经验与我国的调整与选择［J］. 法学杂志，2010，31（07）：138 - 140.

［46］王毅，刘健，高室民. 职业安全健康监督管理手册［M］. 北京：中国石化出版社，2010.

［47］王作元. 氡的防护和氡照射流行病学研究［J］. 辐射防护，1998（21）：3 - 5.

［48］哈默，普赖斯. 职业安全管理与工程：第 5 版［M］. 影印本. 北京：清华大学出版社，2003.

［49］武洪才，刘健，王毅. 职业安全健康培训教材［M］. 北京：中国石化出版社，2011.

［50］邢娟娟. 职业女性安全与健康［M］. 北京：气象出版社，2010.

［51］许东莲. 谈建筑业职业健康安全与环境管理［J］. 山西建筑，2012，38（18）：279 - 281.

［52］徐明达. 生产主管高效手册［M］. 北京：北京大学出版社，2010.

［53］于水，王功鹏，骆亿生，等. 部分住宅和地下空间氡浓度的监测及防护措施研究［J］. 辐射防护，1999（03）：3 - 5.

［54］于维英，张玮. 职业安全与卫生［J］. 北京：清华大学出版社，2008.

［55］俞文兰，周安寿. 浅谈现代企业健康促进实施要点［J］. 中国工业医学杂志，2004（03）：143 - 144.

［56］张红凤，于维英，刘蕾. 美国职业安全与健康规制变迁、绩效及借鉴［J］. 经济理论与经济管理，2008（02）：70 - 74.

［57］张龙连. 职业病危害与健康监护［M］. 北京：中国劳动社会保障出版社，2010.

［58］张盈盈，罗筱媛. 日本工伤保险制度概述［J］. 劳动保障世界

（理论版），2011（09）：47-49.

[59] 郑名寿. 居室环境放射性危害与防治 [J]. 浙江地质，1999（02）：3-5.

[60] 郑向敏，王新建. 旅游从业人员的安全意识培育与安全管理 [J]. 中国职业安全卫生管理体系认证，2003（04）：73-75.

[61] 孟超. 职业卫生监督与管理 [M]. 北京：中国劳动社会保障出版社，2010.

[62] 中国安全生产协会注册安全工程师工作委员会. 安全生产管理知识：2011 版 [M]. 3 版. 北京：中国大百科全书出版社，2011.

[63] 住房和城乡建设部工程质量安全监管司. 建筑施工安全事故案例分析 [M]. 北京：中国建筑工业出版社，2010.

[64] 朱磊. 台湾劳工及工会面临的新机遇 [J]. 海峡科技与产业，2011（06）：55-57.

[65] 佚名. 实行弹性上课制度 提供健康自主设备：香港职业安全健康局向中小企业提供多种优惠政策 [J]. 广东安全生产，2012（17）：24.

[66] 佚名. 着力推动建立企业自我规管制度：香港职业安全健康管理工作概况 [J]. 广东安全生产，2012（13）：19.

此外，本书参考了下述网站中的相关内容：

安全管理网（www. safehoo. com）；

安全文化网（www. anquan. com. cn）；

农博网（www. aweb. com. cn）；

易安网（www. esafety. cn）；

职业病网（www. zybw. com）；

安全信息网（www. aqxx. org）；

中国安全生产网（www. aqsc. cn）；

职业卫生网（www. zywsw. com）。